新型城镇化时期城市规划理论与实践探索丛书

控制性详细规划

RESEARCH & EXPLORATION OF CONTROL DETAILED PLANNING

沈 磊 主编

中国建筑工业出版社

图书在版编目（CIP）数据

控制性详细规划／沈磊主编. —北京：中国建筑工业出版社，2015.9

（新型城镇化时期城市规划理论与实践探索丛书）

ISBN 978-7-112-18450-7

Ⅰ.①控… Ⅱ.①沈… Ⅲ.①城市规划－研究 Ⅳ.①TU984

中国版本图书馆CIP数据核字（2015）第208540号

责任编辑：张惠珍　张鹏伟
责任校对：李欣慰　刘　钰

新型城镇化时期城市规划理论与实践探索丛书
控制性详细规划
RESEARCH & EXPLORATION OF CONTROL DETAILED PLANNING
沈　磊　主编

*

中国建筑工业出版社出版、发行（北京西郊百万庄）
各地新华书店、建筑书店经销
北京锋尚制版有限公司制版
北京中科印刷有限公司印刷

*

开本：787×1092毫米　1/16　印张：15¼　字数：306千字
2015年9月第一版　2018年4月第二次印刷
定价：99.00元
ISBN 978 – 7 – 112 – 18450 – 7
　　　　　（27695）

本书编委会

前　言

　　控制性详细规划（以下简称"控规"）的理念起源于19世纪的德国，由最初的道路控制制度发展而来，逐渐演化为道路控制与地块区划制度，形成了对空间进行统一规划的思想。在此后的100多年间，控规的理念为欧美各国所采用，并根据各自国情在具体实践中不断调整与深化，如今都已发展成为较完备的规划管控体系。各国的控规体系之间共性与特性并存，都在对城市开发和城市空间的控制与引导的过程中积累了丰富的实践经验。

　　我国的控规是在20世纪80年代随着社会主义市场经济体制的建立与发展以及城市土地的有偿使用而从国外引入的规划方式与技术手段。在控规引入中国的30年间，全国各地先后采用并发展了控规，在结合中国特色与地方实际的前提条件下，进行了大量实践方面的探索和理论的总结，控规从最初的"舶来品"成为真正能够指导我国城市规划的制度和手段，各地在探索中形成了以中国国情为基本共性，又各具地方特色的控规体系。随着社会主义市场经济不断发展完善，经济体制与政治体制改革不断深化，我国政府以及广大城乡规划工作者对控规的认识不断拓展，控规逐渐由原来的"空间设计的纯技术工作框架"转变为"政府管理城市空间资源、土地资源和房地产市场的一种公共政策"，已经成为我国城市规划编制与管理体系中不可缺少的重要组成部分。

　　经历了改革开放的30多年，我国的城镇化正处在快速发展的阶段，市场化与国际化程度大大加深，技术的革新广泛地影响了人们的思维和行为方式，政治、经济、文化等领域正在经历着快速而深刻的变革，在这样的时代背景下，城镇化不再是"造城运动"，而是人的城镇化，更加注重城镇化的质量，城市的发展越来越关注人与人、人与社会、人与自然的关系。因此，快速发展着的城市需要与时俱进的控规为指导。走过30年的历程后重新反思控规的本质，从多学科的视角审视控规所应承担的使命，回顾与总结控规在国内外实践中的经验与缺陷，为我国在新时期控规体系的发展指明了方向。

　　从"舶来品"到融入中国特色的过程中，全国各个城市都在探索符合自身实际的控规体系。天津市创造性提出了"一控规两导则"的控规编制体系，以期满足社会经济发展及城市建设的需要，顺应高质量城镇化的新时期要求。"一控规两导则"体系从理论层面借鉴了国内外优秀经验，吸收了多学科理论成果，把握住城市规划管理的发展趋势；在实际操作层面建立了较完备的控规编制与执行流程，制定了科学有效的管控指标，对城市空间形态实现了系统性的引导。但是，控规作为城市规划管理的手段，其所要面对的是不断发展着的城市，所要解决的是城市建设中不断出现的新问题、新需求。因此，在实施过程中仍将不断加深对控规本质的认识，改进工作方法，丰富技术手段，以可持续发展的观念指导城市建设，从而适应快速发展着的城市的要求，引领中国特色的控规体系发展方向。

目　录

第一章
绪论

第一节　研究背景与意义

一、研究背景

不同时代背景下的城市规划有着相同的特点：一是均有与之社会管理需求相适应的城市规划与建设实施；二是总要体现管理者的志向、意图、政策和目标；三是城市规划的制定是城市规划法规体系、行政体系、编制和技术体系在调控利益主体行为上直接或间接的综合反映。我国控制性详细规划的产生与发展也不例外：一是应对市场经济体制面对的土地开发、城市发展整体控制管理的实际情况应运而生；二是其秉承的原则是公平、公开、公正，因此要求整体、长远与动态、权益平衡、相互协调；控规一定是在市场经济较成熟或发展速度较快的城市率先发展与完善；此外，控规正朝向作为一个基于资源、环境、安全承载底线要求，适应城市经济社会发展需要而不断深化完善的动态的公共政策集合的方向发展。

在我国的城市规划发展进程中，控规的法定地位不断提高，2008年1月施行了《城乡规划法》，控规的法定地位被空前推高。然而在控规的实际编制和运作过程中，面对产生的各种问题，包括温州、深圳、天津在内的各大中城市根据控规的含义和自身的实际进行了各种各样的探索和尝试，尤其在控规的分级、分层、分类编制与管理方面基本形成了共识。在控规的分级上，握有充分的自由裁量权，解决问题程序可本地化运行；在控规的分层上，也是为了分级管理，强化规划体系的中间层次的过渡与支撑（承上启下）作用，适应法定地位要求的全覆盖，确保不降低快速发展期城市建设的规划行政许可效率；在控规的分类上，对特定意图区施行区别化控制管理，在确保控规底线的前提下，尽量减少控制要素，以适应面临的不确定性，增加控规的弹性。同时，控规在中国实践的30余年中也面临了诸多困境，处在不可或缺又亟待完善的状态。

二、研究意义

控规最初作为城市空间设计的技术手段被引入中国已有30年时间。在这期间，全国各地都在进行着适合自身发展情况的探索，控规的理论研究水平与实践经验不断提高，基本形成了较完善的制度体系，城市规划管理的作用显著。然而，各地在探索与实践的过程中存在并积累了很多问题，例如应对快速变化的市场时仍不够灵活，公共服务的理念贯彻仍不够深入。在市场更加开放、城镇化品质更为人所关注的趋势下，重新审视中国的控规体系发展尤为重要。基于上述背景，本课题研究旨在梳理控规制度的发展脉络，总结国内外控规制度的发展经验，以天津"一控规两导则"体系的探索作为重点案例进行研究，希望能够以此为中国特色的控规体系提供借鉴，指明未来发展方向。

第二节　国内外研究动态

关于控规和相似规划的研究，近年来一直是个热点问题。国内外不少的国家、地区和城市均在相关领域进行了研究和实践，以下予以分述：

一、国内外控规编制和管理研究

近年来国内城市在控规领域一直进行着探索。如，深圳等城市对法定图则的研究实践一度给其他城市提供了样本；北京等城市在控规的动态维护方面进行了有益的尝试；其他城市如上海、广州、南京、武汉、成都、济南等也都在控规领域形成了符合自身实际情况的体系模式。

同时，国外和我国港台地区在与控规相似的规划和管理领域所进行的研究和形成的模式是非常有益的借鉴。考虑到发展模式和文化传统的相似性，我们将重点参考东亚国家和地区的案例，如日本、韩国、新加坡，都在如何以规划应对和控制城市建设，达到共同效益的最大化方面形成了具有自身特色的模式。我国的香港和台湾地区也在此方面为我们提供了更为直接的参考案例。

二、国内外控规和相似规划的研究总结

在参考了大量国内外控规和相似规划研究成果的基础上，认识到我国在控规研究上的不足之处——对决定控规存在、运作、成效的内在动因研究不足。具体来说，控规与社会经济的适应性是其产生与发展的核心因素，对控规的产生与发展历程的研究

有助于对控规内在因素的理解。然而我国对于控规的研究以技术性的研究占绝对主导，将控规作为一种规划技术，多是研究其编制内容与方法，较片面地试图通过技术改革推进控规的发展，但对控规的内涵、属性、定位等基础性研究以及对控规的编管规则、程序、运作机制等制度性研究严重缺乏。究其原因，从事规划理论研究与实践的大多是技术人员，立足于结果导向，注重实际成果的展示而忽视概念性的问题或借鉴过程的合理性，在对国外经验的学习借鉴中倾向于选择技术性的内容或仅从纯粹的技术角度理解，更多的是直接套用国外的指标体系，缺乏管理实施的体验与深入思考，容易导致"已经走得太远，以至于忘了当初为何出发"的问题。

结合国内外控规及相似规划的研究借鉴和我国当前控规研究的误区，能够得出几点经验和启示：第一，控规的目的，就是要解决城市在社会经济发展过程中围绕土地使用所产生的各种问题，通过规划管理手段，协调各方利益需求，保障公共利益的最大化。第二，要根据自身的实际情况和发展阶段，采取最适合的模式，并根据发展的变化，形成弹性的控制体系。第三，控规属于法定规划，用于直接的规划管理，因此一定要建立规范化的制度体系和便于管理操作的系统平台，并有明确的规定与之相配合。

第二章
基础研究

第一节　控规在我国的发展历程

一、规划观念引入阶段

　　1980年，美国女建筑师协会来华进行学术交流，带来了一个新的概念，即土地分区规划管理（区划法，Zoning），从此规划学术界开始了对国外尤其是欧美区划技术的研究，借鉴并应用于我国城市规划实践。

　　1982年为了适应外资建设的国际惯例要求，上海虹桥开发区编制了包括地块用地性质、用地面积、容积率、建筑密度、建筑后退、建筑高度限制、车辆出入口方位、小汽车停车位在内的共8项指标的土地出让规划，是借鉴了美国的区划技术而编制的详细规划，改变了传统的"摆房子"的做法，成为中国控制性详细规划的先河之作。

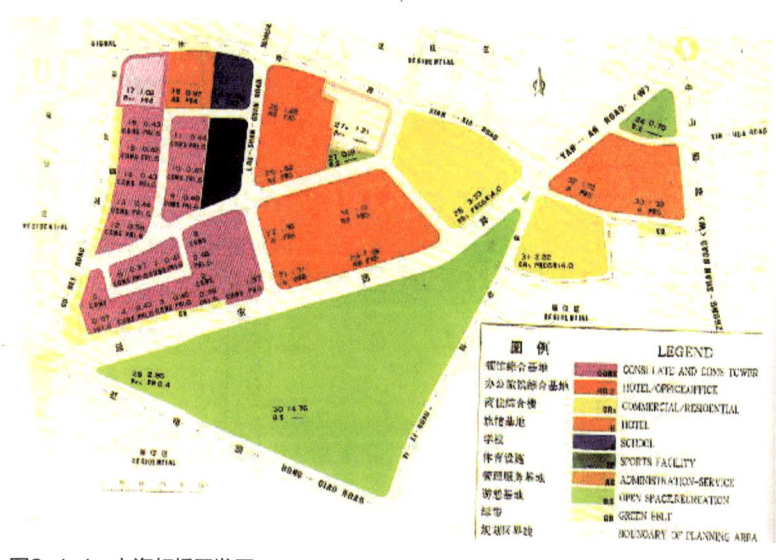

图2-1-1　上海虹桥开发区

1986年8月，城乡建设环境保护部向上海市城市规划局下达了"上海市土地使用区划管理法规的研究"课题。课题组对国内外城市土地使用区划管理情况进行了深入研究。在借鉴国外区划技术的基础上，从我国实际出发，提出了我国城市采取的土地使用管理模式应是规划与区划融合型，即分区规划、控制性详细规划图则、区划法规结合的匹配模式。1990年建设部组织专家对该课题进行评审，肯定了区划技术对土地有偿使用和规划管理走向立法控制的重大作用。

二、编制方法探索阶段

1987年，厦门、桂林等城市先后开展了控制性详细规划的编制工作。同济大学编制了厦门市中心南部特别区划，清华大学对桂林中心区进行了详细规划研究。通过这两项规划，初步形成了一套适应我国实际的、系统性的控制性详细规划编制方法。

在桂林中心区详细规划编制过程中，控制性详细规划正式命名，提出了综合控制指标体系12项。用综合指标体系控制城市建设，更能体现出规划工作的本质——对城市建设予以控制引导。综合指标体系的确定中引入城市设计研究以期控制建筑环境形成。区分了控制性指标和引导性指标。尽管在当时作为控规的早期探索存在着没有规划文本、规划指标的赋值缺乏科学依据、对

图2-1-2 桂林中心区详细规划

于社会经济研究不足、控规缺乏弹性等问题，但无疑是中国控规实践的有益的探索。

中国城市规划设计研究院在苏州古城桐芳巷居住街坊改造规划中，对街坊用地进行了三个层次的区划，即现状综合性评价区划、街坊改造开发经营意向性区划、街坊改造开发控制管理性区划，它拓展了综合指标体系，区分了可开发用地和公共设施用地，对于配套用地的保证和可出让土地的市场化进行了初步探索，将物质空间规划与改造实施的经营管理控制性规划结合起来；引入了地块经营的概念，同时对于地块最小单元的划分有了一定的认识，对旧区街坊改造作了投入产出的经济分析，为旧区街坊改造开发提供了规划依据。

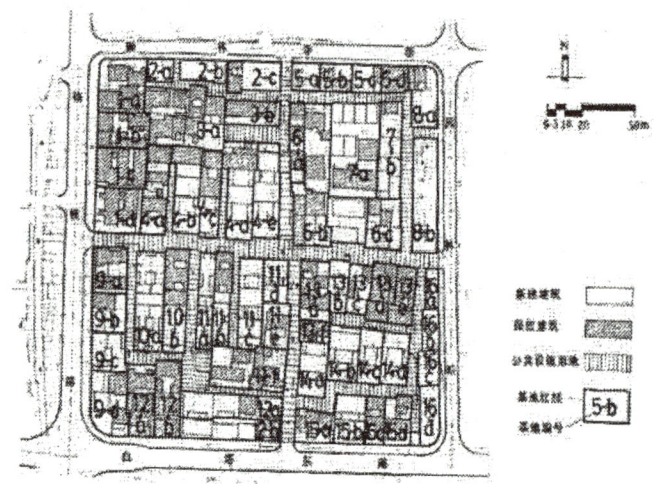

图2-1-3 苏州桐芳巷改造规划

　　1987年，广州市开展了覆盖面积达70平方公里的街区规划，并制定颁布了《广州市城市规划管理办法》和《广州市城市规划管理办法实施细则》这两个地方性法规，使城市规划通过立法程序与城市规划管理衔接起来。

　　1988年，温州市城市规划管理局开展了温州市旧城控制性详细规划，制定了《旧城区改造规划管理试行办法》和《温州市旧城土地使用和建筑管理技术规定》这两个地方性法规。其在当时的先进性和借鉴作用在于：规划文本与地方法规体系相配套，具有法律效力便于管理实施；规划编制过程有设计人员、管理人员、市民代表等多方参与；分级管理，区分控制等级，突出重点，解决主要矛盾；针对地方情况增加对私人建房和开设商店的控制及规定；对于土地性质的相容性提出控制办法和管理依据；土地使用分类方法和代码使用了正在编制的国家规范。

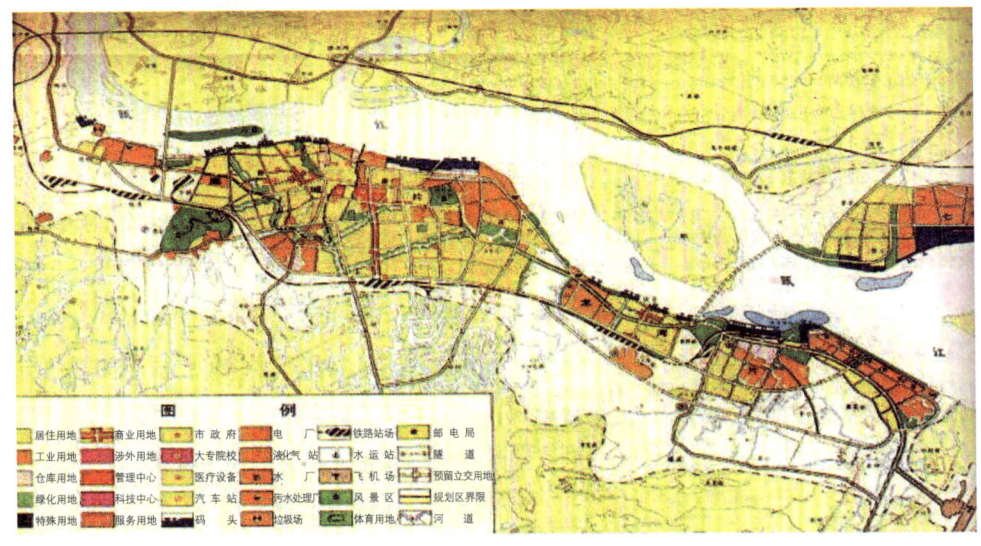

图2-1-4 温州旧城改造控制规划

1989年，汕头龙湖片区分区规划将分区规划做到控制性详细规划的深度，强调分区规划与控制性规划的衔接和规划控制配合，突出了控制重点与控制本质，对于可盈利、可转让设施强调符合经济规律，对于非盈利公共服务和市政设施强调保证与鼓励。根据规划的具体要求调整了用地分类，便于实现规划控制以保证公共利益：在一级分类时，将公共设施用地分为政府职能用地（学校、医院等）和综合用地（住宅、综合楼等），前者在于控制

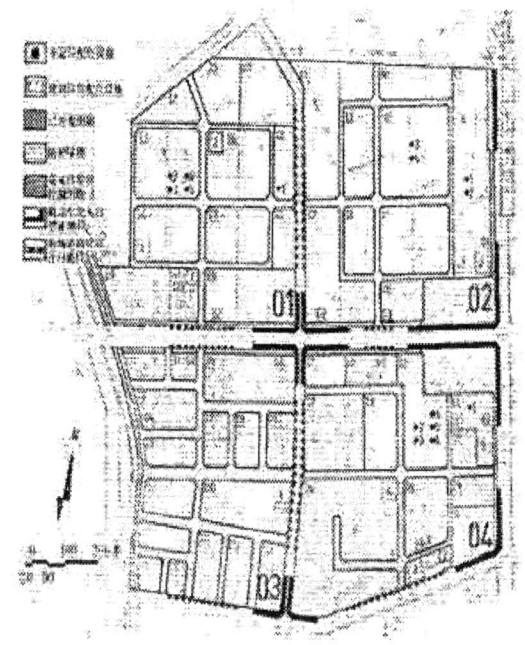

图2-1-5 汕头龙湖片区分区规划

不被占用，后者在于符合经济规律；在二级分类时将某些易被占用或忽视的设施单设一个小类，以便重点保证。对于社会服务体系根据重要性和是否盈利分为规定性、建议性和不可预见三种设施，分别给予定性定位、建议位置和不定位三种对策。对于综合指标体系在传统基础上进行了新的拓展，提出基本、主要、辅助和参考指标，基本指标为各类用地共有指标；主要指标根据用地性质的不同而有所选择；参考指标起补充和校核作用，特殊情况下可取代主要指标；参考指标用于宏观控制参考。此外，提出了具有通则意义的用地相容表，良好地解决了用地相容性问题；探讨了适应招商和开发组合工业街坊的设计模式。

1989年8月，江苏省城乡规划设计研究院承接了省建委的"苏州市古城街坊控制性详细规划研究"课题，于次年10月完成，该课题对控制性详细规划中几个重要问题，如规划地块的划分、综合指标的确立、新技术运用以及它同分区规划的关系等方面作了较详细的研究，并据此编写了《控制性详细规划编制办法（建议稿）》。

1991年东南大学与南京市规划局完成"南京控制性详细规划理论方法研究"课题，对控制性详细规划作了较为系统的总结。

三、法定地位确立阶段

1991年建设部颁布实施了第12号部长令《城市规划编制办法》，明确了控制性详细规划的编制内容和要求。

1992年建设部又下发了《关于搞好规划，加强管理，正确引导城市土地出让和开发活动的通知》，对温州市编制控制性详细规划引导城市土地出让转让的做法进行推广。

1992年，建设部颁布了第22号部长令《城市国有土地出让转让规划管理办法》，进一步明确出让城市国有土地使用权之前应当制定控制性详细规划，从而确定了控制性详细规划在土地市场化行为中的权威地位。

1995年，建设部制定了《城市规划编制办法实施细则》，进一步规范、明确了控制性详细规划的地位、具体编制内容和要求，使其走上了规范化轨道。

1998年，深圳市人大通过了《深圳市城市规划条例》，把城市控制性详细规划的内容转化为法定图则，它标志着深圳市以法定图则为核心的规划体系正式确立，为我国控制性详细规划的立法提供了有益的探索。

四、实践普及阶段

1995年开始，北京市着手编制《北京市区中心地区控制性详细规划》，其主要依据是《北京市城市总体规划》，通过对北京市区中心地区的土地使用性质和使用强度的细化和量化，对城市建设提出了更为具体的规定和要求，改控规成果于1999年经北京市人民政府批准并公布实施。

继北京之后，国内各城市先后颁布《控制性详细规划编制技术规定》等地方性法规，并陆续开始了大规模的控规编制工作。至2005年底，国内不少城市已经达到或接近"控规全覆盖城市规划区"。

五、发展成熟阶段

2004年9月，广东省人民代表大会通过并公布了《广东省城市控制性详细规划管理条例》，于2005年3月1日起正式实施，这是我国第一部规范控制性详细规划的地方性法规。该条例对广东省城市控制性详细规划的编制、审批、实施和修改以及相关的法律责任作出了明确规定。根据条例，非特殊情况，城市规划区内没有编制控制性详细规划的地块，主管部门不得办理建设用地的规划许可手续，不得办理土地使用权出让、划拨手续。《广东省城市控制性详细规划管理条例》的贯彻对于推进城乡规划管理体制改革，建立科学民主、公正透明、廉洁高效的规划管理体制，减少规划行政管理与决策过程中的随意性，维护公共利益等具有十分重要的里程碑意义。

2006年4月1日修订版《城市规划编制办法》正式施行，该办法对控规的编制程序、具体内容和要求，控规编制和调整工作过程中的公众参与、信息公开及审批等也作出了严格规定。其中，第四十一、四十二条规定控制性详细规划编制主要应当包括下列内容：

确定规划范围内不同性质用地的界线，确定各类用地内适建、不适建或者有条件地允许建设的建筑类型；确定各地块建筑高度、建筑密度、容积率、绿地率等控制指标；确定公共设施配套要求、交通出入口方位、停车泊位、建筑后退红线距离等要求；提出各地块的建筑体量、体型、色彩等城市设计指导原则；根据交通需求分析，确定地块出入口位置、停车泊位、公共交通场站用地范围和站点位置、步行交通以及其他交通设施。规定各级道路的红线、断面、交叉口形式及渠化措施、控制点坐标和标高；根据规划建设容量，确定市政工程管线位置、管径和工程设施的用地界线，进行管线综合。确定地下空间开发利用具体要求，制定相应的土地使用与建筑管理规定；控制性详细规划确定的各地块的主要用途、建筑密度、建筑高度、容积率、绿地率、基础设施和公共服务设施配套规定应当作为强制性内容。[①]

从国内对于控制性详细规划的研究历程来看，目前在控规编制内容、方法和技术手段等方面的研究已渐趋成熟，研究重点逐渐转向其时效评价、法制建设等方面。

第二节 控规的本质与特性

控制性详细规划是具有中国特色的"舶来品"。它的原理和控制手段类似美国的区划、英国的发展规划和中国香港的法定图则，但内容、法定性和实施框架又不完全相同。[②]

随着我国计划经济体制向市场经济体制的转型，我国的城市建设领域出现了新的情况，即土地使用权与所有权分离、国有土地的有偿出让与转让、房地产市场的出现、住房制度的改革等一系列的变化，使得各方关系更加复杂，众多矛盾不断出现，我国旧有的城市规划工作方法不再适应需要。在规划上，由于土地出让，传统的详细规划着重于总平面布局和空间形体组织的规划手法无法满足市场的需求，无法深化总体规划，缺乏规划的整体性和延续性，导致总体规划与传统的详细规划不论是时间上还是内容上的跨度越来越大，总体规划急需下一层次的规划来对它进行深化解释；在管理上，规划与管理严重脱节，单纯规划设计的技术手段不能适应城市发展的需要。于是，我国规划界迫切需要一种能够承接总体规划与修建设计，联系规划与管理的全新的规划类型，要通过控制和引导未来的建设开发，而不再是单一具象形态的限定。

---

① 汪坚强,于立. 我国控制性详细规划研究现状与展望[J]. 城市规划学刊, 2010, (3).

② 田莉. 我国控制性详细规划的困惑与出路——一个新制度经济学的产权分析视角[J]. 城市规划, 2007, 31(1).

一、控规产生的必然性

（一）总体规划与传统的详细规划之间需要有效的衔接

随着时代的发展，原来传统意义上的详细规划越来越不适应实际城市建设与管理的需要。首先是城市总体规划与详细规划之间很难衔接。一方面，城市总体规划主要研究确定城市发展目标、原则、战略部署等重大问题，不可能对城市中的每一个地块提出详细、明确的规划要求；另一方面，我国传统的详细规划受前苏联的影响，适应计划经济的需要，一直体现为一种物质型的规划形式，俗称"摆房子"。这样的详细规划在建设计划、任务和资金得以落实的计划经济体制下，具有一定的可行性，但也存在着对规划周边环境影响、功能联系和建设配套的整体性研究不够，很容易脱离实际等问题，甚至造成建设性破坏。城市规划的图纸通过规划管理来实现，而城市总体规划过于原则，传统的详细规划又缺乏灵活性和弹性，致使在执行规划管理过程中，规划可操作性不够。

（二）传统的详细规划不适应新形式变化的需要

传统的详细规划更多地是关注建设基地内部如何协调布局，而对于新的以土地有偿出让为基础的多种经济要素投入的房地产开发的建设控制与管理来说，关注更多的是考虑开发地块对周边环境以及该地区总体布局、设施配套和公共利益的影响，内部如何处理仅仅是开发建设主体的市场行为，在不影响外部社会整体利益的条件下，应该享受一定的自由选择权利。何况在城市实施土地有偿出让和转让时，建设项目在建设计划和投资上不一定得到全面的落实。因此，城市规划急需跳出传统详细规划的圈子，形成一套以适应城市建设控制管理的新型详细规划类型，即控制性详细规划。

（三）规划实践的历史必然

控制性详规划这一新的类型出现是在形式所迫的实践中产生的，改革开放初期，除了计划内项目之外，还出现了大量的计划外项目、外资企业和个体经济，城市土地有偿使用和住房制度改革使城市建设商品的生产者、经营者、消费者陆续登上城建舞台。上海、广州、温州等地都是中国商品经济最发达的地区，因此，在这些地区率先进行的控制性详细规划的尝试也是历史发展的必然。而后在全国范围内推广这一规划经验也便形成了控制性详细规划编制规范化的趋势。

（四）经济发展背景下控制性详细规划的新任务

1. 政府职能转变促进控制性详细规划地位提升

政府部门的职能转变主要是因为市场经济发展趋于成熟、稳定，从而带动在政治体制上的改良。主要体现在，政府部门间接接管市场管理，以宏观层面的调控政策逐渐取代微观层面的管理体制，并逐步实现和满足公共利益服务政策的间接管理。从规划体系来讲，处于上位的总体规划，其基础性越来越明显，控规核心作用和实践中的可操作性决定了控规在规划体系中的重要位置。因此，控规地位必然会随着政府职能部门的转变而不断提升。

2. 新的发展背景对控制性详细规划变革的需要

当前，我国城市化进程不断深化、完善，以市场经济主导城市建设开发活动与日俱增，城市建设活动的不断增加、市场经济环境的复杂性、代表不同利益的群体出现以及城市规划在制度层面的改革等城市发展建设的新背景、新环境，迫切需要城市规划的实效管理与运作，推动规划特别是控规的改革，以适应发展的需求。所以，各级政府可以根据现实发展情况，适时对控规进行调整，并在与时俱进的发展过程中进行创新性探索。这样既可以改进各级政府的规划管理方法，又可以实现建设活动的需求，更可以为在宏观层面的创新提供经验。

二、控制性详细规划特征与作用

（一）对控规特征的认识

从控制性详细规划的发展历程可以看出，其是我国所特有的规划类型，是以城市总体规划或分区规划为依据，详细规定城市建设的各项具体控制指标和其他规划管理要求，为深入设计提供设计条件，为城市建设依法管理和依法行政提供依据的详细规划。

我国的土地使用控制模式既不是完全的规划主导型，更不是区划主导型，应该是偏于规划主导型的一种综合型的土地使用控制模式。这就要求我们采取城市规划与城市立法相结合的方式来控制城市土地使用，目前的控制性详细规划基本上属于规划层面，在城市立法上还有广阔的发展空间。

我国的开发申请的审批方式既不是通则式，又不是完全的判例式，而是两者结合的方式。在我国目前城市化高速发展阶段，城市开发建设热情空前高涨，为适应高效的开发运作需要，控制性详细规划应该提供通则式的控制模式，提高操作的法制透明度和工作效率。另一方面，在弥补通则式的弹性和适应性不足的方面，提供具有针对性的引导控制内容，通过灵活但符合法定程序的修改，实施动态管理，成为判例式管理的基础。同时，通过广泛的公众参与、严密的监督反馈机制最大限度地消除判例式管理的不良因素。

我国控制性详细规划是在改革开放和经济体制改革的背景下，伴随着城市土地有偿出让与转让制度产生，并在实践中逐步发展起来的。因此控制性详细规划的控制重点在于保障公共利益，体现公平公正的原则，协调城市中各个集团的利益关系，进一步明确城市中各个产权单位在城市建设中的责、权、利关系。

我国控制性详细规划不是法律也不可能变成完全意义上的法律，但控制性详细规划中具有法律意义的部分应该以积极的方式形成法律条文，提高其在规划管理中的权威地位。

我国的控制性详细规划是介乎于土地管理与建筑管理之间的措施，它不但包括了国外区划的内容，还包括了基础设施规划、道路交通组织、竖向规划以及大量的城市设计的内容，是具有丰富内涵的一种规划类型，理论上具有相当的优势。

以上所归纳的是现阶段所能认识到的具有中国特色的控制性详细规划所具备的基本特征，可概括为三种特性——科学性、特色性、法制性。具体来说，科学性是控规的立题之本，无论从规划的角度或是公共政策的角度，内容科学、制度合理是最基本的前提条件；特色性的含义既包括控规与国外相似类型或层面的规划相比较的特色性，也包括对于不同地区，控规不千篇一律、灵活控制的特色性；法制性是指控规作为地方性规章，具有法律属性，控规的内容就是法律条文，具有强制约束力。因此，控规发展演变以及未来的发展趋势将围绕科学化、特色化、法制化的逻辑基础展开。

（二）对控规作用的认识

产生于我国经济体制由计划经济转向市场经济这一宏观背景之下的"控规"与传统详细规划相比，最大的不同在于它不再是计划经济的产物，而是直接面向市场的规划手段。因此规划目的更侧重于政府的控制职能，在建设项目、投资来源、建设时序等因素都不太确定的情况下，政府通过对土地的开发控制引导开发者按照城市规划进行建设活动。它有三个基本特征：

1. 文本、图则及法规三者互相匹配，且各自关联，共同制约着城市建设的核心内容即土地开发建设活动，包括投入开发土地总量、土地使用性质和开发强度、土地开发时序等三方面的限制。

2. 超越规划设计的范畴成为规划管理的手段之一，因此其规划成果具有一定的法律约束功效。

3. 实施这一规划的手段不一定是通过政府直接投资进行，而是通过政府作为土地所有者制定出来的土地使用框架模式，吸引来自各方面的投资进行城市开发活动。所以，规划实施过程中不可避免地存在着公私双方相互合作与利益分享的过程。

控规将抽象的规划原则和复杂的规划要素进行简化和图解化，再从中提炼出控制和引导城市土地功能的最基本要素，形成了一套较为完善的规划编制方法，最大程度地实现了规划的可操作性，使规划实施的稳定性与政府任期政绩的显化性之间的矛盾有所缓解，初步适应了投资主体多元化带来的利益主体的多元化和城市建设思路的多元化对城市规划的冲击，较好地适应了市场经济体制下城市规划管理的需要，面对城市的快速发展，实现了规划编制的速成和规划管理的最简化操作，缩短了决策、规划、土地批租和项目建设的周期，提高了城市建设和房地产开发的效率，成为城市国有土地使用权出让转让、地价测算的重要依据，基本满足了城市政府调控房地产市场和筹集城市建设资金的需要。

第三节 控规本质的要求

一、与相关规划衔接性的要求

城市规划作为一个完整的体系架构，具有不可分割性。与相关规划加强衔接，主要是要求控规做好与上位总体规划、下位修建性详细规划及周边同为规划的协调发展。这样才可以统一发展目标和设计准则，实现整体效益大于各个个体利益之和的理想设计。与相关规划衔接是控规编制具有实效性的前提。

二、控制性详细规划编制时机与年限适宜性要求

控规本身具有预测城市未来发展趋势的作用，因城市未来的不确定性，从而导致控规预测目标与实践编制结果的相互矛盾。在发展过程中，各级规划管理部门都十分清醒地认识到这一点，因此，控规编制工作的调整与修改成为"正常"的事，这种情况直接导致了控规编制工作的失效，实效性得不到体现。从另一个角度讲，由于控规编制有效年的限制，控规编制的实效性不会过长。在实践中要把握时机，将实效性的年限发挥到最大值，这样不至于造成资源浪费和城市发展时机的错失。

三、编制主体与编制分区的统一性要求

编制主体与编制分区的统一性要求，体现了控规编制工作的整体性控制原则。二者有机统一，是控规实效性得以保障的重要原因。编制主体多是编制工作的发起者，一般所指的"甲方"，在市场经济不断追求经济效益的大背景下，"甲方"的水平参差不齐，从各个地方的政府部门到房地产开发商，因其在发展过程中只关注自己认为重要的问题，导致相互对重点发展问题不统一，在划分编制分区时要么根据自己的行政管辖范围进行划定，要么跟着项目建设和批地需要走。这就导致控规的规模与范围参差不齐，有时甚至出现重复交叉，规划编制分区的无标准、无序发展，必然会造成城市发展结构的无序和混乱。总而言之，编制主体将自身发展利益放到第一位，而不是平衡相互之间的发展矛盾，客观上出现规划管理的依据不一致，规划实效性差的现象是必然的。

四、控规内容的科学性与适应性要求

控规内容的科学性与适应性是决定控规实效性的决定性因素。自然唯物主义历史观表明，事物发展过程中，内因起主导作用，这同样适用于控规自身所包含的内容，

若控规自身包含的内容不科学，实施后的结果将更加差强人意，达不到控规发展的目标，不能实现城乡建设的良性发展，从而给现代化建设带来损失。控规内容的科学性与适应性分别从地块划分、用地定性控制指标和控制方式等方面体现的。

五、公众参与性要求

控规中的公众参与程度体现了规划过程对于公众利益的关注程度。控规在发展的过程中要不断追求公众利益的优先发展和个人利益的保障，二者在发展过程中要相互促进、协调发展。公众参与的积极性程度越高，则控规在平衡公众利益与个人利益中处理的越好，实施的效果与得到的效益将更好，有助于城乡建设的发展。

六、控规实效性的要求

城市是一个综合复杂的系统，控规的"实效性"体现在对各种矛盾的权衡决策过程中，体现在需要的客观满足程度。城市发展过程中对各种价值的追求常常不能兼全，甚至是相互矛盾、相互冲突的。规划决策必须根据规划的目标有选择地进行取舍，最后达到在最大程度上满足城市发展的需要，实现社会的健康、和谐发展。

参考文献

[1] 汪坚强，于立. 我国控制性详细规划研究现状与展望[A]. 城市规划学刊，2010，(3).

[2] 田莉. 我国控制性详细规划的困惑与出路——一个新制度经济学的产权分析视角[J]. 城市规划，2007，31(1).

[3] 卢新宇. 统筹学指导下的我国快速城市化阶段控制性详细规划研究[D]. 上海：同济大学硕士学位论文，2008.

[4] 蔡震. 我国控制性详细规划的发展趋势与方向[D]. 北京：清华大学硕士学位论文，2004.

[5] 王富海. 从规划体系到规划制度——深圳城市规划历程剖析[J]. 城市规划，2000(1)：28-33.

第三章
理论研究

第一节　控规多学科理论研究

追寻控规的根源与本质，其不仅是一种重要的规划技术手段，而是与社会管理紧密相关的综合体系，那么对于控规的全面、科学理解就必须从控规的本源出发拓展视野，从与控规实施运作的全过程密切相关的统筹学、经济学、管理科学、公共管理、公共政策、法学等理论的范畴来思考并观察控制性详细规划的科学性。

一、统筹学理论

"统筹"的解释是统一全面地筹划，"筹划"的解释是想办法、定计划。因此，"统筹"的大致意思可以理解为统一全面地制定计划，统筹学即研究如何统一全面地制定计划的学科。统筹学是由华罗庚先生首先提出的创建设想，他在20世纪70年代后期，提出了"大统筹、理数据、建系统、策发展"的统筹学完整思想，为统筹科学化的研究指明了方向。1995年，刘天禄先生《统筹学概论》的问世代表着统筹科学理论体系的完成。统筹既是对实践整体的统一性进行综合筹划（包括构思和落实，简称为整体综合筹划），给予理论方法支持的学问，也是造就和谐、回归自然的实践要求。

在改革开放与中国特色社会主义市场经济建设新时期，我国政府提出了科学发展观和实现"中国梦"的重要思想，在城市发展和城市管理层面上就控规而言，统筹控规在城市规划体系中与其他规划的关系以及控规与社会经济发展的关系，是我国的城市建设遵循科学发展观、实现"中国梦"的重要途径。

（一）控规的统筹学准则

1. 统筹对象准则：在组成形式上坚持主体、客体、环境的统一，把握实体规模和运作规模的区别与联系，形成虚实结合的筹划对象，以确保客体的运作顺利。在控规的编制中，要明确控规的内容及运作模式与土地、与利益相关各方、与社会经济环境间的联系，把握统筹对象的特征，确保控规的顺利实施。

2. 统筹核心原则：在核心依据上坚持人群、时间、空间相统一的准则，把握业务运作核心和生存运作核心的区别与联系，形成机会把握和风险规避相结合、主客观相匹配的筹划核心，以确保客体运作的实用。在控规的编制中，要明确控规的意义所在，始终围绕控规所要解决的核心问题，确保控规实施的强针对性和高效率。

3. 统筹构成原则：在组成内容上坚持相容性与事业趋向相统一的准则，把握运作实力和运作活力的区别与联系，形成主观意愿与客观工序相匹配的运作结构，以确保组织筹划到位。控规编制应考虑政府管理者或城市规划者主观意愿（即运作活力）与客观实现条件（即运作实力）的联系与差异，既要发挥控规的运作活力，又要以运作实力为基础，确保控规不流于形式，能够切实有效地贯彻实施。

4. 统筹价值准则：在价值实现上坚持成功、优化、良性循环相统一的准则，把握投入产出和环境适应的区别和联系，形成目的适当和目标满意相结合的效用响应，以确保实施有序。控规的价值实现即科学有序地引导城市建设，在价值实现的过程中要不断进行动态更新，适时调整预期的目标以适应过程优化所带来的对价值实现所产生的更高的心理期待和对预期目标满意度的变化。更高的成功期待与过程的不断优化相互促进，形成价值实现上的良性循环。同时，控规的编制与实施需要付出一定的机会成本，追求更高的价值实现以对机会成本的得失利弊作为衡量标准，始终保持资源利用的最优解。

（二）控规的目标体系构成

理论领先、理事合理、理用优化是统筹学在目标体系中的完整要求。[①] "理论"即实践思想现代化的问题，观念更新、思路变革；"理事"即组织合理化的问题；"理用"即计划的优化，要"正确地做事情"。于控规而言，就是要运用先进的规划理念、经过合理的流程组织、正确解决城市建设发展中面临的问题。其传承顺序与具体要求依次为：

1. 理论领先——站在一定理论高度，对所研究的实践对象进行提纲挈领的观念审视，从概念变革、观念更新入手，从根本上把握对象的准确方向，集中体现在"统筹研究"的环节中。每一次的统筹研究都面临相应的概念或观念的反思问题，而统筹的活力正是通过这种反思由隐性状态转化为显性状态显现出来。理论领先是对控规基础性研究的反思，站在更为广阔的平台上吸纳更多的要素统筹考虑控规的含义和本质，剥离控规技术性内容的表象，揭示出其公共管理与公共服务的根本属性。

2. 理事合理——主要体现在"统筹规划"环节，以相容性与事业取向相统一的准则落实为基准，在理论阶段的反思也包含在内，二者都要进行知识的合理化组织，都要经历组分和组合的思维运作，来争取产生质的飞跃。理论和理事阶段同是围绕

---

① 刘天禄. 统筹学概论（第二版）[M]. 北京: 中国商业出版社, 2004.

"认清做什么事情才是正确的"来展开。理事合理是对控规技术性研究的反思，"统筹规划"环节涉及具体实践的层面，将"统筹研究"的理论成果通过技术性指标转化成为现实可操作的内容。科学合理地制定实践内容、组织实践流程，是控规技术性研究的目标所在。

3. 理用优化——对应于"统筹安排"环节，面对的是一种具体的安排，一种以成功、良性循环相统一准则的落实为基准而做的随机应变式或风险式的安排，而理用的出发点就是，找出怎么做才是最优化。这就必然与具体任务或目标产生必然的直接联系，并且同理论的统筹研究、理事的统筹规划相匹配的有明确起点和终点标记的务实型整体安排。理用优化是对控规制度性研究的反思，以成功为导向的过程优化、动态调整就是要建立一种制度不断实现控规价值的最大化。

统筹学的存在本身是因为执行者的差异性和资源的稀缺性，不计工本，无异于一种浪费，通过统筹可以达到在相同的成本上效益最大或效益相同的情况下成本最低，其核心意义在于效用至上、突出重点、兼顾各方。控规所面临的城市客体正是这样一种情况，公共资源的有限性迫使城市建设需要以统筹学的观点为指导，发挥资源的最大效用并兼顾社会公平。通过对控规产生的原因背景、发展历程、存在问题以及几个大城市的实践总结，在控规中引入统筹学的理论分析方法，既是控规的自身需求，同时，控规存在的问题又是其他一些复杂系统理论所不能解决的，只有通过统筹学的引入和运用实现控规编制实施的统筹兼顾。

需要肯定的是，在现代的社会实践活动中，确实存在大量人们认为没有必要进行统筹计划的情况，但随着所面对的社会发展变化的日益复杂化，人的主观能动性越来越高，对参与其中的社会活动的影响力越来越不可忽视，就越来越需要统筹学的出现，需要专门进行筹划活动去做事前的构思安排、事中的辅助实施和事后的检验评估，才能确保实践成果如人们所愿。控规在我国实践的30年来，整个体系存在各个方面的缺陷，从对控规的认识不充分，到控规编制阶段的技术理性的缺失，到控规的实施中管理的不到位、法制化的不足。在当今快速城市化背景下，城市发展迫切需要探索新的控规"应对"方法，需要全盘进行统筹考虑，从控规面对的客观环境实际出发，重新审视控规的理论基础，对其进行控规统筹认识之后的再理解，抓住主要矛盾来解决当前规划管理的主要问题。以问题为导向，针对问题产生的主要原因加以研究、调整与突破，再进行创新性的探索与建设，从而走向更有效的规划控制和引导之路。

二、经济学理论

（一）经济学视角看控规的必要性

西方城市规划理论与实践经历了被认为是城市物质空间的设计活动，是为城市未来发展描绘蓝图，到其被批评为忽视社会、经济等实质内容的空洞理论，再到当今规划理论主要围绕着城市规划的实质问题和规划实施的成效问题展开。在这一过程中，人们逐渐认识到，城市规划的本质是一项公共政策，同时也是一种制度设计。制度设计的意义在于为人与人交往之间的关系和方式制定规范准则，规划实施的成效建立在制度平稳运行的基础上，也就是取决于利益相关者要在制度设计的范围内决定自己的行动。利益相关者的行动本质上是经济活动，从经济学角度来看，在市场经济条件下，任何一个经济主体在进行经济活动时，都要考虑具体经济行为在经济价值上的得失，以便对投入与产出关系有一个尽可能科学的估计。与规划相关的利益群体在从事城市建设开发过程中，运用成本收益分析方法，从追求自身利益最大化出发，力图用最小的成本获取最大的利益。因此，制度设计的成败取决于能否协调好相关利益群体的经济行为与公共管理间的关系。

中国的控规体系随社会主义市场经济体制的建立应运而生，本身就是一种城市建设开发的制度设计。在市场经济极大激发了私人追求经济利益的动力的背景下，控规体系的编制与执行面对着协调来自各方为追求各自利益最大化的诉求的挑战。控规尽管并非空洞的图纸，其融合了对社会、经济等实质性因素的考虑，但仍要以城市物质空间的形象引导为表现形式，以此实现对城市建设的管理和对城市公共资源的配置。在这过程中必然会涉及与土地相关联的不同群体的利益问题，即各方对自身成本与收益的权衡问题。因此，从制度设计的角度看，控规所要制定的是在公共利益均享的基础上不同个体追求利益最大化的准则。科学的制度设计，应当以经济学的思维方式认识城市建设的问题，从经济学的角度考虑城市资源配置。

经济学家萨缪尔森指出：经济学研究的是一个社会如何利用稀缺资源生产有价值的商品，并将他们在不同的个体之间进行分配。马歇尔指出：经济学是一门研究财富的学问，同时也是一门研究人的学问。经济学家们对经济学的定义清晰解释了控规体系必须要融入经济学研究的意义：一方面，政府治理由管制型向服务型的转变，需要发展以市场为导向的控规，贴近市场的城市管理者与相关利益群体的对话不再是上级对下级的行政指令，而是都要在遵循市场经济规律的前提下寻求合作共赢，经济学的思维方式是实现各方沟通的桥梁；另一方面，城镇化与经济结构转型升级对城市人口和用地规模的影响，使城市资源的有限性日益突出。如何配置稀缺的城市资源产生最大的社会效益，这正是经济学所研究的领域。

（二）新制度经济学对控规的启示

控规能否真正成为相关利益群体共同行动的准则，新制度经济学理论从制度建设的角度分析其中的经济学原理，在控规的制度研究方面具有重要的指导意义。新制度经济学理论运用新古典主义经济学基本理论分析制度产生及发展的规律，以交易成本的研究为基础，认为交易成本是不同利益群体为实现各自目标不得不相互博弈和妥协所付出的成本，其在现实中是客观存在的，交易成本也是一种制度成本。以亚历山大为主导的交易成本规划理论从组织的角度强调不论是通过市场调节，还是政府干预，制度的有效性主要是看制度设计和安排是否能有效地减少交易成本。从本质上看，不是市场需要规划，而是组织需要规划以便于减少组织的交易成本。以奥斯特罗姆为代表的新制度经济学理论家们，通过制度研究，深入地分析了"公共物品的悲剧"的原因，从而主张通过制度设计来降低交易成本以提高城市规划公共产品的社会效应。

1. 控规的制度成本

根据新制度经济学的观点，控规本身就是一种制度，制度的建立与实施需要付出一定的制度成本，控规的作用是限定土地产权（我国即使用权）。限定土地使用权是为了减少在土地开发过程中不必要的交易成本，因为如果不对土地使用权进行限定，人们往往会追求自身利益最大化而不顾是否会造成不利的外部影响。如果这种影响的施受双方完全通过市场交易的手段来解决纠纷，可能需要旷日持久的谈判，甚至诉诸法律，因而在博弈与妥协之中付出高昂的交易成本，最终还未必能够使各方满意。因此控规的制度设计意在从土地使用权的配置上进行限定，从根源上减少不利的外部性问题，从而减少交易成本。控规成本与交易成本的比较，实际上就是两种制度成本的比较。只要控规的制度成本低于其所能替代的交易成本，也就是控规对社会总收益的增加值，控规制度就有存在和发展的必要。

从新制度经济学角度出发，控规的编制与实施应以减少交易成本为目的。政府通常能以低于市场的成本提供公共产品，如道路、绿地、公共服务设施等，这是因为通过市场交易提供公共产品的成本过高，这其中不仅包括公共产品自身的成本，也包括市场交易中所耗费的时间、空间成本。因此，为追求社会利益最大化，政府或市场谁提供公共产品的成本更低就应该由谁提供，而控规就是要规定公共产品由谁提供的问题。以前人们往往认为，政府是公共利益的维护者，公共产品由政府提供是理所应当的事，但现在出于更经济的考虑，市场有时会替代政府提供公共产品，政府给予其适当的补偿，例如控规的容积率奖励政策即由此而生。明确公共产品由谁提供，其实质仍是要减少交易成本，选择最经济的方式，这也是对控规制度成本优化研究的范畴。

2. 土地使用权属的效率与公平

新制度经济学理论认为：不同的生产者的利润是不相等并且是可以比较的。最优的资源配置，是由具有最高效率（利润较高）的生产者获得该资源的产权。资产的所有权应该倾向于分配给那些最能够利用该资产创造收益流的人。这个观点应用于城市规划领域可以解释地租与产业类型间的关系——地租从城市中心向外围总体上呈递减的趋势，主导产业类型呈现商业—居住—工业的变化，这与"效率最优者获得产权"的观点是相符的。

就控规而言，制度设计与执行的目的在于减少土地开发过程中不必要的交易成本，避免建设开发造成的不利外部性因素，土地使用权由市场决定，控规起监管和调控作用。具有更高效率和收益的企业有能力支付更高的地租，效率最优者是否获得土地使用权取决于自己的选择。但是，控规作为公共政策，其调控作用体现在对市场追求的效率最优与公共服务的公平性进行协调，通过对土地性质、开发强度等要求，避免土地资源集中于为高收入者服务，维护社会公平。以居住用地开发为例，开发商倾向于建造为高收入者服务的高端住宅，因为高端住宅的附加值较高，其利润要比为普通市民建造的住宅利润更高，为高收入者服务符合"效率最优者获得产权"。如果没有控规的调控，完全由市场配置资源，本应建造普通住宅的土地被用来建造高端住宅，土地资源集中于为少数的高收入者服务，势必会引发社会公平问题，高端住宅的大量建设也会使房价整体上涨，增加普通民众的购房压力。美国蒙特罗拉的房车住宅区之争的案例为控规的设计与执行如何协调效率与公平的关系给予了启示：政府有责任为中低收入居民提供切实的生活条件，对于发展中的地区来说，这是必要的责任。因此，以市场为导向的控规，既要研究经济学理论，遵循市场经济的规律，又要坚持公平性的原则，批判性地运用经济工具管控城市建设。

（三）经济学理论对控规体系建设的要求

城市规划工作者对控规体系建设的科学化、特色化、法制化的努力方向此前往往较少考虑其中的经济学原理，更倾向于关注控规编制内容的科学性、特色性和控规运行过程的规范性。从经济学角度出发，以协调各方利益达成共识，合作实现城市发展为目标，为控规的完善和发展提供了新的思路。作为公共政策的控规要顺应政府职能转变的趋势，也必须遵循经济学原理，掌握市场动态，在与各方的交流合作中实现共赢。

控规本身的制度成本是完善控规体系所不容忽视的内容。在没有控规制度的情况下，各方利益群体通过市场调节达成一致所耗费的交易成本是一定的，它与生产成本都是城市建设的总成本中的一部分。控规的制度成本作为交易成本的替代物，制度成本越少相当于节省了越多的交易成本，这部分节省下来的资金如果作为生产成本而不是交易成本投入城市建设，其所创造的价值将远大于资金本身的价值。也就是说，不考虑控规的法律效力，仅从经济学角度分析，各方利益群体如果不遵循控规而完全依靠市场调节的机会成本非常巨大，出于追求利益最大化的考虑，不得不遵循控规的约束。控规体系如果能不依靠行政法规的强制力保障实施，而是发展成为各方利益群体自觉遵循的共同行动准则，那么控规制度的存在和发展在经济学角度上就具有十分重要的意义。

公共政策属性要求控规体系维护社会公平，社会公平与追求经济利益同等重要。以"卡尔多—希克斯改进"为代表的福利经济学理论从社会收益的角度出发，认为一项政策如果能使社会总收益增加，那么这项政策就应当被通过，但政策的执行可能会使一部分人从中受益而另一部分人利益受损。为保证利益受损的人也能够接受这项政策，实现增加社会总收益的整体目标，收益增加的这部分人应对收益受损的这部分人给予补偿，使社会总收益增加的情况下至少没有人利益受损。控规出于社会公平的考虑，应当参考福利经济学理论进行制度设计，制定奖励政策，避免加剧两极分化，保障城市公共资源的共享。

三、管理科学理论

管理科学理论是把"管理"作为一门学科来分析研究的理论，是管理实践经验的科学总结和理论提升。"管理"的含义是"用数学模式与程序来表示计划、组织、控制、决策等合乎逻辑的程序，求出最优的解答，以达到企业的目标"。管理是一个协调工作的过程，以便能有效率且有效果地同他人一起或通过他人实现组织的目标。追求效率，就是要以尽可能少的投入获得尽可能多的产出；追求效果，就是要使从事的工作或活动有助于实现目标。效率与效果是管理学追求的两大目标，将管理学理论引入控规体系的发展与完善过程中，就是要追求控规在城市管理上的方式优化和高完成度，二者相辅相成，共同构成实现城市可持续发展目标的基础。

（一）控规的"有限理性"模型

一项理性决策可以使决策者制定决策更具逻辑性，更有可能做出最佳选择，在有限的情景中最好地完成目标。然而这种传统的理性模型寻求最优解的理论是一种理想境界，就控规而言，在现实中很难做到对信息的完全掌握、对方案的穷尽、对所要解决的城市建设问题的清晰界定以及对所选方案未来的结果准确预测，同时也受限于决策者不可能精通各学科的知识和保证完全公正，不带有个人喜好的倾向。因此，"有限理性"模型追求满意解而不是追求最优解的原则，成为解决现实问题的可行办法。一项政策的制定贵在具有时效性，在资源和时间有限的情况下，人们不会无休止地追求最完美的解决方案，而是要在资源投入的经济性的基础上，在一定的时间内确定所要执行的决策。有限理性模型就是要制定出这样一套令人满意的标准，只要达到了这个标准，就是可以采纳执行的方案，方案的制定与选择阶段也随之结束，不再寻求其他方案的可能性。有限理性模型适用于控规，是因为控规所要实现的对城市建设科学管理的目标是难以清晰界定和完全以指标来量化的，它不是一个固定的理性的程序，并且控规需要对复杂多变的外部环境迅速作出回应，解决当下的问题，因此如果制定与执行的过程跟不上环境的变化就毫无意义。

对于满意解的标准设定，是随决策的执行过程而不断调整的，由于对目标难以清晰界定，因而决策的执行过程也是对目标更加明确的过程，进而调整方案选择的标准，使其更符合实现目标的要求。控规的方案制定与执行也是一个动态的过程，根据执行过程中对效果的评价和对新问题的分析，对原有控规进行调整，既包括内容的合理性的优化，也包括形式合法化的规范。

（二）控规的战略分析

控规的战略分析是指通过对控规编制与执行部门的使命、愿景、目标的明确和内外部分析，来决定控规的发展方向。控规编制部门的使命就是使控规存在的理由，即控规的基础性问题，这是控规存在的根本。明确使命的重要性如同"士兵为谁而战，学生为谁而学"，使命有偏差，控规就失去了发展的灵魂；愿景是控规所要实现的远景蓝图，是控规编制、执行与反馈的工作源动力，实现城市的可持续发展的愿景感召着城乡规划工作者持续努力工作；目标是近期所要实现的计划，以量化指标为考核依据，即控规具体的技术性指标制定对城市建设的指导作用，它反映的是为实现使命和愿景的具体实施过程。

控规的外部分析主要是对控规编制与执行的总体环境进行分析。控规依存于总体环境而生，包括经济、政策法规、社会文化、技术等方面，控规的科学性与特色性体现在对总体环境的匹配程度上。通过对上述四方面的PEST分析，可以辨别外部各环境要素对控规的不同作用，确定导致环境变化的主要驱动因素，使控规有针对地进行调整以适应外部环境。

控规的内部分析主要是分析自身的核心竞争力，即能够创造价值的能力。运用企业管理的价值链分析工具，将控规编制与执行的各环节分为基本活动（创造价值的活动）和辅助活动（为基本活动服务）两类，集中精力和资源投入到能创造价值的基本活动环节中，分析评估规划部门所拥有的各种资源的优劣。

（三）控规的全面质量管理

质量管理是保证控规效率和效果的重要方法，必须始终达到一定的质量标准才能保证目标的实现，没有对编制与执行过程的质量管理，控规自身就失去了意义，造成已投入资源的浪费。全面质量管理就是在质量管理的基础上，要调动各个部门的全体人员，运用多种方法，对控规编制与执行的全过程中影响质量的各种因素进行控制，最终以最经济的办法实施令民众满意的控规。全面质量管理的特点体现在：全过程、全员性、全面性、服务性、持续性，是针对控规编制与执行的信息收集、方案制定、方案选择等全部流程的管理，要提高各环节的工作效率；是针对全员的工作质量的管理，重视全员参与，决策者要对组织内的全体工作人员给予充分信任，听取他们的建议和意见，对他们进行培训以使他们具备足够的技能完成工作，进而提高工作质量；是全面的质量管理，不仅关注控规本身的效率和效果，也包括流程和体系的科学性，不仅有外在的技术层面的革新，也有内在的指导思想与组织结构的革新；是以客户为中心的质量管理，控规的调整完善是为了使各方利益群体更加满意，促进各方更便利地协同合作实现目标；是持续改进的质量管理，想要实现使命和愿景，必须长期适应外部环境变化和客户的需求，不断改进以提高公共服务质量。

（四）控规编制部门的"跨职能团队"建设

以英国为代表的规划体系将城乡规划作为社会问题来对待，将着眼点从城市空间形态的控制扩展到社会生活的各个领域，规划的编制部门包括了政府中负责公共卫生、经济发展、遗产保护等各个机构，也包括大量的公益性社会组织、行业协会，并十分重视公众参与，把规划作为城市综合治理的公共政策，政府中的各个机构以及公益团体分别站在自己的立场上为规划建言献策、集思广益，有效避免了由某个单一职能部门编制规划从而对城市规划关注点的偏颇，这为我国控规的发展提供了借鉴。

从管理学理论来讲，其借鉴意义在于：

1. 我国的控规编制部门人员构成的学科背景仍较为单一，较单一的专业知识背景无法深入了解其他学科对城市建设问题的观点，因而对城市建设中的问题的界定可能会造成片面化，只能发现问题的表象却无法全面地认定问题的根源，问题的解决方法也可能局限于单一的角度。

2. 控规的公共服务型转变需要控规以市场为导向，在与市场的对话中，控规编制部门就要有换位思考的能力，站在不同的利益群体的角度思考他们的诉求，如果没有广泛的专业知识和多学科的思维方式，很难能真正做到角色扮演，真正了解市场的需求。

3. 在控规编制部门中长期积淀而形成的组织文化带有较强的共同学科背景的色彩，在面对复杂多变的外部环境，需要对组织结构和战略进行变革时，成员们往往很难抛弃原有的思维定势；信息技术革新应用到城市规划领域，极大地降低了信息获取的难度，实现了量化分析，促进了规划理论与实践的科学性，然而新技术、新方法的运用也会受到原有思维定势的阻碍。

4. 控规编制部门任用多学科的人才的初衷就是要获得多元化的优势，为组织带来不一样的声音，促进组织创新，进而促进控规的科学性、全面性。但是以单一专业背景为主导的思维方式会使部门内的其他专业背景的成员感到较大的遵从压力，在控规编制过程中的某些观点一旦与在人数上具有优势的群体思维产生分歧，可能出于维护群体和谐或避免更大心理压力的考虑而无法毫无保留地被提出，转而选择提出较温和的观点或直接认同群体决策。一旦出现这种情况，部门聘用多学科人才的初衷实际的效果就会大打折扣。

控规编制部门的"跨职能团队"建设，就是要突破工程技术层面的局限，从社会学、城市经济学、人文地理学等角度探讨价值需求，借鉴法学、公共管理学等理论完善控规体系制度层面的内容，实现多学科控规理论与实践体系的构建。加强公众参与，虚心听取意见，避免控规编制部门的本位主义，将控规的编制依据规划者的价值判定转变为对城市发展的多元化的价值观思考，促进控规的科学化、特色化、法制化和全社会的认同感。

四、公共管理理论

（一）控规的公共管理特质

公共管理是一种介于企业管理与公共行政之间的管理方式，是将市场经济下的现代企业管理手段运用到公共部门，即用企业的管理理念和方法解决公共利益的问题。回顾控规体系发展完善与管理实践的历程，其中蕴涵着鲜明的公共管理特质：

1. 控规体系对城市建设的管理是要解决城市空间发展无序、公共资源配置不均的问题，是从公共利益角度出发而建立，属于公共部门的管理，而控规的编制与执行并非按照绝对的政府行政的方式，以强制性的法规、政令等形式自上而下的管理，而是公共服务型的管理，正向引导与"禁区"控制相结合，保障了管理的灵活性，借鉴企业管理方式，在解决公共问题的前提下更加尊重市场经济规律。政府的规划管理部门、控规编制机构和相关利益群体等都是控规体系的重要组成部分。

2. 以控规为手段的城市公共管理水平的提高，不仅需要改善控规自身的制度和技术内容，更要关注外部环境的变化，掌握环境变化趋势，把握发展时机，认清控规体系与外部环境的关系，对环境变化做出有效回应。

3. 控规体系研究与实践的历程由最初的区划控制逐渐发展到需要涉及多学科整合的控规体系的构建，这是因为公共问题具有复杂性，就城市建设管理方面来说，决策者逐渐认识到这不仅是城市规划和美学的内容，还涉及对其背后的政治、经济、文化基础的研究。城市公共管理的发展趋势要求控规体系的发展既要加强多学科理论的构建，又要结合实际，将多学科的理论指导转化为物质空间形态的表达。

4. 控规的编制不仅注重城市公共资源配置的经济性、效率性，同时注重公共利益的均等性。市民对公共服务的享有权具有平等性和非排他性，因此在控规的编制与执行中应当重视城市公共资源配置中效率与公平的关系。改善公众生活品质、缩小贫富差距对公共资源享有的不均，是城市公共管理的职责所在。

（二）公共管理角度的社会意义

1. 保障公共秩序

控规体系作为城市公共管理的手段，担负着维护政府管理秩序和社会稳定的职责。作为涉及公众利益的规划政策，控规体系的法制性和科学性与社会民意密切相关。形式规范、制度健全、内容科学合理的控规体系的实施，是对城市建设的科学管理，是有利于社会公平和缓和社会矛盾的公共政策；反之，如果控规编制的内容不合理或是形式不正规，都会对公众的利益造成损害。因此，科学化、法制化的控规对维护社会秩序意义重大。

2. 维系社会价值观

公共管理的根本要求就是要做到依法治国，将社会主义核心价值观落实到社会生活的各个角落。植根于民族精神和传统文化的社会价值观是人们团结奋进的精神动力，社会价值观若能在城市建设方面得以体现，对城市建设发展和社会价值观传承都具有积极的意义。科学化、特色化、法制化的控规体系本身就是对民主、和谐、平等、法治等社会价值观的倡导：科学化、特色化的内容回应了国家和谐、社会平等的诉求；法制化的编制与执行程序和保障机制顺应了民主法治的政府改革趋势。因此，科学化、特色化、法制化的控规体系能够从正向引导的角度为公共管理做出典范，其意义从对物质空间形态的引导扩展到建设精神文明的层面，这也是对控规体系未来发展更高层次的要求。

3. 平衡政府与市场职能

政府与市场是社会经济发展的两大力量。政府进行宏观调控，是经济发展、社会稳定的有力保障；市场是资源配置的决定性因素。政府与市场需要在适当的范围内发挥作用，政府的控制作用过度会僵化经济发展，影响资源利用的效率和效益；市场的导向作用过度会造成盲目竞争，影响经济发展的稳定性，损害社会公平。因此过分强调任何一方的作用都会对经济发展产生阻碍，公共管理要处理好政府与市场的关系。控规体系对城市建设的管理既要体现公共部门管理的主体性，肯定政府宏观调控的作用，以解决公共问题、实现公共利益均等化为目标，并提升法律地位保障控规的实现性；又要以市场为导向，遵循市场经济运行规律，明晰利益群体的需求，实现社会总体效益最大化。

4. 提升公共部门公信力

公共部门的公信力是公共管理能够顺利开展的根源，公众对公共部门有信任感才甘愿受其管理。高效的公共管理体系建立在政府与公众相互信任的基础上，因而控规作为城市公共管理的手段，要想得到利益相关各方和公众的认可，能够顺利执行，就必须让公众认可其合法性，这一是要求控规编制与执行的程序公正公平，既不偏袒任一方，也不强加决策者个人意志；二是要求编制的内容和执行的方式科学合理，要结合地方具体实际，能真正解决本地区城市建设发展的问题。

5. 支持科技创新

资源的有限性必然会导致占有资源的竞争性，仅依靠改革分配方式使之更加公平，不能解决资源有限的根本问题。只有通过科技革新，提高资源的利用效率才能使资源的相对总量增加，进而减少竞争性，缓解由竞争所带来的社会矛盾。此外，科技创新成果在政府管理模式改革（电子化政务）、规划数据分析模型建立等方面起到巨大的促进作用，丰富并简化了控规基础数据的获取，能够以客观数据的理性分析取代感性判断，增强控规的科学性。因此控规的完善和发展需要支持科技创新，主动将科技创新成果运用于改进控规编制执行的组织结构、工作方法和具体编制内容之中。

6. 协调务实与远见

控规是基于以往经验和现实条件预测未来发展趋势并制定计划的过程，是站在未来的角度考虑城市资源的配置问题，因此控规的编制要具备战略性眼光，其内容最终是要为在长远未来的某个时间点上所要实现的目标奠定基础。同时，控规依据总规和分区规划编制，更重视近期任务的制定与实现，因此控规是要站在长远的角度去考虑近期的问题。基于战略性、科学性的远见和基于阶段性、客观性的务实，都是控规能够正确引导城市建设的必要条件，二者相辅相成，缺一不可。从长远利益的角度考虑近期的行动，就能少一些借"功在当代，利在千秋"幌子的盲目建设。倘若在当代好大喜功浪费资源，侵害了后代的生存权，还如何能"利在千秋"？协调好务实与远见的关系，实现城市的可持续发展是真正的"功在千秋"。

7. 构建国家与社会共同治理模式

公共管理理论建立的初衷即是在机械式的政府管理与有机式的企业管理之间寻找兼具两者优势的新型管理模式。在当今政府行政体制改革、政府职能由管制型向服务型转变的时代要求下，城市管理领域的"简政放权"要求控规体系的管理方式要尊重市场主体地位，发挥市场配置资源的决定性作用，根据市场需求设置城市土地性质和开发强度。政府规划管理部门对规划内容不再大包大揽也不能置之不管，要加强城市建设的市场监管，规范行政审批，设置准入标准，避免私人市场因片面追求经济性的建设损害城市整体空间形态。除政府规划管理部门外，公众、企业和社会公益团体等都有权利和义务维护城市建设秩序，共同营造城市整体风貌环境。政府为市场解绑，把权力交还给公众和社会，社会各群体就要把握机会迎头赶上，接过政府转移的职权，自发处理好城市建设的问题。

（三）控规编制部门的战略管理

部门的战略管理是站在战略的高度，从长远的角度考虑部门的发展。具有远见是控规的社会意义的要求，这要求公共部门必须用战略管理的理念编制和执行控规。日趋复杂多变的外部环境增大了控规实施条件的不确定性，而这种不确定性几乎难以消除，动态管理与应对变化将伴随控规编制与执行的始终。战略管理是将部门优势、特征与环境变化趋势相联系的桥梁。

在政府行政体制改革的大背景下，基层公共部门的角色也随之发生转变。如何深切认识时代要求和人民意愿、深入贯彻落实国家的指示精神，需要以战略管理的方式统筹考虑自上而下和自下而上双向的要求，做好政府与民众沟通联系的纽带。控规编制部门在工作中既要把握中央城镇化工作会议、经济工作会议等与城市建设相关的政策精神导向，了解公众对于城市发展和生活品质的诉求，又要将二者结合最终表现为具体的、物化的空间形态指导。

科技创新促进了信息的传播与交流，加快了社会变革速度，对民众传统的行为习惯和价值观带来一定冲击。信息的可获得性大大提高使公众更加关注自身公共权利的享有，对公共部门服务水平的要求也越来越高。同时，科技创新对组织结构扁平化、工作效率提高的促进作用，要求公共部门必须支持鼓励和积极参与科技创新，用最新的科技创新成果改善工作效率；优化组织结构，提供优质公共服务。立足组织长远发展的战略管理理念，要求公共部门敢于冲破旧有的组织结构、工作方法、思维定式等的阻碍，与其被动适应环境的变化，不如积极主动促成变革。因此，控规编制与执行部门有必要使编制和执行的过程更加公正、透明，以回应民众关注度的增长；有必要加强公众参与和专家意见咨询，丰富编制人员的学科专业背景，运用电子信息技术进行科学分析，抛弃原有的唯经验论和相同学科背景导致的群体思维。

五、公共政策理论

控规由市、县人民政府城乡规划主管部门编制，由本级人民政府批准并报本级人大常委会和上级人民政府备案，具有法律效力，属于公共政策范畴中的地方性规章，具有公共管理与公共服务的属性，其与私人部门最大的区别在于控规的编制与执行不只为追求最大利益，要兼顾效率与公平。

（一）控规的公共政策职能

1. 导向功能

控规作为公共政策，是规范城市建设发展的准则之一，其对城市的空间形态具有重要引导作用。控规的导向功能分为直接引导和间接引导两种方式，例如城市设计导则对城市空间形态的引导，以明确的图则和文字说明直接引导城市建设；控规在开发商提供一定的公共空间或公益性设施的前提下，对其给予容积率奖励的政策，则是通过经济利益刺激开发商接受控规的这项附加条件，从而间接引导城市空间品质。

2. 管制功能

控规中与导向功能相对的就是管制功能，即控规所要约束和管制的内容。"法无禁止皆可为"，控规的强制性内容如用地性质、容积率、绿地率等就是建设开发不能突破的底线，因此强制性内容及其指标的确定必须有理有据，这是控规科学化、特色化、法制化的基本保障。

（二）控规对公共利益的协调

1. 各方对自身成本与收益的权衡

公众对于一项政策的态度在很大程度上取决于自身利益得失的判断。他们会基于以往的经验和对现状的判断，预期未来某个时间有无此政策的收益情况，将二者进行比较，如果认为接受此政策比不接受此政策所受的损失要大，就会采取抵制的态度。

例如控规的前期基础资料收集阶段，对于产权界限的掌握，对目标群体产权补偿或置换的可能性判断，就需要了解他们对自身收益的诉求和预期是否合理。

2. 控规依据总体规划、战略规划等大局和整体的考虑

控规的制定不仅是从成本与收益的角度考虑提升土地利用价值的问题，同时还要从社会发展的角度体现"公共物品"的社会效益。并且，控规的编制要从整体和大局的角度把握，考虑控规在总体规划、战略规划把握指导思想、发展方向与具体城市设计的空间营造间的关系和对二者的承接纽带作用。为实现总的战略部署，需要牺牲一些眼前利益、局部利益。

3. 民众与利益群体对政策形式合理（即法制性）与实质合理（即科学性）的看法

控规作为公共政策，不仅需要实质合理，即内容的科学性得到目标群体认可，更需要形式合理，即政策的法制性、规范性得到目标群体认可，二者相辅相成，同等重要。只追求内容的科学合理，忽视法制、规范的程序，会造成"人治"的局面，缺乏信息透明度，导致相关群体的不满；反之则过于教条，无法实现各方利益的平衡。控规在形式合理基础上的实质合理，是法治社会在城市规划管理方面的必然选择。

4. 控规对外部环境变化所做出的回应是否及时有效

国家新政策法规的实施、经济形势的变化、信息技术对市场化的促进、生态问题等因素对全社会都产生迅速而巨大的影响，城市建设的方向、思路、技术指标需要对快速变化着的外部环境做出迅速的回应。市场在配置资源上起决定性作用，适应市场才能为目标群体所接受。此外，随着时间的推移和客观条件的改变，人们的主观认识也在发生变化：传统价值观受到冲击，使民众对于政府对城市管理的权限、控规制定的程序等产生新的认识，之前具有合理性的形式与实质遭到质疑；物质文化需求的攀升和信息可获得性的增强，刺激了民众横向比较的欲望，心理波动更加频繁。

5. 控规对传统思想观念和行为习惯的继承与挑战

时间的塑造和历史的熏陶在一定程度上固化了人的思想和行为，想要快速改变传统的思维与行为模式十分困难。例如，老旧居住片区和工业区的原有居民和老工人们，他们对生活工作几十年的家和工厂有很深的感情，行为习惯上也保持了大院的某些特征。当编制新的控规、土地出让时，就会对原有居民和老工人们的思想和行为造成一定的改变，其变化幅度的大小在很大程度上影响人们对控规的接受和服从。该地块的城市设计导则对原有工业元素的保留情况、居民还迁房位置是否仍在周边区域等因素，都对目标群体思维和行为模式的改变程度产生影响，进而影响控规执行的难度。

（三）控规政策制定的原则

1. 信息原则

信息包括各控规单元的人口、土地权属等现状基础资料、相关政策法规和指示精

神、国内外优秀案例等内容，信息是控规编制的基础，控规编制的过程就是信息的收集、整理、加工和利用的过程，控规的科学性很大程度上依赖于信息的全面、具体、准确、及时。尽管在现实中，信息的获取不可能穷尽且受限于时间进度安排，但仍要尽量保障信息的充分，这是控规的前期研究得以拓展深度和广度的物质基础，深入的前期研究是控规实现科学性的依据。

2. 系统原则

系统性是社会问题的重要特征之一，不同范围、领域、层次的社会问题存在着相互联系、相互制约的辩证统一关系，城市建设问题作为社会问题的一部分，也是复杂多变的，因此控规对城市空间形态的控制与引导也不仅限于经济和美学。控规的编制需要以系统的观念，正确认识整体（即总体规划）与局部（即控规）、战略（即指导思想）与战术（即技术性内容）、当前利益与长远利益、控规的主要目标与次要目标之间的关系。控规的编制要以大局为着眼点，从实现整体利益最大化的角度出发。

3. 预测原则

控规是对城市未来发展所做的预测和规划，合理可行的预测是控规科学性的必要前提。只有建立在可靠预测基础上的控规方案，才是具有现实可行性的控规方案。实现科学预测，就要依据总规提出的规模进行总量分解，建立一套科学的测算方法，各单元按照同样的规范方法，用量化指标表达各自的人口、基础设施、绿地等规模，要做到有理有据，不能只凭经验。

4. 客观原则

实事求是，尊重客观规律，克服控规编制与执行上的主观随意性，这是控规科学性、法制性的最基本要求。操作有序、执行有力的控规一定是结合了中国的、本地区的实际情况，尊重了市场经济规律，例如土地开发强度指标与城市经济发展阶段间的对应关系，杜绝了规划编制者、决策者主观盲目性的控规。

5. 智囊原则

国内外的控规研究与实践经历了由注重技术性指标控制向统筹多学科、宽领域的城市公共管理研究与实践的转变，以往的单一技术型控制在控规的发展过程中愈发体现出对城市发展规划的局限性。在这种趋势下，借助外脑，发挥智囊的作用，广泛听取各专业领域专家的意见和建议，是控规向科学化、特色化发展的外部条件。邀请各学科专家学者共同研究探讨，发挥他们的智慧和才能，从社会经济领域对控规提出要求，进一步保证规划的客观合理和预测的科学可行，这是控规编制中不可缺少的重要组成部分。

6. 优化原则

在实际中，控规方案几乎难以达到"帕累托效率"这样完美的情况，为实现社会总体效益最大化，总会有一部分群体获益而另一部分群体受损。应当在社会总体效益最大化的前提下，尽量减少利益受损的这部分群体所受的损失。对控规方案进行比较和选择，趋向于更能缩小贫富差距、改善生活环境品质、促进城市和谐发展的方案。追求优化是控规作为公共政策有社会责任心的表现。

7. 务实原则

控规体系从最初借鉴国外先进经验而引进，在中国发展已30余年，各国规划体系的制度保障和技术项目为我所用的过程中要具体分析中国的实际。国外规划体系的发展有其各自的制度文化背景，对国外经验的借鉴不是机械地照搬一套国外的控规体系来解决中国的实际问题。一项制度或技术指标采纳与否，要看它是否真正有利于促进中国的城市规划管理。最先进的理念不一定是最合适的，最合适的才是最好的。

8. 兼听原则

控规方案的论证过程中应该注意听取不同的意见，意见完全一致时不要轻易下决定，体现了事物在矛盾中运动的规律。"完全一致"可能掩盖了潜在的疏漏，见解的冲突有利于考虑到问题的各个方面。无论是控规编制人员，还是各学科专家或普通民众，都应该深入思考敢于进言，不盲从于集体的决定。

9. 时效原则

外部环境时刻都在变化，控规需要及时对环境的变化作出回应，尽量在短时间内作出决策才能把握机会、迎合市场。因此，控规体系编制与执行的组织结构建设要权责明确，快速高效，敏锐捕捉外部环境动态，避免出现控规内容繁杂、多部门互相推诿而影响效率，浪费时间和资源的情况。

（四）控规政策执行的特征

1. 对象的适用性

对象的适用性指一项政策只适用于一定的对象，控规同样也要明确适用范围。控规执行对象的适用性是指控规的时间效力、空间效力和对人的效力。在控规的执行过程中应当体现这三方面的内容，在编制之时就要用明确的文字和图则表达规划控制的目标和内容。

2. 执行的灵活性

由于环境的复杂多变，控规在具体执行过程中为快速回应变化取得更好效果，需要诸如"特例开发"的灵活性，但执行上的灵活性同时也有负面的隐患，例如在"特例开发"的标准界定、审批程序等问题上，较宽泛的自由裁量权有滋生腐败的风险。结合国外规划制度针对灵活性的实践经验，控规体系的发展需要适当扩大执行中的灵活性，使之更贴近市场导向，但要深刻认识到规划执行的灵活性不是扩大决策者个人的自由裁量权，要建立严格的权力监督制约机制，约束自由裁量不得滥用，并对何时、以何种方式、在多大程度上可运用灵活性提出细则规范；确实需要运用灵活性的特例项目必须经过严格的审查程序，各环节都要为自由裁量的运用负法律责任。

3. 阶段的有序性

控规的科学性和法制性要求控规在执行中要保持阶段性顺序和过程的连续性。规划方案的实施和规划目标的实现要经过数年时间，是个循序渐进的过程。控规的执行既要着眼于未来，又要立足于实际，把最终目标分解为阶段性任务，例如土地使用性质或开发强度的确定，不可好高骛远地增加开发量。正如英国前首相张伯伦曾言"即使伦敦不再兴建新的工厂，新工厂也不一定就会立刻在威尔士南部或西坎伯兰迅速兴建起来"。不合实际的建设量不会对自发的市场经济有太多影响，只会导致资源的浪费。

4. 过程的动态性

控规执行的过程是不断变化调整的过程，其一是因为规划制定得多么科学都不可能与客观实际完全一致，需要在实践的过程中发现问题不断调整；其二是因为随着时间的推移、执行阶段的推进和外部环境的变化，此前是科学、特色、法制的控规如今可能落后于城市发展的新需求，也需要修正和调整。控规的制定不是一劳永逸，城市时刻在发展，对其起指导作用的控规也要实现动态性。

（五）控规评估的意义

控规作为一项公共政策，决不能允许"只讲耕耘，不问收获"的现象发生，要对其执行效果进行评估来实现其过程的动态性，控规实施过程中及实施后的效果如何，有必要通过定期对实施情况的评估来了解。评估是检验控规效果的基本途径，运用科学的评估方法，按照科学的评估步骤，建立控规动态维护管理机制，掌握控规每个阶段性的效果，保证控规得以持续稳定发挥引导作用。

控规未来的走向是继续沿，用还是细微调整，还是进行较大规模的修编，取决于控规执行效果的事实依据，评估是对控规执行效果的全面分析和客观评价，是最有力的事实依据，因此，评估是决定控规未来走向的重要依据。

城市资源的总量是有限的，通过评估明确资源投入的收益率，可以检验控规编制时是否过多考虑局部利益而导致资源过度投入，从而使决策者从整体和全局出发对控规进行调整，调配有限的城市资源投入到产生最大效益的地区。

控规承担着引导城市建设发展的重要职能，随着社会的发展和政府角色的转变，一劳永逸、事后无反馈的政策不可能被公众所接受，完善的政策模式有利于控规制度的法制化和内容的科学化、特色化。具有公共责任心的政策模式会得到公众的支持和拥护，反之则会激化社会矛盾，具有完善控规评估制度的政策模式对促进社会和谐具有重要意义。

六、法学理论

要使包括控规在内的各项规划得到有效的实施，仅仅依靠先进的规划技术方法是远远不够的，更重要的是加强与之配套的一系列决策机制和法规体系的建立。要在规划的市场导向的改革成果基础上突破纯技术的层次，从制度上把规划设计单位编制的控规转化为法规、条例，并通过一定的法律程序确立其法律地位，以确保其实施。

实现控规的法制化进程，必须要明确法律、法学与规划之间的关系——法律作为统治阶级制定的强制性规范，其直接目的在于维持社会秩序，并通过秩序的构建与维护，实现社会公正。法学以法律为研究对象，其核心就在于对秩序与公正的研究，是秩序与公正之学。同时，法律是国家意志的体现，依靠国家强制力保证实施，执行由一切社会性质产生的各种公共事务的职能。我国的社会主义法律具有为公共利益服务的社会职能。我国控规的实践探索借鉴法学理论，就是要在城市建设管理领域建立一套秩序与公正的制度，维护统治者——广大人民的利益。控规的法制化所代表的是人民的意志，维护的是人民的利益，控规的公共属性也需要一套秩序与公正的制度保障实施。

规划法制化以达到法治为目的，法制化进程首先是规划制度的完善过程，在制度完善的基础上，提取制度中的精华，对其程序和内容进行相关立法，进而产生法律效力，即真正实现有法可依、有法必依、执法必严、违法必究的连续过程，而绝不仅仅是规划成为法定规划范畴就完成了规划的法制化。另一方面，法律的权威性和严肃性决定了法律相较于地方性的行政规章在修改上更加严谨且不易变通，因此控规的法制化并不是全盘地直接提升到法律的高度，还要保证控规一定的弹性，可随市场的变化而及时调整。

（一）我国控规法制化的制度基础

1. 宪政制度对政府的要求是法治政府和有限政府，法治政府要求政府守法，而政府守法要求政府职能由全能型政府向有限政府转变。控规的法制化，是法治政府在管理城市建设领域的体现，政府的职权要限定在法律许可的范围内。以法律形式确定规划内容为规划顺利实施提供了有力保障。通则式的规划管理有利于制约管理者的权力，避免自由裁量权的滥用。

2. 市场经济的本质是一种自由的、契约的和法治的经济，它从根本上体现着对法治政府、法治行政的诉求。中国社会主义市场经济体制的发展，需要以法律为准绳，监督和制约市场的有序竞争。控规的法制化就是为土地市场的良性竞争制定规则和秩序，它以法律的高度规定了开发商的权利与义务，禁止其只顾谋求自身利益最大化而产生恶意竞争，损害公共利益。

3.《宪法》规定了我国公民的基本权利，其中包括监督权，即对国家机关及其工作人员有批评、建议、申诉、控告、检举并依法取得赔偿的权利。公民与公益性社会团体依法进行广泛的政治参与，是对政府依法行政的有效约束和坚实支撑。在规划领域乃至控规层面上的公众参与意识的提高、非政府的公益性团体的建立使规划编制者能更切实地了解来自普通市民的诉求，因而真正做到规划的换位思考，并以此为基础调整规划方案，最大限度地保障公共利益，有利于促进规划方案制定的科学性和城市管理的民主性。

4. 中国共产党第十八届四中全会确立了"依法治国"的重大战略部署，会议决定指出：依法治国，是坚持和发展中国特色社会主义的本质要求和重要保障，是实现国家治理体系和治理能力现代化的必然要求。[1]控规的法制化是全面推进依法治国的组成部分，在城市建设监管领域的依法行政首先是要有法可依，控规立法是政府部门在城市建设管理上依法行政的准绳，可以有效避免依领导者个人意志的大拆大建，有利于营造和谐的城市氛围和人居环境。

（二）控规法律化的探讨

1. 基本条件

控规体系当前的性质属于公共政策，在这之中只有控规文件是法定图则，具有法律效力，而其他的导则、细则、规定等都不具有法律效力。公共政策上升为法律需要满足以下三项条件：一是政策对全局有重大影响，二是政策具有长期稳定性，三是比较成功的政策才可上升为法律。目前控规体系在公共政策类别中属于地方性规章，与地方性法规还有所区别，就基本条件而言，控规无疑对城市建设发展有重大影响，但控规确定的内容不具有长期稳定性，并且对未来的预测是否成功有待检验。一般性的政策相较于法律对外部环境变化的反应更灵敏，具有一定的灵活性，而法律是刚性的，控规体系是否立法取决于其立法条件是否成熟。政策转变为法律是社会经济发展趋势的需要，控规体系的法律化必须具备全局、稳定、成熟和必要等特征，控规法制化是依法治国的必然要求。

从现阶段来看，"控制性详细规划"的管理制度上升为法律是十分必要的，控规管理制度已在中国市场经济30年的实践中证明是成功的，自然也具备长期稳定性，制度立法的时机已经成熟。同时，在全国城乡规划工作会议上，重视城市设计、城市设计法制化的内容被重点提出，政府领导人、城市规划管理者以及从事城市规划与管理领域的学者专家达成高度共识，也表明了控规体系法制化的必然趋势。至于各街区的具体控规内容，由于需要根据变化进行调整，更适合以地方性规章的形式指导各自街区的建设实践，因而建议采用制度立法，以法律的形式许可内容的灵活性。

---

[1] 节选自《中共中央关于全面推进依法治国若干重大问题的决定》。

2. 形式要求

法律对形式的要求明显高于地方性规章，其表现形式主要是以规范性文件形式存在。控规法律化的过程中，需要更加注重形式合理，规范控规全过程的程序和完善法律条文。立法技术的发展程度对控规法律化具有重要影响。

3. 法律的局限性制约

法律是法治社会主要而非唯一的治理手段，法律具有以下的局限性：保守的倾向和刚性的弊端；无法回应未发生的问题趋势；有导致决策者自由裁量权扩大化的风险；法律执行的成本相对较高；法律的严肃权威性决定了适用范围受到更多条件制约。法律的局限性会制约控规的法律化，法律需要政策予以补充，政策不能取代法律，法律也不能取代政策。崇尚法治不等于"法律万能化"，法律化不是目的，而是追求更好的城市管理的手段之一。控规法律化的实践要正视法律的局限性，选择最适合当前发展的存在形式。

七、多学科理论综述

以上述六门学科为例的各学科理论，从多重视角考查现有控规体系，为控规的基础性、技术性、制度性研究提供了新的思路，对控规的发展提出了新的要求。统筹学理论对控规提纲挈领地提出了原则性的要求，即全面筹划，从系统和整体的角度思考控规的意义，以资源利用的效用最大化为目标。经济学理论的引入，使控规更贴近于市场经济的客观规律，而这也正是控规产生的初衷所在；控规的编制部门由成本部门转为利润部门，控规的编管成为价值链上的"战略环节"，以保障公共利益基础上实现利益最大化为目标。管理学理论将控规视为一个组织或一种程序，在运行之中寻找发挥其最大效率与效能的方法。公共管理与公共政策理论从控规的公共服务属性出发，分别从控规的制度建设和控规自身性质的角度对控规实现更好的公共服务提出了要求。法学理论肯定了控规的法律地位，阐述了控规法制化的必然性。多学科理论的控规较全面地阐释了控规的本质，涵盖了控规所应具备多方面要素，为控规的科学化、特色化、法制化发展提供了重要的理论支撑。

第二节　控规编制技术方法的理论研究

控规是规划许可和土地开发的依据，通俗地说，就是城市"允许建设或禁止建设、建这个还是建那个"的准则，具有十分重要的作用，这就要求控规自身具有科学性和明确性。科学性主要体现在开发强度的指标确定、土地兼容性许可、配套设施落位以及控规单元划分等方面；明确性主要指技术方法与内容的明确性，包括对技术方法与内容的定义准确、表述清晰，技术方法应具有可行性，并且一旦确定不可随意变更。科学性是明确性的前提，明确性是科学性的保障。控规编制技术方法与指标的确定受到很多重要因素的影响，因此有必要对控规的编制技术方法进行研究。

一、关于容积率的相关研究

（一）容积率的定义和概念辨析

1. 容积率与开发强度的关系

容积率（FAR）又称楼板面积率或建筑面积密度，是地块内所有建筑物的地上总建筑面积之和与地块面积的比值，因此，容积率值越高，表明开发强度越高。开发强度是个综合的指标体系（包含容积率、建筑密度、建筑高度等），其中又以容积率指标对城市开发控制的影响最为直接；还有一种通俗的认识，即对一个较大范围的地区，通常用开发强度，对单个的地块或者项目，则通常用容积率。

容积率指标作为控规中的核心指标，十分明确地反映了城市中一块土地上建设活动的强度，这个强度既是地块本身的特性，也关联到城市中一定区域内的生态承载力，承载力是有一定限度的，因此在控规中容积率数值一般规定为上限。从这一指标属性上来看，设定容积率指标的根本目的既在于管控某个地块的建设活动，也在于分化城市的综合承载力。

2. 容积率的公共政策属性

容积率的公共政策属性决定了容积率的确定与经济社会相关联并牵涉了多方的利益，更应看重其过程体系。容积率确定的程序合法性胜于其技术理性，形式的合法性是政策被提出的先决条件，从实际情况出发，容积率并不是一个可以精确到分毫的绝对科学的指标，研究容积率的确定，目的在于将容积率定义在一个合理的范畴内，在程序合法性的前提下，尽可能地实现科学性。作为"相对指标"，容积率的确定应该有一定的弹性，但要注意容积率确定时与各利益群体协调谈判的层次和底线。

（二）容积率指标确定的研究

容积率指标的确定方法主要有：形体布局模拟法、调查分析对比法、经济归纳法；与容积率指标预测相关的研究包括：基于投入产出分析的容积率预测模型、基于项目开发的最优容积率指标确定方法研究、借鉴新技术和数学模型对容积率的量化计算、开发强度指标的临界值和值域化研究。对于容积率指标确定的研究达成了以下四点共识——交通通达性对确定容积率的影响；城市混合功能用地对确定容积率的影响；城市中不同类别地区在容积率指标确定上的差异，如旧城区与城市新区；容积率应分层分步确定。针对上述四点共识，以容积率的密度分区与分层确定方法为例，解析容积率指标的确定方法。

1. 密度分区与分层确定方法的内容

以用地分类确定，重点研究商业性用地（居住、商业、商务、工业等），通过由总体区域向控规编制单元、由定性分析向定量分析、由粗略推导向精细推导的方式进行分阶段控制，通过逐层分解最终实现对地块的容积率控制。

在宏观层面，基于城市的用地、人口和经济发展现状，利用级差地租、规划政策和空间结构对容积率进行粗略的概念性划分；在中观层面，通过控规的城市设计对容积率进行空间上的分配与调节，使容积率在空间分布上出现差异；在微观层面，在土地出让条件阶段通过交通影响条件、地块出入口条件、日照要求及停车配建要求等对容积率进行修正，使得出的最终数值合理化。

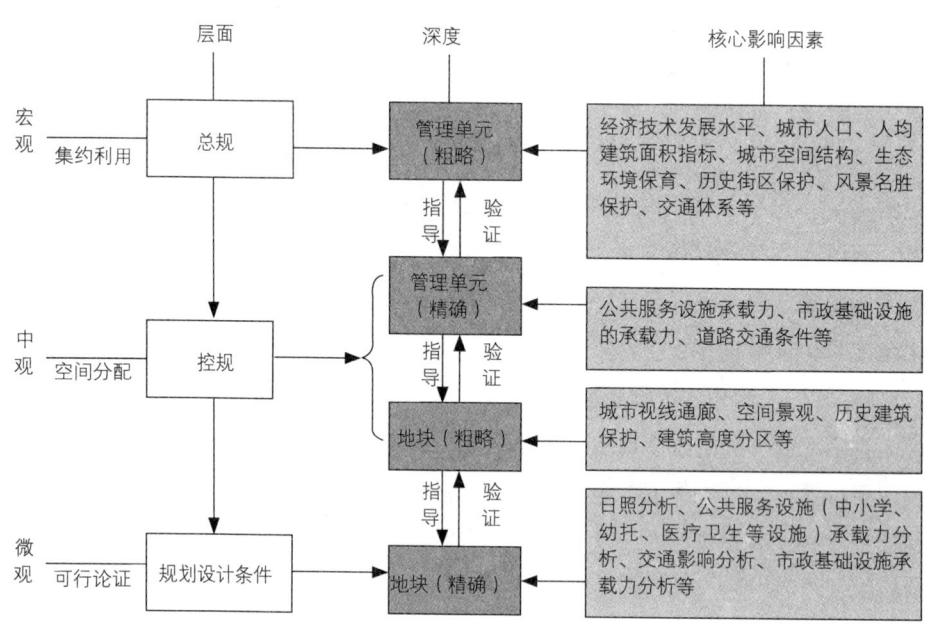

图3-2-1　容积率的分层控制

2. 密度分区与分层确定方法的失效

密度分区与分层的确定方法在理论上是完善的，但在实际使用中会受到一些客观因素的制约，对该方法在实践中的效用产生疑问，例如：在宏观层面，对容积率进行粗略划分，其所依据的总量是如何确定的？总规本身的科学性、可靠性有多少？在中观层面，土地开发的现实可行性如何？在微观层面，对于单个地块的容积率指标的分解或修正是否科学？以天津中心城区为例：2006年城市总体规划预测2020年常住人口470万人，2009年土地细分导则规划可容纳常住人口560万人，然而2014年现状常住人口已达555万人。人口预测的偏差导致总量分解的失准，从而影响到容积率预测的数值有失科学性。广州市对密度分区与分层的容积率确定方法在182个居住区项目调查分析结果显示：密度分区制度对地块容积率的控制基本失效，越靠近中心区容积率控制越失效，规模越小的居住区容积率控制越失效，各密度分区内样本的容积率离散度较高。密度分区与分层确定方法的失效原因在于：密度分区制度本身存在分区过于粗略、忽视区位差异性、指标体系复杂、控制目标不明确的问题，同时密度分区制度缺少实施措施而且法律地位不足。

3. 针对密度分区与分层确定方法的改进建议

3.1 提高密度分区制度的法律地位，并与城市规划技术规范、成果体系紧密结合，明确密度分区制度在城市规划编制、管理、实施各环节的实施机制。

3.2 以实现开发控制为目标，制定更加科学合理的密度分区制度。

3.2.1 在综合考虑区位、交通、环境承载力、城市景观风貌控制等各方面因素的基础上细化分区等级，要求每个分区的面积不宜过大、土地发展条件相对均质。

3.2.2 各分区的开发强度控制指标应充分反映不同区位土地的发展条件差异，既要充分发挥土地利用效率，又要满足交通、环境和景观等各项要求。

3.2.3 各分区的控制指标上下限范围不宜过大，指标范围不宜重叠，以明确体现出对不同分区等级土地开发强度的控制目标。

3.2.4 简化指标控制体系，更加突出区位要素。

3.2.5 制定密度分区调整的规则、程序，做到公开、公正、透明。

4. 我国香港地区容积率确定方法的借鉴

我国香港地区从用地分类、基地位置、建筑高度三方面对土地的开发强度进行控制，而对于在城市设计等方面有特殊要求的地带，则采用划分综合发展区、其他指定用途地带的方法，进行特殊控制，为营造城市景观提供了足够的灵活性。

4.1 基于用地分类的开发强度控制

抓住土地开发强度控制的关键点，重点控制居住、工业、商业和康乐这4大类对城市建筑实体密度和人口密度具有决定性影响，同时又具有实际操作性的用地的开发强度，而其他类型用地的开发强度控制则结合相关法规和技术标准加以控制。不同利用性质的土地采用不同的控制原则和标准。住宅用途地带采用分层架构控制，在都会区、新市镇、乡郊地区三个区域进一步划分住宅开发密度分区，不同分区都有各自的最高住宅容积率，在中观和微观层面则综合考虑交通运输条件、市场需求、基础设施容量、城市景观需要和生态环境保育等因素对居住用地开发强度的影响。工业用途地带通过规定都会区内的现有工业区、都会区内的新工业区、新市镇及其他新发展区的工业区各自的最高容积率进行开发强度控制。康乐用途地带依据康乐项目的用地特点分级控制。商业、政府、机构或社区用途地带土地开发强度控制的主要考虑因素是基地类型。

不同用途地带经常准许用途的土地开发强度控制原则　　表3-2-1

用途地带名称	控制依据	经常准许用途的土地开发强度控制
住宅（甲类）	1.《建筑物（规划）》有关规定； 2.《中国香港规划标准与准则》有关规定； 3. 法定图则中的规划意向和备注； 4. 行政图则（政府内部图则）	采用分层架构控制，全港在都会区、新市镇、乡郊地区三个区域进一步划分住宅发展密度分区，不同分区都有各自的最高住宅容积率，再结合《建筑物（规划）》有关规定控制
住宅（乙类）		
住宅（丙类）		
住宅（丁类）		
住宅（戊类）		
乡村式开发		
工业	《中国香港规划标准与准则》有关规定	分别规定都会区内的现有工业区、都会区内的新工业区、新市镇及其他新发展区各自的最高容积率
工业（丁类）		
康乐	行政图则（政府内部图则）	康乐（第1类）建筑密度为10%~50%；康乐（第2类）最高为10%
商业	《建筑物（规划）规例》有关规定	基地类型为主要的考虑因素，参照《建筑物（规划）规例》附表1控制
政府、机构或社区	《建筑物（规划）规例》有关规定	
其他指定用途（工业村）	《中国香港规划标准与准则》有关规定	最高容积率为2.5
其他它指定用途（商贸）	《中国香港规划标准与准则》有关规定	分别规定都会区内的现有工业区、都会区内的新工业区、新市镇及其他新发展区各自的最高容积率

都会区住宅开发密度分区内住宅用途部分的准许最高容积率　　表3-2-2

发展密度区	地区类别	地点	最高住宅容积率
住宅开发密度第1区	建成区	中国香港岛	8（甲类基地） 9（乙类基地） 10（丙类基地）
		九龙及新九龙	7.5
		荃湾、葵涌及青衣	8.0
	发展区及综合发展区		6.5
住宅开发密度第2区			5.0
住宅开发密度第3区			3.0

乡郊地区最高住宅容积率　　　　　　　　　　　　　　　　表3-2-3

开发密度分区	最高住宅容积率	层数	地区描述
第1区	3.6	12层	乡郊市镇的商业中心
第2区	2.1	6层	在乡郊市镇范围内商业中心以外的地方，以及其他有中等容量的运输系统（例如轻便铁路系统）提供服务的重要乡郊发展区
第3区	0.75	开敞式停车间上加3层	乡郊市镇外围地区或其他乡郊发展区、远离现有民居但没有足够基础设施地区以及在景观或环境方面并无受到很大限制的地点
第4区	0.4	3层，包括开敞式停车间在内	地点与乡郊住宅开发密度第3区相同，但开发密度受基础设施或景观方面的限制
第5区	0.2	开敞式停车间上加两层	取代地区内的临时构筑物以便改善地区内的环境
乡村	3.0	3层	在传统认可乡村的划定范围界限内

工业用地容积率指标　　　　　　　　　　　　　　　　　　表3-2-4

土地用途		最高容积率
一般工业用途/商贸用途	都会区内现有的工业区	9.5
	都会区内的新工业区	8.0
	新市镇及其他新发展区	5.0
特殊工业用途	工业村	2.5
	科学园	2.5
	乡郊工业用途	1.6

4.2　基于基地位置的开发强度控制

考虑到不同基地位置的交通可达性不同，将基地位置分为甲类、乙类、丙类，位于不同基地内的住宅建筑物和非住宅建筑物的开发强度不同，这种控制方法有利于从微观层面缓解局部地段的交通压力。

4.2.1　基地位置分类界定

（1）甲类基地：指紧连一条不少于4.5　米阔的街道或紧连多于一条该类街道的非街角基地。

（2）乙类基地：指紧连两条不少于4.5　米阔的街道的街角基地。

（3）丙类基地：指紧连三条不少于4.5　米阔的街道的街角基地。

（4）紧连一条少于4.5　米阔的街道或不紧连任何街道的基地。

（三）容积率转移机制研究

1. 容积率转移机制

容积率转移机制兴起于1961年的美国纽约，最初是针对能够提供城市公共广场的地块可获容积率奖励，旨在用这种政策保障公共利益，并对开发商提供市民广场所导致的经济损失进行补偿，是协调各方利益的有益探索。美国的容积率奖励机制应用于在公共设施提供、历史文物保护、自然生态资源保护三方面进行实践的地块，其主要特征是：密度分区，规定基础容积率与最高容积率；针对不同性质用地，采用不同类型的激励技术；奖励对象广，奖励条目多，奖励措施细致；法律与市场双重控制体系；公众参与的监督机制。

2. 我国的容积率奖励政策

上海、昆明等城市明确规定了容积率奖励政策；上海、无锡、南京、怀化等城市容积率奖励的条件是提供开敞空间，其他城市还扩展到了鼓励提供公益性设施、市政配套设施、建筑节能、城市景观塑造等多个领域。用地越紧张的城市（如上海），奖励面积额度越低，奖励上限：一般为10%~20%。

3. 容积率转移机制优化方向

3.1 以最佳经济容积率和环境容量为限

3.2 建立和完善奖励效果的质量评价和指标评价体系

3.3 制定科学且明确的计算方法和转让规则，保障政策实施的有理有据和公正透明

3.4 规范交易机构与工作程序，必须做到容积率转移机制的形式合法

我国部分城市容积率奖励政策　　　　　　　　　　表3-2-5

城市	奖励区域	奖励措施	奖励上限
上海	中心城区	FAR<2，1m²的有效开敞空间=1m²的建筑面积奖励 2≤FAR≤4，1m²的有效开敞空间=1.5m²的建筑面积奖励 4≤FAR<6，1m²的有效开敞空间=2m²的建筑面积奖励 6≤FAR，1m²的有效开敞空间=2.5m²的建筑面积奖励	核定容积率的20%
南京市	/	FAR<2，1m²的有效开敞空间=1.5m²的建筑面积奖励	核定容积率的20%
无锡市	/	2≤FAR<4，1m²的有效开敞空间=2m²的建筑面积奖励 4≤FAR<6，1m²的有效开敞空间=2.5m²的建筑面积奖励 6≤FAR，1m²的有效开敞空间=4m²的建筑面积奖励	
怀化市	/	FAR<2，1m²的有效开敞空间=2m²的建筑面积奖励 2≤FAR<4，1m²的有效开敞空间=2.5m²的建筑面积奖励 4≤FAR<6，1m²的有效开敞空间=3m²的建筑面积奖励 6≤FAR，1m²的有效开敞空间=4m²的建筑面积奖励	核定容积率的10%
昆明市	项目地块内或二环路内	1m²的公共绿地/公益性设施/市政配套设施=6m²的建筑面积奖励	/

城市	奖励区域	奖励措施	奖励上限
哈尔滨	/	1个停车位=100m²建筑面积奖励 1m²停车楼=6m²建筑面积奖励 1m²公益性服务设施=4m²建筑面积奖励 1m²公共绿地或广场=4m²建筑面积奖励 1m²建筑节能及特色风貌=6m²建筑面积奖励	核定容积率的20%

二、关于其他用地指标的相关研究

在开发强度中，容积率是最为重要的技术指标，除此之外还包括建筑密度、建筑高度、绿地率等指标。

（一）建筑密度

建筑密度是建筑基底面积与用地面积的比值，它反映了一定地块内建筑物所占有的空间比率，控规中通常控制只指标上线，一般认为，一定地块内建筑物越"密集"，即建筑密度越高空间环境品质相应越低，这种考虑主要基于与建筑物相对应的"空地"会随建筑密度的提高而降低，但"空地"只是营造空间环境的一个条件，且并非必要条件，空地的多少和建筑物的疏密并不一定与环境品质的好坏成正相关关联，因此，建筑密度的确定不能脱离开地块的属性、周边的景观条件等的综合考量，它不是单一的评价性指标。

城市不同地区建筑密度与容积率参考值　　　　表3-2-6

类别	旧区				新区	
	中心区		一般地区		建筑密度	容积率
	建筑密度	容积率	建筑密度	容积率		
R低层住宅	30%~35%	0.6~1.0	25%~32%	0.5~0.8	25%~30%	0.5~0.7
R多层住宅	25%~28%	1.2~1.7	25%~28%	1.0~1.6	25%~28%	1.0~1.5
C多层办公	30%~35%	1.5~2.5	25%~32%	1.2~2.2	25%~30%	1.2~2.0
C多层商业	35%~40%	1.5~2.5	25%~35%	1.2~2.2	25%~30%	1.2~2.0
CR多层商住	25%~35%	1.5~2.5	25%~30%	1.5~2.0	20%~30%	1.2~1.8

工业行业建筑密度建议指标　　　　表3-2-7

工业行业分类名称 （《国民经济行业分类》GB/T 4754—2002执行）	建筑系数建议指标值
印刷业、记录媒介的复制；石油加工、炼焦及核燃料加工业；化学原料及化学制品制造业；医药制造业；通用设备制造业；专用设备制造业；交通运输设备制造业；电气机械及器材制造业通信设备、计算机及其他电子设备制造业；仪器仪表及文化、办公用机械制造业；工艺品及其他制造业	≥30%

续表

工业行业分类名称 (《国民经济行业分类》GB/T 4754—2002执行)	建筑系数建议指标值
农副食品加工业；食品制造业；烟草加工业；纺织业；纺织服装鞋帽制造业；皮革、毛皮、羽绒及其制品业；家具制造业；文教体育用品制造业；化学纤维制造业；非金属矿物制品业；金属制品业	≥35%
饮料制造业；木材加工及竹、藤、棕、草制品业；造纸及纸制品业橡胶制品业；塑料制品业；黑色金属冶炼及压延加工业；有色金属冶炼及压延加工业；废弃资源和废旧材料回收加工业	≥40%

（二）绿地率

绿地率指地块内各类绿化用地面积之和占地块总用地面积的比值，相对于建筑密度而言，绿地率具有更明确的指向性，即对于绿地的控制。在控规中绿地率数值一般以下限为控制目标，认为绿地率越高，环境质量越好，因而很多城市（包括天津），将绿地率指标纳入城市管理的相关法规条例，作为强制性内容。但从绿地率的指标含义来看，单纯通过绿地率反映环境质量甚至绿化水平未免过于简单。地块绿地率的高低并不代表绿地的环境效益的好坏，也不是评价开放空间的有效尺度，综合的生态效益才是与绿地有关指标的评价目标。

城市不同地区绿地率参考值　　　　　　　　表3-2-8

类别		新区		老城区	
		一般城市	风景旅游城市	一般城市	风景旅游城市
住宅		>32%	>40%	>30%	>35%
公建	商服中心	>25%	>30%	>20%	>25%
	医疗卫生	>35%	>40%	>35%	>40%
	大专院校	>35%	>40%	>35%	>40%
	其他	>30%	>35%	>25%	>30%
工业	一类工业	>25%	>30%	>20%	>25%
	二类、三类工业	>30%	>35%	>30%	>35%
仓库		>20%	>25%	>20%	>25%
其他		>20%	>25%	>15%	>20%

工业行业建筑密度建议指标	表3-2-9
工业行业分类名称 （《国民经济行业分类》GB/T 4754—2002执行）	绿地率建议指标值
石油加工、炼焦及核燃料加工业；化学原料及化学制品制造业；医药制造业；化学纤维制造业；橡胶制品业；塑料制品业；非金属矿物制品业；黑色金属冶炼及压延加工业；有色金属冶炼及压延加工业；金属制品业；通用设备制造业	≤20%
专用设备制造业；交通运输设备制造业；电气机械及器材制造业；通信设备、计算机及其他电子设备制造业；仪器仪表及文化、办公用机械制造业；工艺品及其他制造业；废弃资源和废旧材料回收加工业	≤10%
农副食品加工业；食品制造业；饮料制造业；烟草加工业；纺织业纺织服装鞋帽制造业；皮革、毛皮、羽绒及其制品业；木材加工及竹、藤、棕、草制品业；家具制造业；造纸及纸制品业；印刷业、记录媒介的复制；文教体育用品制造业	一般不得安排绿地

（三）建筑高度

建筑高度是指一个地块内建筑物由地表至建筑物主体最高点的垂直距离，在控规中建筑高度通常控制的是地块内所有建筑的最高高度限制。这个指标的意义在于对城市整体三维形象的形成具有指导性，尤其是在一个片区的城市设计工作中，能够从视觉的宏观效果上影响城市的环境质量和城市面貌，是控制建筑形态的主要指标，指标的确定除了必须考虑的空域管理等要求外，对于大部分地区更多的是通过主观的城市形态分析来确定，因此也是一个具有不确定意义的指标。

目前国内对于控规建筑高度这一指标的研究并不多，更多的是在研究总体规划层面的专题型城市设计中建筑高度的规划。而这一层面确定的建筑高度正是作为控规最直接的依据。建筑高度的控制一般为对建筑最高值的限制，其发展趋势为划分成强制性限高和引导性限高两类，在历史文化保护片区（街区）、城市新区重点地段、城市滨水区及生态敏感区等采用强制性控制，在一般地区采用较宽松的引导性控制。

三、关于用地功能和兼容性研究

土地是控规最直接的管控对象，为了实现标准化和差异化的管控，控规的编制需要对土地进行细化的描述，而最直接有效的即是采用类型学的方法对土地进行分类，控规中应用类型学的分类依据主要是土地的使用功能，为此，国家出台了用地分类的标准，并且近年来对这个标准进行了更新，建立了分层级的城市用地分类方法，这一方法的应用，使控规的控制对象更为明确，也便于后续各项指标的给定。

对用地功能进行类型学上的划分极大地提高了控规编制和管理的效率，也更加便于操作，但毕竟土地是承载城市各项活动的基本载体，要应对各种各样的需求，随着城市建设活动的日益复杂，土地使用功能也越来越多样化，逐渐超越用地分类的范畴，从而无法将城市建设活动标准化，为此，用地功能逐渐摆脱列举式的做法，开始注重兼容性。例如深圳市在保障土地适建项目的基础上，为鼓励合理的土地混合使用，增强土地使用弹性，提出了《深圳市法定图则土地混合使用指引》，以增强规划应对市场需求时的适应性，并提出多种用地性质混合使用，应遵循环境相容、保障公益、结构平衡，以及景观协调等原则。相对于单一用地而言，具有兼容性的用地是在空间上集中了两种或两种以上属性的用地，相互融合并反映了城市土地和空间资源在功能上的优化组合。

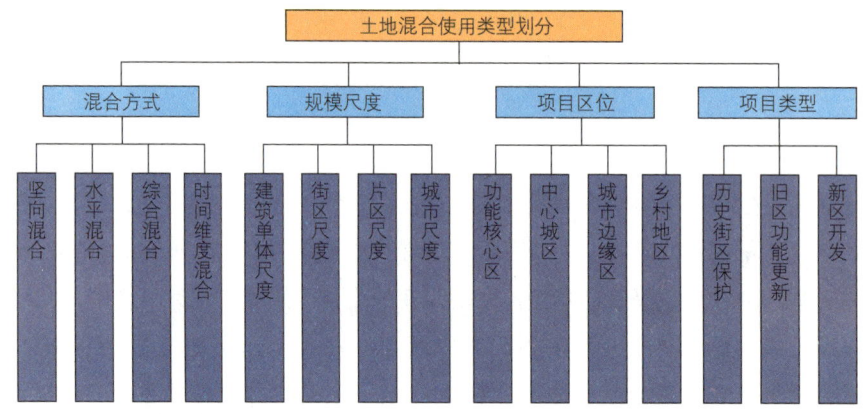

图3-2-2　土地混合使用类型

　　城市混合用地开发分为三个层面：城市层面、街区层面、地块层面。城市层面即城市混合开发，指导整个城市发展的功能定位和用地布局结构，为实现高效的城市组织结构，应用于如新市镇开发等；街区层面是以街区为一个相对完整的单元组织复合型功能，一般形成城市中的节点区域，应用于如TOD模式等；地块层面是指地块内综合统一开发，将用地性质的混合和业态的混合开发统一到一个整体中，如城市综合体。

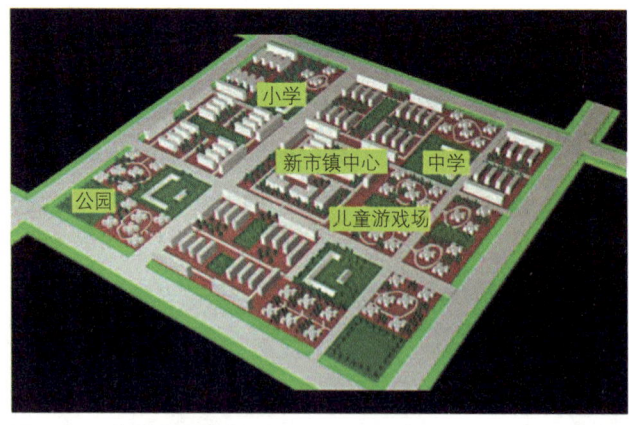

图3-2-3　城市层面混合开发

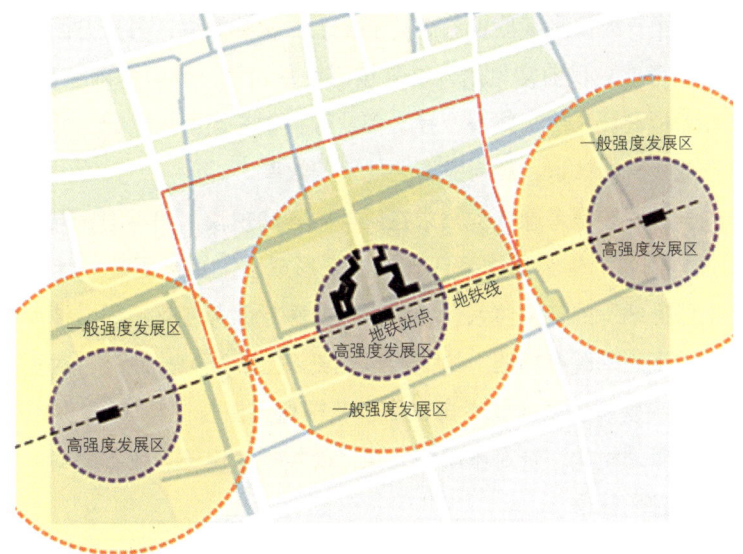

图3-2-4　街区层面混合开发

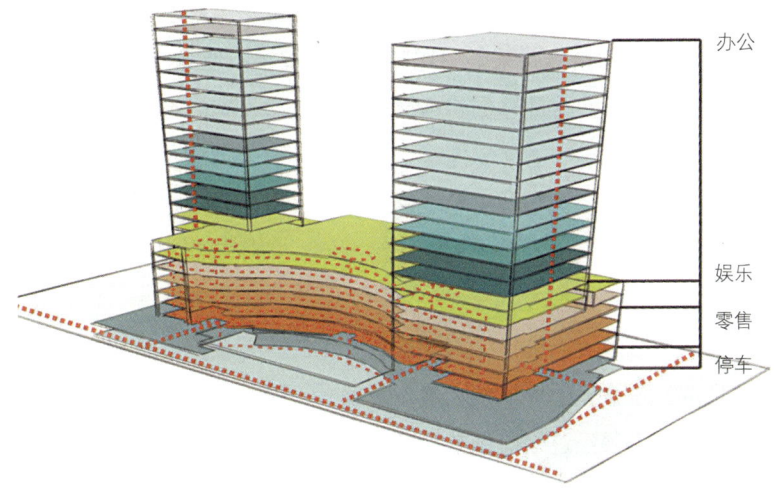

图3-2-5　地块层面混合开发

四、关于配套设施的研究

衣食住行是老百姓日常生活最基本的需要，随着居住条件的改善和基础设施的建设，这些基本需求得到满足后，人们物质文化生活的需求逐渐转移到提高公共服务水平上来，因此与居住功能密切相关的公共服务设施配置提到新的高度，成为彰显城市活力的重要因素，也是控规控制的重要内容之一。为了提高控规编制的针对性，对待配套设施同样采取类型学的方法，首先将设施进行了分类分级，确立"分层控制"的总体思路。

对设施的分类一方面是某些设施的功能相近，相互关联；另一方面也是基于共享性和可替代性的考虑。目前常见的分类是按照使用功能，分为基础教育、医疗卫生、社会管理、养老福利、文化、体育、社区商业等类型，类型的划分有助于规划管理和开发建设中形成统一的认识，从而提高控规管控效率。

对设施的分级主要是考虑各类需求在服务内容和规模上的不同，同时这些设施又具有梯次属性，例如卫生服务体系，长期以来形成了"综合医院—社区卫生服务中心—社区卫生服务站"的三级体系，各级提供的医疗服务各有不同，便利程度和服务半径也不同，上下之间既有功能上的衔接也是资源上的互补；此外，对控规中对设施的分级也基于社会管理的层级化考虑，目前我国城市中普遍构建了"街道—居委会"的两级基层社会管理机构，针对不同的管辖范围控规对设施采取不同的分级，便于规划管理与社会管理的衔接。

将人们的日常需求以"设施"的形式物化，作为社会公共物品，进行分类固然能够适应控规管理，也涵盖了大部分民生需求，但需求是在变化的，设施不得不考虑新的经济模式、技术革新带来的需求更替，控规也不可能完全精准地把控人们的社会需求，因此，控规中对配套设施要采取"宽容"的态度，不能强求"达标"，也不强制进行类型归属和级别划分，而是尊重和延续每一个既有设施的实际使用功能。

配套设施既是城市建设中的必要内容，同时也具有很大的不确定性，因此控规中应当按照设施的类型、规模及与开发地块的关系等采取不同的控制方式，可借鉴武汉等国内一些城市的做法，提出实线控制、虚线控制、指标控制和点位控制等四种控制方式，满足规划管理的弹性需求。

实线控制——实线边界：是指纳入保护或控制的规划要素在法定文件中采用实线予以界定。其地块的位置、边界形状、建设规模、设施要求等原则上不得更改，若特殊情况必须更改的，必须经过相应调整、论证及审查程序。如公共服务设施中现状保留的中、小学用地边界，以实线进行控制，如历史风貌街区中需要保留保护的风貌建筑，均以实线控制。

虚线控制——虚线边界：纳入保护或控制的规划要素在法定文件中采用虚线予以界定。实行虚线控制的规划内容，其地块的规模及设施要求等不得作出更改，但用地边界可以根据具体方案深化确定，位置可在相同街区内调整，体现用地控制的灵活性。如公共服务设施中新规划的中、小学用地边界，可以随着具体的建设项目实际需求，进行边界形状、地块位置的调整。

点位控制——图戳表示：即在确保配套设施功能和规模的前提下，可结合相邻地块开发与其他项目进行联合建设，不独立占地，以集约使用土地。在指标表备注可结合建设，但所在的街坊不可变。如公共服务设施中新规划的幼儿园，可以在居住地块中盖戳表达。

图3-2-6 实线控制示例

图3-2-7 虚线控制示例

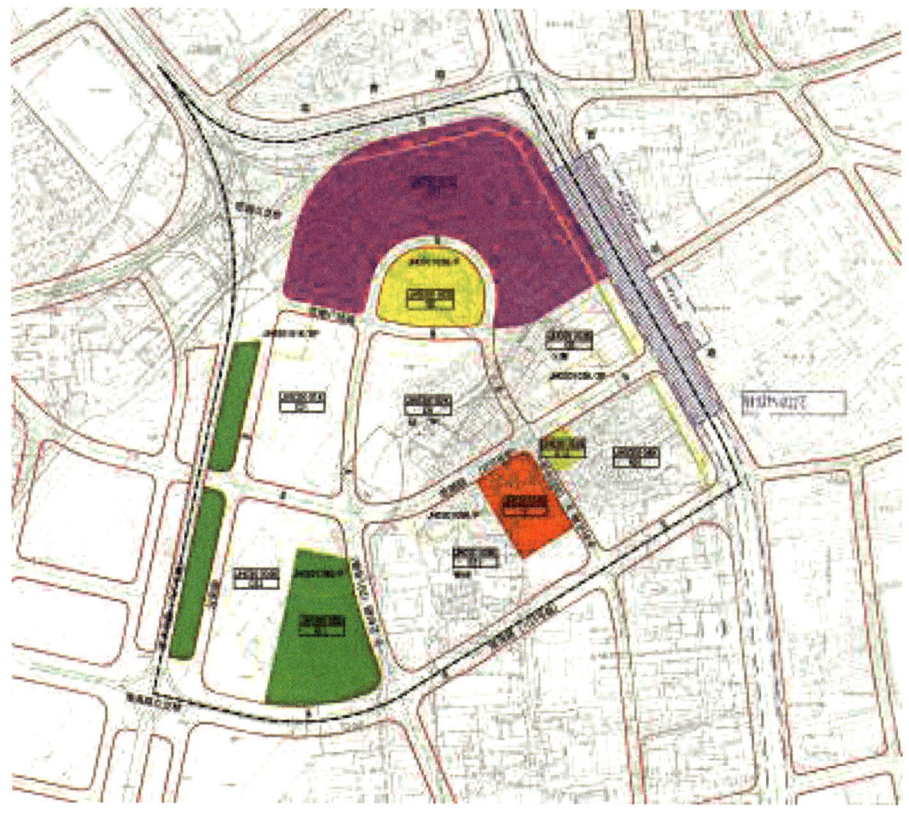

图3-2-8 点位控制示例

指标控制——文字表示：配套设施只以规模指标的形式落实设施的控制要求，在单元内控制数量或总规模，而不确定设施在地块中的具体位置和边界形状。在指标表备注中用指标标注。如市政基础设施中的公厕，可在单元指标表中备注数量或总规模，具体落位可结合实际建设需求。

此外，对于现状保留的设施无论是否满足规范要求，只要其具备基本功

3. 绿线控制

（1）公共绿地按照市级、区级、居住区级公园绿地和街头绿地进行控制，人均公共绿地不低于8.8平方米/人。

市、区级公园绿地控制情况如下：

公园名称	公园级别	控制规模（公顷）	控制类型	备注
黄孝河公园	市级	4.50	实线控制	位于A020205片管理单元
	市级	39.59	实线控制	位于A020206片管理单元
	市级	4.45	实线控制	位于A020207片管理单元
北大门公园	区级	8.33	虚线控制	位于A020208片管理单元

居住区级公园绿地按照0.5平方米/人进行控制，各管理单元控制规模控制情况如下：

公园级别	控制规模（公顷）	控制类型	备注
居住区级	4.25	指标控制	位于A020202片管理单元
居住区级	5.67	指标控制	位于A020203片管理单元
居住区级	0.23	指标控制	位于A020204片管理单元

（2）防护绿地主要沿三环线和主要景观路进行控制：

沿三环线控制防护绿地39.86公顷，各管理单元控制规模控制情况如下：

绿线类型	控制规模（公顷）	控制类型	备注
防护绿地	11.41	虚线控制	位于A020201片管理单元
防护绿地	14.54	虚线控制	位于A020202片管理单元
防护绿地	13.91	虚线控制	位于A020206片管理单元

沿解放大道、幸福大道和金桥大道景观路控制20米防护绿地，采取指标控制。

图3-2-9 指标控制示例

能，控规中就应当予以确认，在规划编制中标准的应用要允许并且应当是差异化的，所谓"老区老标准，新区新标准"，应当认为老区中的既有设施保留其现有功能和规模，是符合规划要求的，即使它不"达标"，这不但没有降低配套标准的权威性，恰恰反映了控规在面对需求时的准确性。

五、关于单元划分的研究

控规中对于土地使用性质的分类、对于配套设施的分类分级都是为了更好地解决系统性和整体性的问题，提高控规编制的科学性和效能，单元的划分同样如此，只是针对的是一定的空间范围。为了保障控规的公平性和管理不失效，必须将控规中的各种控制要素框定在一定范围内，并且这个范围既是可控的，也是有明确边界的，这就是控规单元划分的初衷。因此单元划分主要考虑几个因素：一是原则上不打破行政区界线，以现状的街道管辖范围作为基础地理边界，这主要是考虑一些老区已经形成长期的认同感，在管理上和服务上都已经比较顺畅，因此控规单元应予延续；但同时城市建设也会改变行政边界的物理属性，尤其是道路实施等系统性工程，因此单元划分还要考虑快速路、主干道、河流、铁路等因素，结合现有行政区界，使得单元控制范围更加明确；此外单元划分也应把握均衡性原则，即充分考虑地域大小、现状及规划人口规模、资源基础等因素，尽量做到均衡设置。

国内部分城市控规编制单元规模一览表　　　　　表3-2-10

城市	单元名称	单元规模（平方公里）
深圳	法定图则编制单元	2~4
广州	管理单元（旧城中心区）	0.2~0.5
	管理单元（新区）	0.8~1.5
北京	新城控规基本控制单元——街区	2~4
上海	控制性编制单元规划范围——社区	5万人
	中心城控制性编制单元（内环线以内）	1~3
	中心城控制性编制单元（内外环线之间）	3~5
武汉	控规导则编制范围——控规编制单元	5~10
	控规细则编制范围——控规管理单元	0.5~1
成都	大纲图则、详细图则编制范围——标准大区	5
	个案调整范围——标准片区	1
南京	规划编制单元	4~20
	图则单元（旧城中心区）	0.2~0.3
	图则单元（新区）	0.8~1.5

续表

城市	单元名称	单元规模（平方公里）
济南	控制性规划编制范围——片区	4~20
	"一张图管理"范围——街坊（旧城中心区）	0.3~0.5
	"一张图管理"范围——街坊（新区）	0.5~1
重庆	控规标准分区	2
天津	建成区	1~2
	新建区	2~4

参考文献

［1］ 刘天禄. 统筹学概论（第二版）［M］.北京：中国商业出版社，2004.

［2］ 卢新宇. 统筹学指导下的我国快速城市化阶段控制性详细规划研究［D］. 上海：同济大学硕士学位论文，2008.

［3］ 高鸿业. 西方经济学 宏观部分（第五版）［M］. 北京：中国人民大学出版社，2011.

［4］ 赵燕菁. 城市规划职业的经济学思考［J］. 城市规划，2013，20（2）.

［5］ 赵燕菁. 价格理论与空间分析［J］. 城市发展研究，2011，18（5）：90-100.

［6］ 周国艳. 西方新制度经济学理论在城市规划中的运用和启示［A］. 城市规划，2009，33（8）：9-16.

［7］ 冯立. 以新制度经济学及产权理论解读城市规划［J］. 上海城市规划，2009（3）：8-12.

［8］ 方振邦. 管理学基础（第二版）［M］. 北京：中国人民大学出版社，2011.

［9］ 斯蒂芬·P·罗宾斯，玛丽·库尔特. 管理学［M］. 李原，孙健敏，黄小勇译. 北京：中国人民大学出版社，2012.

［10］ 张成福，党秀云. 公共管理学（修订版）［M］. 北京：中国人民大学出版社，2007.

［11］ 陈振明. 公共管理学［M］. 北京：中国人民大学出版社，2005.

［12］ 谢明. 公共政策导论［M］. 北京：中国人民大学出版社，2012.

［13］ 周剑云，戚冬瑾. 控制性详细规划的法制化与制定的逻辑［J］. 控制性详细规划，2011（6）：60-65.

［14］ 刘敏. 关于我国控规法律地位的思考——基于德国规划层次的分析与借鉴［J］. 规划师，2002（6）.

第四章
实证研究

第一节　国外控规实践探索分析

一、美国—区划法

（一）背景概述

1. 政治体制

美国的国家组织是依据三权分立与联邦制度这两大政治思想而制定。当初在起草宪法时因恐权力过分集中于个人或某一部门将危害人民的自由，因而将立法、司法、行政三种权力分别独立，互相制衡，以避免政府滥权。同时，政府的权力有联邦政府、州政府之分，宪法起草人根据政府必须接近百姓才不致剥夺人民自由的原则，将有关各州自治权保留给州政府，各州政府本身拥有立法、司法、行政诸权限，联邦政府的权力系以一州政府无法单独行使者为限。源自历史传统的联邦制度使各州政府具有很大的自主权，是实施监督控制权（Police power）的最高机构，其职责是促进公共福利、健康及安全。州政府通过授权给各市政当局（Municipalities）制定土地利用条例，实现对土地利用的管理。这种授权过程称之为"区划制定法"（Zoning enabling acts）。各市的权力包括：制定区划法，规定在其辖区范围内不同区域土地利用的类型及层次。

2. 土地政策

美国建国之初，政府通过各种方式拥有了大片土地，但是整个19世纪，政府却把其中的许多卖给了农民以及其他个人。其理念是：如果私有，人们就会有更大的积极性投资，从而从土地的使用中获得最大的经济收益，最终将增加整个国家的财富。

正是由于这样的传统，美国法律总是允许土地在私人间自由流动。现在的主人可以将土地卖给现在或未来的潜在买主，所有权可以自由转让，鼓励了农民的投资热情，使得人们对于土地的使用更加用心，并考虑长远的使用计划。由于利益驱动，人们对于贫瘠、偏远的土地没有需求，政府最后将这些土地作为它用，成为后来的国家公园、自然保护区或军事基地等。政府要建设一些单个土地所有者很难自行或通过联合完成的公共项目（道路、机场等），有时就需要征用或购买。合理的补偿是指："政府必须支付一项报酬，让土地所有者的处境与征地前至少无差别，如果个人不满足于政府的补偿，他可以在政府的听证会上表示反对。"

第一，这对于土地所有者而言是公平的，不应让个体承担本应由整个社会承担的成本；第二，这能够让个人觉得财产有安全感；第三，公平的补偿能够减少公众对于兴建公共工程的抵制；第四，这会令政府的决策更加审慎，经常要进行计算，减少权力的滥用。政府对于土地的管理，主要防止那种能够产生有害影响的使用，其他方面的决策权完全归地主所有。这样一来，政府就不必为大部分经济目的做出规划。从理论上说，土地所有者有足够的动机把土地从农业地变成居住区或工业用地，他们可以从正确的经济决策中获益时，也可能为错误的决策付出代价。

美国土地制度的精髓在于对基本原则的坚持：土地所有者拥有土地的决策权；公共管理保护公众利益并为这种利益服务；所有公民分担均等的税负。这些原则又能够通过相关的机制得到保障，其中最重要的是有一个界定私人所有权与公共权力的宪法；一个实施宪法、法律的司法部门，以及一个对于公民相对公正的税收系统。

（二）发展历程

1. 区划法的产生

19世纪末期，随着高层建筑飞速发展，在美国许多城市的中心区，建筑高度越来越高。出于建筑防火的要求，1870年许多城市制定了建筑条例（Building code），规定了建筑必须采用防火柱，并明确了建筑的高度限制。1916年，纽约市制定了第一部区划法，其主要意图是控制摩天楼高度的无序增长。由于这些摩天楼往往铺满整个基地，遮挡了相邻的街道和建筑的阳光，引起租户大批地搬走，纽约市因此损失了超过100万美元的税收。于是，市政府不得不开始关注这些庞然大物的问题，以避免其经济遭受负面影响。区划法实行后，无论是开发商还是城市的公共财政都从中受益匪浅。区划条例使土地和物业的价值保持在相对稳定的水平，保证了市政府的税收。

1916区划条例的规定相对较简单，主要包括建筑高度与建筑退缩控制，以及土地使用用途的相容性规定等。如工厂不能建于居住区内。区划法实施的结果，使纽约市被划分为若干个高度区。每个地块被赋予一定的开发权，区划规定建筑必须逐步后退，以使相邻的地块获得足够的阳光。当建筑后退至一定高度，该层的面积达到整个基地面积的1/4时，建筑可不必退缩而继续升高。通常情况下，开发商会认真研究区划条例以获得尽可能多的建筑面积，精打细算的结果就是人们常看到的20世纪30年代纽约典型的阶梯式高层建筑形式。

2. 区划的发展

受1916区划的影响，美国的其他城市也相继采用了类似纽约区划的法令，以解决不同建筑之间相互影响的问题。可以说，纽约区划的发展史，在某种程度上就是美国区划发展史的缩影。

随着越来越多的城市采用类似纽约的区划条例，纽约区划法的问题也逐渐暴露出来。如新型交通工具的发展使传统的土地利用模式发生了很大变化，交通和停车问题日益尖锐。为应对不断变化的城市环境，如新技术的采用、人口的流动、土地利用的变化等，区划条例不得不随时进行调整。1926年，美国最高法院确立了区划的地位和作用：保护公众的健康、安全和福利。此外，它还规定区划必须随时间和形势的变化不断进行调整。

1916区划条例经过不断的调整，在很大程度了适应了之后美国45年城市与经济快速增长的状况，但显而易见，经过多年来的发展，区划已到了彻底检讨和改进的时候。1961年，纽约市在经过长达近20年的研究和公众听证之后，采用了新的区划法。1962区划法引入了"容积率"的概念，以此来决定每一地块上允许的最大建筑面积。将1916与1962区划法进行比较，可以发现一个有趣的现象：根据1916区划法，纽约市最多可容纳5500万人口（平均的居住用地容积率为20，商业用地为30），而1962区划法将这些指标减少了80%。

1974年下曼哈顿开展了又一次区划法的修订，增加了容积率奖励的内容。如果开发商能提供公共空间，如围合的广场、行人通道、地铁站等，将会获得容积率奖励。随着区划法的改进，土地混合使用条例、滨水区区划条例、特别意图区区划条例、开发权转移等逐步引入区划，区划的灵活性逐步加强，在美国的城市管理中发挥着越来越重要的作用。

从20世纪80年代开始，许多传统条例开始在全国范围内进行更新，重点是使区划条例更加简明清晰，重新检讨过于严格的土地用途分离。同时，特别分区（specific zones）的创立允许更少的限制性，更广的用途混合。当这些改良方法尝试调整区划体系时，它们只取得有限的成功，许多社区仍不满意传统区划形成的场所特征和质量。此外，现在区划被期望完成更多目标：有的社区希望区划条例可以帮助复兴市中心，创造经济繁荣的商业地区，吸引行人或推动"精明增长"和"可持续"的开发；有些人仍然希望更有效的工具来保护特定场所现有的质量和特征。许多社区在土地资源有限的情况下，为了适应更高的居住密度需要提高住房供应，但必然招致市民反对，他们认为多户家庭的住宅会使邻里环境变差。当社区尝试解决这些议题时，传统区划的工具被证实力不所及。

随着21世纪的到来，形态条例的实践继续推动。作为实施新城市主义思想更好的工具，它适用所有尺度和所有背景：绿地（Greenfield）、棕地（Brownfield）、填充式开发以及公共和私人项目。这些方法起初有不同的名字，包括"传统邻里开发规则（Traditional neighborhood development ordinances）"和"形态条例（Form codes）"，但在2001年，卡罗尔·怀恩特（Carol Wyant）作为芝加哥区划条例修改案的顾问时，提出"基于形态的条例（Form – Based Codes）"的定义，至今以来成为通用名字。尽管芝加哥没有完全采纳卡罗尔的建议，却促成了形态条例协会（Form – Based Codes Institute）于2004年成立，该协会作为非盈利组织致力于形态条例的研究和推广。与此同时，DPZ在2003年发布了《精明条例（Smart Code）》。《精明条例》是一个基于"横断面"系统发展出来的普适性控制规则，一个结合了精明增长和新城市主义原则的形态条例。其包含的内容自上而下从区域规划到建筑标识覆盖了整个人居环境。到2009年为止，已经有超过100个美国城市和县把精明条例结合本地情况进行校准，其中有25个城市已经采纳精明条例作为控制规则。

（三）规划特点浅析

1. 制度特征

区划法是地方政府控制土地使用的地方法规和进行规划管理的技术手段。区划法的产生先于规划体系的形成，强调其法律效率，其发展过程是独断寻求规划与法律的结合过程。美国区划法的制定管理程序最为严密，表现为由主管机构、规划委员会、调解和上诉委员会以及规划管理部门分别负责区划法的制定、咨询、解释、执行等不同方面的事务。

区划条例包括两种类型：功能性区划（Use zoning）和条件性区划（Area zoning）。功能性区划指将城市划分为不同的区域，各区域内有各自允许的土地使用类型。如有些地区允许农业用途，有些地区允许居住用途，有些地区允许商业性用途等。通常说来，区划的使用类型呈金字塔形分布：工业的兼容性最大，居住最小。如在工业区里布置居住是许可的——如果有人愿意在那里建设住宅的话，但在居住区里建设工业一般是不允许的。条件性区划则规定地块的尺寸、建筑高度和退缩红线距离等。这些要求因地块而异，如有些居住区可建设公寓，但有些则只允许建设单家独立式住宅。

地方管理机构均由选民选出，如市政委员会等。这些管理机构具有立法权，可制定土地利用条例，称为"区划条例"。区划条例相当于地方法规，必须予以执行，区划制定法要求各市政府除区划条例外，还应编制总体规划，确定不同的土地使用区，确立规划的目标，制定房地产开发的政策和标准。其指导思想是避免不同区域之间的相互干扰。区划也具有一定的灵活性，可进行修订或在某些情况下采取特例的做法。

在市政委员会或其他立法机构采纳之前，总体规划与区划条例通常由规划委员会负责编制。规划委员会由当地立法机构指定的社区成员组成，其职责是组织公众听证会，调查并获取相关信息，制定总体规划和区划条例，并提出区划法的修订计划、执行与管理标准等。规划委员会一般情况下有一个由专业城市规划师组成的规划部门予以协助。如果城市规模太小没有设立这种规划部门，则可雇佣私人规划公司来协助规划委员会编制总体规划和区划条例。为了建立区划条例和制定总体规划，区划制定法规定市政府可授权给区划委员会来实施区划法。区划委员会根据特定情况给予某些地块区划条件（Variance）和特殊例外（Special exceptions），使这些地块可不受区划条件的限制，前提是该地块必须满足某些特定的条件，如果是由于区划条件引起该地块经济价值的降低乃至丧失，必须遵守某些特定的条件。

某些地块的业主如果希望更改区划，必须向规划委员会提出申请。这样的申请称为"再区划（Rezoning）"申请。规划委员会无权修改区划，但它可以组织公众听证会，并向市政委员会或其他立法机构提出同意或拒绝该请求的建议。通常情况下，规划委员会的意见会被采纳。受区划委员会制定的区划条件影响严重的业主可向法庭提出上诉。如上诉成功，可引起区划条例的修改。公众意见和社会团体在区划法的制定与实施上具有非常重要的作用。有组织的社会团体常会直接影响区划法的框架和区划委员会就某些地块所作的决定。如果社区的民众反对某些项目，开发商必须与他们进行协商并获得他们的同意或默许。在开发商未满足邻里或社区的要求之前，他们很难获得区划委员会和市政委员会的许可。

在多数州，区划制定法要求区划中的任何改变都必须遵守总体规划，但这并不意味着总体规划是一成不变的，而关于区划的任何决定都必须与大范围的、长远的城市总体规划相一致。在美国关于区划的案例裁定中，一些法庭认为市政委员会应严格遵守总体规划，而另外一些法庭认为市政委员会具有较多的自由裁量权。

2. 技术内容

2.1 分区控制单元的形成

首先，根据土地利用性质把整个纽约市分成三类：居住用地（R）、商业用地（C）和工业用地（M）。分区不包括公共公园，纽约的公园被排除在分区控制之外。然后，按照格网的形式把整个纽约城分成35个大的"片区"，并以1~35的阿拉伯数字标识，每个片区的大小为25000平方英尺×16000平方英尺（约40平方公里）。然后，再把每个大的"片区"细分成四个小的"分区"，并以英文字母a、b、e、d标识，每个小"分区"的大小为12500平方英尺×8000平方英尺（约10平方公里），这样，35个大"片区"就形成了126个小"分区"，而且每个小分区都对应着一个分区图则。

纽约的每个标准化分区图则都是由许多标准化控制的地块构成，对地块的控制是纽约分区制的核心。分区制的核心意义以及主要环节就是对地块的控制，每个地块在以下几个方面受到管制：与地块大小相适应的建筑的体量；规定最大的建筑覆盖率或空地率，每个地块住户的数量；建筑与街道的距离，建筑与地块边线的距离；停车数量规定；其他一些特殊的居住、商业或制造业分区的活动要求，包括各种广告、标识牌的大小和位置。

2.1.1 确定土地利用的性质

按使用性质将城市土地划分为块是区划法的核心。早期的土地区划更多考虑保护土地使用的现状，一般将城市用地分成居住、商业、工业三类，由于分类较少，相容性差，在一定程度上妨碍了城市发展。在区划法中增加了许多新的土地利用类型如：A. 混合利用区，通常为商业和住宅混合建造区；B. 特殊用途区，为保护具有突出传统特征或为城市发展而限定的特殊保护地段；C. 有限开发区，仅在满足区划法规定的某些条件下才允许开发的地区；D. 集合建设区，多为在住宅区为争取好的环境而集中建设的地区；E. 鼓励建设区，允许给予一定的优惠条件换取某些公众利益需要的地区。

2.1.2 确定土地容量

土地容量是土地利用的定量控制指标，表明土地的开发强度。包括用地大小、建筑密度、院落大小、建筑物后退、建筑物的高度和体量。

2.1.3 确定环境容量

将城市设计的相关内容纳入其中，对居住用地、商业用地和工业用地以不同的标准、不同的内容要求进行指标控制。

2.2 形态条例

形态条例揭开了区划历史新的一页，它是新的开发规则，其制定过程、所包含的标准、实施的机制以及产生的建筑形态都与传统区划条例大不相同。

形态条例和传统区划的核心差异在于形态控制优先于用途管制。形态条例是以愿景为基础形成开发规则，它要求所有的开发都参与营造社区共同期望的场所。因此社区在条例制定之初就需要创造一个详细的愿景，然后通过编制和管理形态条例来强制执行。该愿景是建立于并强化社区和当地的特征，因此它们是可定制的，能为每一个场所规范出独一无二的愿景。形态条例通过规范私人和公共空间的设计来创造一个完整的场所，包括建筑、街道、步行道、公园和停车设施，规范私人开发是基于其对公共领域的影响。传统区划实践有时也会配合愿景的过程，但该愿景通常局限在宏观层面，缺少对细节的必要讨论来共同期望和实现一个具有特征性的场所。

形态条例建立在空间组织原则的基础上，例如从乡村到城市的横断面分区（Transect zones），明确和强化了城市化强度的分级。以这种方式来预想和规范场所能使各个分区之间产生连续的平缓过渡，而不像传统区划导致单一用途分区之间的生硬隔离。

形态条例规范的细节主要是针对如何成功地实现可步行的、人性尺度的邻里，它重点关注城市形态，同时也强调用途和其他必要的因素。这些细节包括建筑影响公共空间的主要元素，例如建筑物的布局、高度、宽度，以及界定公共空间的"临街面"

（Frontage）。形态条例也包括了街道和街坊的设计和布局，特别要求缩窄街道，形成相互联系的格网式布局，适应汽车的同时也适应步行者和自行车者。形态条例还通过规范停车的位置来避免行人受穿行交通的影响，同时它规范相容用途和建筑类型的适当混合，创造多样的，富有活力的场所。

最后，形态条例规范的细节程度是要确保落实社区的愿景，因此形态条例能提供流水作业式的开发审批，鼓励适合社区愿景的开发，很少或无需主观审查。

形态条例和传统区划有许多方面存在根本性差别，只在少数方面是相似的。形态条例也隔离负面用途，例如重工业和机场；它通常只规范影响公共利益的私人建筑，为个人品位和风格留下大量空间；必要时，它也包括了类似传统区划的条款，例如非一致性用途和可支付住宅。

2.2.1　形态条例的主要内容

根据形态条例协会定义，形态条例至少包括以下内容，并可搭配其他可选择的内容。

（1）控制性规划

控制性规划（The regulating plan）是反映形态条例中的设计标准具体应用的空间位置。针对大范围基地的形态条例可以把控制性规划分为几个部分（例如建筑形态标准控制性规划和公共空间控制性规划）。控制性规划的制定本身就是城市设计的过程，划定分区边界的标准是依据每一个分区的开发形态和特征。

与传统区划条例基于土地用途进行分区相反，形态条例是把分区建立在建设强度和形态（例如类型、布局、高度，以及与公共空间的关系）以及公共空间的特征之上，而较少考虑土地用途的差异性。区别和绘制分区的原则是基于不同的控制方法，这些方法是对类型、尺度、形态和许可的开发强度进行控制。目前，最普遍的原则是乡野到城市的横断面（Rural-to-urban transect）。

从乡野到城市的横断面是考虑和组织人居环境的一个方法，它的强度是从最乡野到最城市化的连续变化，而不是急剧的差别。基于横断面的分区主要通过建筑形态的开发强度、自然和建成环境的关系、分区内的用途复杂性来分类。

横断面的概念源于生态学。生态学的横断面是用来描写动物栖息地跨越坡度的变化。20世纪早期，帕特里克·格迪斯（Patrick Geddes）在其流域横断面（Valley section）中率先提出人类聚居地应在其自然区域的背景下进行分析。DPZ把横断面的理念应用到精明条例，作为规划控制体系的基本逻辑。DPZ模型给出了6个分区：自然（T1）、郊野（T2）、郊区（T3）、一般城市地区（T4）、城市中心（T5）和城市核心（T6）。在必要情况下可以划分特别分区用于特别用途（SD）（例如重工业、交通、大学等）。每一个分区都有一个编号。越大的数字越偏重城市化，越小越偏向郊野。

使用横断面作为形态条例的组织原则，最大的优势在于它能应用于创造理想场所的大部分要素：从建筑形态和布局到停车、用途、公共空间、标识和灯光，甚至绿色建筑、运输和暴雨管理也可以通过横断面分区来组织。横断面原则可以配合所有尺度的规划，从区域到社区再到单独的地块和建筑，但区划只能应用在社区（城市）层面。

根据规划地区的大小以及城市设计成果的差异，一些形态条例实践者也会使用横断面以外的方法，依据设计和开发标准来确定分区。例如：基于建筑类型的条例、基于街道的条例、基于临街面的条例。

（2）公共空间标准

公园、广场以及公共通道等公共空间的特征都深刻影响着城市场所的质量。因此，公共空间标准（Public space standards）强调这些特征是形态条例的关键内容。公共空间标准包括两个要素：通道（Thoroughfares）和市民空间（Civic spaces）。

"通道"是一个技术名词，指向常规交通主导的公共空间。常用的"街道（Street or road）"或"林荫道（Avenue and boulevard）"等在形态条例中都是作为特定的"通道"类型。好的街道是健康邻里的基石，它们扮演机动车和步行者走廊的双重角色，同时也是社区的首要公共空间。尤其在城市地区，为了提高安全舒适的步行环境质量，通道设计的重点应在速度设计上，对于传统注重交通流量设计的交通工程师和交通规划师来说，是一个基本范式的转变。例如在通道设计标准中包括了一项移动类型（Movement type），它描述了司机在特定通道上的驾驶感受。从行人安全与机动性考虑的设计时速是移动类型的决定因素，它可以帮助设计师与开发者更好地理解通道的类型，从而有助于实现一个步行者优先的社区。典型的移动类型包括：

避让（Yield）：司机必须要小心缓慢地驾驶，经过停靠的汽车或会车时要进行避让。功能上相当于交通安宁区。这类通道可以适用于所有的横断分区。

慢行（Slow）：司机可以小心地驾驶，偶然遇到行人过马路，或另一辆车停泊时需要停车。这种道路的特点是通过现状的路边停车、围栏、较小的转弯半径和其他设计元素，使司机不容易超出设计车速。这类通道可以适用所有的横断分区。

自由（Free）：司机可以在较高的速度下无阻碍地驾驶。这类通道一般不适宜在T3和T4地区。

通道设计标准还包括设计车速、人行穿越时间、车行道、停车道、人行道、路缘石类型、转弯半径、行道树景观、街道家具以及对建筑界面等要素提出控制要求。这些设计要求往往通过横断面来校核。例如T2的通道可以不设路缘石，稍微加宽车道，设计更宽的景观带，而在T4和T5的通道需要设置路缘石，设计更窄的车道和景观带。

经过良好设计和布局的市民空间，对于建设健康和富有活力的邻里是非常重要的。它们是邻里和城镇中心的空间组织要素，以及市民公共聚会的场所。由于当前的区划条例主要规范市民空间的数量，很少有关于空间质量的标准，导致开发者往往把开发剩余的边角料空间作为他们规划中的市民空间。此外，区划更关注于创造大型尺度的郊区公园，这些公园往往在大部分居民步行距离以外，尺度的限制导致在城市更新中无法建造小型的、局部的公园。因此，作为创造可步行社区的一个手段，市民空间的特征在形态条例中被特别规范并根据横断面校核。

为了使市民空间具有易达性并提高使用效率，它们应位于居住区和工作场所中，通常每一个是约400~800m（1/4~1/2英里）的服务范围。市民空间根据所属的横断分区进行设计和确定规模。例如，硬质景观的广场不适宜在T2，但可以在T6做得很漂亮。运动场在年轻家庭的居住区应充分供应，同时也应有其他类型的公园提供给其他居民。林木茂密的公园在T3布置非常合适，但并不适宜在T6地区，因为可能会导致犯罪产生。

市民空间类型可以包括公园、绿地、休闲广场、集市广场、散步道、口袋公园、运动场和游乐场地。控制的要素包括最小和最大的尺寸、空间的类型以及它们合适的位置、在社区和景观中的功能等。

（3）建筑形态标准

建筑形态标准（Buiding form standards）在定义建成环境的物质形态上是一个基本角色。它对界定公共领域的建筑外形、特征和功能进行控制，并结合横断分区进行校核。建筑形态标准倾向用图像结合简单的示意图来表达，以方便使用和分类。通常每一个横断分区的建筑形态标准不超过5页。主要内容包括：分区的概述、建筑布置的条例、建筑形态的条例、停车条例、许可的土地利用和具体建筑用途的表格、许可的临街面类型、许可突破的尺度、许可的建筑类型。

除了以上内容，形态条例还可以依据社区需要补充其他内容。例如历史保护的标准、洪水管理、标志和灯光、非一致性用途的规则、可支付住宅的要求以及从经验总结的条款。社区首先应根据地方背景决定形态条例包括哪些内容，所有的内容应协调起来保证条例能根据社区愿景有效运作。

2.3 城市设计导则

美国的城市设计导则是特定的经济和行政体制下的产物，它所包含的内容与特征是由现行的城市建设管理手段和控制体系决定的。区划法是对城市建设的土地使用和设计控制的基本手段，其对设计的控制主要有容积率、建筑高度、退后、建筑体块和停车位等几个方面，目的是保护个人财产的利益、社区稳定、促进房地产开发。有奖区划法（Incentive zoning）出现以后，设计导则作为对区划法的辅助手段之一在设计控制中变得越来越重要。主要是对城市设计概念和不可度量标准的说明或规定，也作为公众参与和设计评审的标准之一。开发商若想得到某些奖励（Bonuses），如增加建筑高度或密度，其开发设计方案必须以符合设计导则的要求为前提。

英国城市设计学者约翰·庞特（John Punter）教授曾对美国西海岸5个城市的城市设计控制做过调查研究，出版了《美国城市的设计导则》一书，他认为当今美国城市设计控制的主要特征是通过城市设计导则来体现的。在城市建设中对设计控制的具体内容是由控制范围内的管理内容决定的。因此城市设计导则的内容也不尽相同，表现出鲜明的层次性，如区域性导则、全市性导则和区段性导则。区段性导则又根据地块大小不同，其控制的重点也不同，比如较大地块的控制侧重于控制开发战略、开发框架和整体形态特征，如西雅图中心区城市设计中的高度控制概念图，主要控制中心区不同的建筑高度、分区和城市的天际线；较小地块的控制重点是对形体环境元素的具体控制，如旧金山市居住区设计导则对建筑轮廓、比例与尺度、材料质感、细部处理和开口部位均提出了设计要求；更详细的设计控制是对环境设施的控制要求，如标志标牌、街道家具、植被标准和铺装等。

美国城市设计中设计导则大多是与城市设计方案不能分离的一部分。大多设计导则都是区段性的，针对不同地段编制不同的设计导则，使导则的内容具有针对性，不同的地段有不同的控制重点，保证了城市形态丰富多彩。此外，设计导则在操作形式上既是区划法的一部分，又是城市设计成果的一部分，在实施管理上具有法律效力。

在美国，城市设计导则有规定性和指导性两种。规定性导则规定出环境要素和体系的基本特征和要求，是下一阶段设计工作应体现的模式和依据，是必须严格遵循的，因而容易掌握和评价；指导性导则描述的是形体环境的要素和特征，解释说明对设计的要求和意向建议，并不构成严格的限制和约束，提供的是更加宽松的、启发创作思维的环境，比如在表达对开发强度的控制时，规定性导则会提出容积率的具体限制，而指导性导则会提出对某一公共空间在某一时段内的日照要求。在城市设计成果中，一般两种设计导则同时存在，共同发挥作用。旧金山市中心区城市设计导则对中心区城市公共空间制定了一系列设计导则，包括规定性和指导性设计导则。规定性导则对公共空间的面积提出具体要求，指导性导则对日照和可达性提出要求，以保证公共空间的可用性和对人的吸引力，并针对当地特点，提出了"扇形日照面"的控制概念。在设计导则中还把公共空间分为11类，对每类公共空间从尺寸、位置、可达性、座椅、植被、售货服务设施、小气候条件和开放程度等几个方面提出设计标准和一些奖励办法。

美国的城市设计控制系统和运作过程由设计目标（总目标/子目标）、设计原则、设计导则、宣传引导、操作过程和实施机制6个部分组成。其中前3个部分为控制系统，以设计建构为主，后3个部分为运作过程，以建设管理为主。控制系统中设计导则的作用是用来控制和指导其他相关设计者对具体设计项目的设计，运作过程中设计导则的作用是为城市建设管理者提供管理、引导和评审城市开发建设项目的依据。基于以上的控制系统和运作过程，美国城市设计导则的编制格式一般都包括设计目标、设计导则两个方面，以圣迭戈市为例，其总体城市设计导则的编制分为5个主题：城市整体意象；自然环境基础；社区环境；建筑高度、体块和密度；交通。对每个主题的表述都是首先描述问题的机会，然后是设计目标、设计导则和标准，最后是对进一步研究的建议或指导，为以后的进一步研究提供清晰的框架。

从设计角度上讲，城市设计导则的编制是一项特殊的设计工作，其编制过程和其他设计过程大体上相同，遵循着设计的一般规则，但由于设计导则的特殊性，这一过程又与一般的设计过程有所不同，其中渗透了设计导则编制过程中公众参与和法制环节的结合，体现了设计导则的权威性特点。西雅图市在《社区手册》中详细描述了设计导则的编制，主要有3个步骤：问题的界定、解释和设计目标的形成，并提出了关于表述城市设计导则内容的具体要求。为了形象地说明设计目标和概念，许多城市设计导则除语言表述外，都尽可能使用图示、表格和意向设计图进一步说明，目的是使设计导则更清晰、更有意义并易于理解，有效地控制和引导开发建设。

（四）总结与借鉴

1. 美国城乡规划体系简评

1.1 成功之处

1.1.1 美国的区划体系是典型的市场经济体制下的产物，是将德国区划的思想引入本土后，结合了自身的政治制度特征和土地制度传统，以通则式的管理又不失灵活性。它顺应了美国城市与经济发展的需求，时至今日仍是城市管理最为重要的工具之一。

1.1.2 区划管理的本质，是对土地经济利益的严格控制，它可以保护已开发的房地产不受其他类建设用地的侵入而贬值，可以规范土地市场，创造稳定的建设投资环境，防止土地投机和管理中的腐败现象。区划对城市经济尤其是房地产市场的发展具有重要意义。

1.1.3 针对城市建设中出现的日益严重的用途分离的问题，通过"绩效区划"为起点的形态条例的引入，缓解了城市建设中的低效、混乱的秩序，将精明增长和可持续开发的建设理念贯彻到城市建设管理的实践中，丰富并发展了以区划为特征的美国城乡规划体系。

1.2 发展过程中的问题

1.2.1 区划条例的规定，例如密度控制，有可能造成扭曲的资源分配，抬高地价和房价，有时甚至成为引发城市蔓延（Urban sprawl）的主要原因之一。此外，不当的土地利用规定会人为地增加低收入住房的成本，使开发商的介入更加困难，进而造成低收入者住房困难，有损社会公平。

1.2.2 区划产生的出发点是保障公众的健康、安全和福利，但随着区划的逐步发展，在部分城市或地区，却沦落为某些集团甚至地方政府保障自身利益、排斥低收入者的工具，并直接或间接地加剧了内城的衰败。由于富人和中产阶级的撤离，内城变得冷清萧条，而美国的税收体制是人们在所在地纳税，中心区的穷人所交纳的税收远远不能负担不断膨胀的基础设施和各项公共服务费用，入不敷出，导致内城日益败落。区划的体制性缺陷使其在实施过程中对弱势群体的漠视已逐步引起美国社会各界的不满，界定"公共利益"成为一颇具争议性的话题。

2. 对美国城乡规划体系的借鉴

2.1 经济分析经验借鉴

2.1.1 遵循土地经济基本规律，调控土地开发经济利益

纽约上世纪初的土地开发强度和我国目前大规模城市建设的情景很相似。分区条例设计的初衷是考虑到在任何情况下，场所的每个方面都会涉及公共健康、安全和福利等一系列公共利益。区划在实践中逐渐成为一套完善的保护和管理地价的法律机制，通过对土地经济利益的严格控制达到"保护公众卫生、健康和福利"的立法目的。

开发商的经济利益与社会公众利益之间的矛盾是市场经济体系下规划所要解决的主要矛盾。分区条例对土地利用类型、范围和密集程度做出了各种限制，使得土地拥有者不能随心所欲地任意开发，对开发商和地方政府的经济利益都有着重要影响。所以区划在制订、修编和申请变更分类的各项程序中，经济利益是最敏感的关键性问题。一般情况下，分区条例在同一区位的土地转让中，对地块性质、大小、容积率和建筑限高等指标都做出相同的规定，以保证土地利益的公正分配及规划管理标准的统一。

2.1.2 运用土地与房地产经济学的理论与工具，体现城市规划理性原则

在美国，房地产税由于其稳定性及便于管理、征收，是美国地方政府的主要经济来源之一。房地产税是以区划为基础进行计算的，其征收公式为：税基×税率=房地产税额。税基就是所有应征税的土地和建筑物评估价的总和。在美国的政治体制下，地方政府通常是由城市居民直接选举的，所以政府制定的分区条例必须符合城市整体财政利益。在区划中，主要通过最小用地规模和容积率来进行控制。

最小用地规模用来确保新开发的项目能够达到征税的最小值。在现有的规划条件和平均利润水平下，低于该规模的开发将不能为地方财政做出贡献，因而是被限制的。由此产生的分区称为财政分区，即区划排斥那些可能给地方财政带来负担的开发。在效率与公平的取舍上，这种方式保证了效率，维护了城市整体财政利益。但由此也带来一些不公平，尤其是对于低收入家庭而言，于是通常也被认为是一种排斥性分区。

容积率的控制则更为复杂，与建造成本、房地产价格、土地价格等因素密切相关。在区划中，这些控制指标的制定过程都十分重视运用土地与房地产经济学的理论与工具，通过对土地与房地产经济规律的深入研究来为区划提供严谨的技术支持。

2.1.3 灵活运用经济手段，增强规划可实施性

近年来出现了一大批新技术，使得区划成为一件更为精巧的工具。在经济分析的基础上，这些新技术使得土地利用管理更为灵活。基本思路是增加规划的灵活性，允许使用土地的各方谈判和讨价还价，实现经济学家称之为"交易获利"的效果。这些

技术包括：

（1）规划单元开发（PUD：Planned Unit Development）

在作为一个开发单元的地块内，土地开发强度和用途都可以有所不同，整个场地规划将作为一个整体进行审批。商业区与居住区的混合避免了商业地带在夜晚的荒凉，市民生活显得更为丰富多彩。对城市设计者来说，这种方式可以使他们更好发挥创造力和想象力。由于可以优势互补，规划单元开发的方式在经济上具有明显的优势。

（2）红利（Bonus）或奖励（Incentive）分区

这种方法可以在开发商满足其经济利益的同时，增加公共福利、保障公共利益，以达到一种"双赢"的效果。例如，既定的分区条例中已规定了该地块的写字楼限高，但如果开发商愿意投资新建一些公共活动空间，可以允许其增加写字楼的高度。增加了开发强度，开发商获得了经济利益，市民也获得了更多活动空间，城市环境得到了改善。

（3）包含性分区（Inclusionary Zoning）

它是对应排斥性分区而产生的，由于在一些居住用地的分区中限制高强度的开发，会对低收入家庭进入该社区形成一种排斥，因为他们很可能只能负担这种较高密度公寓的价格。为了解决这个问题，政府和开发商进行谈判，让其为低收入家庭修建住宅，以低于建造成本的价格销售给低收入家庭，政府在其他方面给予开发商一定的利益补偿。

（4）通过设置特别目的区来解决土地利用控制"标准化"忽略地区特殊性的问题

由于美国区划中采取了"标准化"的控制方式，不可避免地将出现诸多问题。针对此，纽约共设置五类特别目的区，来解决一般性与特殊性的关系问题。五类特别目的区包括历史广场、城市中心区、保护区、土地混合利用区等。我国的历史文化遗存和很多特别的景观风貌区，可以借鉴纽约的经验，通过设立一些特别区，来解决土地利用控制标准化、一般化与土地利用控制特殊性之间的矛盾。

2.1.4　利用市场机制以及制度化、法律化手段解决土地利用控制"标准化"带来的土地利用控制的刚性问题

为了解决土地利用控制刚性带来的问题，纽约市采取了以下措施：①成立标准和仲裁委员会，赋予纽约标准和仲裁委员会审查和裁定的权力。该委员会有权解释、审查分区法案，在经过公众听证之后，有权决定是否变更分区法案，有权决定特别许可，有权采用、修改或者撤销一些分区法案的一些规定等；②成立城市规划委员会，赋予城市规划委员会变更分区法案的权力。在经过公众听证之后，城市规划委员会可以在建筑体量、建筑强度、用地性质、建设区位等方面实施特别许可；③实行"灵活的土地利用类型管制、强化用地强度控制"的土地利用控制模式。无论是居住用地地块，还是商业用地地块，都采用土地利用束的形式来实现土地利用性质控制的弹性，

使得土地利用控制尽量适应市场的需要。

2.2 区划条例的借鉴

区划条例的精髓表现在三个方面：贯彻了可持续发展价值观的规划方法；是基于类型学的开发控制手段；将城市设计以法规形态实施。

2.2.1 可持续发展价值观的规划方法

形态条例的方法完全革新了传统区划进行土地利用分区的思路，采取横断面的概念作为条例制定的参考基准，它也是可持续发展观念在城乡规划中的重要落点。面对现代区划导致的郊区蔓延，它重新反思人类聚居点与自然背景的关系，针对不同城市化程度的分区提出建筑、开放空间、景观和基础设施相应的开发程度和开发类型；它明确了规划的目标不但包括发展也包括保护，并把两者纳入同一个规划当中，从而在特定的地区能有效地控制或推动增长，以及有效地保护和恢复自然环境。同时，横断面的概念可以配合所有尺度的规划，从区域到社区再到单独的地块和建筑，都可以在横断面中找到相应的分区。

除了横断面的概念外，在新城市主义的理念中，有3个要素：邻里（Ueighborhood）、特别分区（District）和廊道（Corridor）是城市开发和再开发的核心要素。邻里，是城镇规划中的基本单元，一般它是指5min步行范围所覆盖的区域；有清晰界定的中心和边界；混合了各种住宅类型、用途和活动；拥有一个街道整合的网络；在城市化程度较高的邻里，市政或公共建筑处于显著位置。社区是由每一个邻里通过街道网络整合在一起。特别分区，是指用于单一目的的地区。在城镇中通常有两种类型的特别分区：单一用途的分区，如校园；用途不兼容的分区，如机场、大型工业区。廊道，并不单独指向汽车通行的廊道，它更重要的考虑是行人的流动和联系，同时它也是定义在社区中邻里和特别分区的物理边界。廊道可以包括自然和人工的要素，从野生动物的路径到铁路线。此外，一些走廊在实际中可能成为带状邻里的中心，而不仅仅作为邻里的边界。

形态条例在城市设计之初就要在宏观层面以三要素作为参照系对现状进行分析，并在城市设计中结合三要素进行空间组织。这三要素通过清晰、有识别性的空间边界取代了城市无边无际的蔓延，针对传统区划的功能隔离，它们促进了物质空间的多样化，并且在步行和公共交通范围内呈现了丰富的用途、活动和服务设施，体现了新城市主义所实践的可持续城市化目标。

2.2.2 基于类型学的开发控制手段

形态条例拒绝使用容积率、建筑密度、住宅单元密度等量化指标，它认为如果容积率作为控制和授权的主要工具，开发者就只会简单地最大化容积率，从而创造出非常类似"火柴盒"形状的建筑，在体量上缺少变化。地块最大建筑密度的控制是建立在郊区开发模式的基础上，不适宜应用在历史街区和城镇中心，它会限制地块居住类型的混合。住宅单元密度是最初规范建筑形态的工具，但并不能产生理想的结果，同样的密度要求可能会产生多种布局模式。因此，密度只适宜用在预测城市或基地的容量上限，例如在环境影响报告中计算最大的人口容量。通过良好设计，即使超出预想的人口密度也能创造出适宜环境的社区，需要规范的是物质形态而不是密度。

2.2.3 将城市设计以法规形态实施

形态条例是规范开发，以实现特定城市形态的一个法定方式。基于对现状环境的调查、分析、归类，形态条例以类型学的方法创造一个可预见的公共空间领域，在短期而高效的"现场设计会"中，规划师与社区居民及相关利益者进行充分沟通，获取共识，进而达成一个代表社区愿景的强制性形态条例。在这个过程中，有3个关键点：

第一，城市设计在某种程度上体现了审美的主观性，城市设计要转化为约束大众的法规，前提就是设计体现的价值观能成为社会共识。土地开发控制很重要的一部分是容量控制，比如基础设施容量、环境承载力等，然后在此基础上形成开发强度控制标准。但基础设施承载力的容量也是由规划目标来确定的，规划目标的形成取决于多种因素，科学、政治、美学、经济等都可能成为主导价值观。尽管美学存在强烈的主观色彩，但当美学通过相互主观（10），形成社会共识，就具备转化为法规的前提。尤其一个卓有成效的城市设计，它的运作实效不仅仅局限于美化城市环境、改善城市物质空间形态、提高人们生活质量，而且对促进城市经济复苏、改善交通问题、强化城市特征等都具有重要作用，其价值观就更能被社会接受。形态条例的理论背景，即精明增长和新城市主义在美国已发展了近30年，社会公众普遍认可和接受其设计原则是实现城市可持续发展的有效途径。因此形态条例作为基于城市设计的法规形态也就能顺利被社会接受。

第二，形态条例有效拓展了法律语言的模式。传统法律多以文字表述，而形态条例基于类型学的本质，通过横断面的校核抽取出不同分区关于公共空间和建筑形态的标准，配以示意图表达。通过图像来组织法规内容，使法规更具可读性，相比文字表述也更加简短精炼，易于被使用者理解。法律制定本身也是一种技术，它会随着现实的需求不断发展出不同的形态。当城市设计以指引形态出现，难以被贯彻实施时，转化为法规形态可以减少自由裁量带来的不确定性，并且节省时间和金钱，有效塑造一个高质量的公共领域。

第三，参与形态条例制定决策的基本是土地产权的直接相关者，由于形态条例有助提高他们生活空间的品质，因此这些私人业主有权利也有动力来共同制定形态条例。这与区划产生之初的目的相比，不但维护而且提升了私人土地价值，使得区划能顺利向形态条例转型。

形态条例带来的启示是如何将价值观转化为形态设计再通过法规落实。该条例不是最低行为标准，而是反映可持续发展的设计理念；也不是普适性的，而是根据地段特征提出基于横断面分区的不同设计要求。法规而非政策的形态有助于实施的效率和公平。把价值观转化为法规，关键是形成社会共识。

在中国，由于社会背景和社会制度迥异，目前完全照搬形态条例取代基于功能分区的规划制度并不可行。在形态条例中土地利用分区不再是首要目标，对混合用途的鼓励取代了单-用途的划分，土地用途分区退位给形态分区，土地用途列表面向规划管理，与规划许可的类型结合成为设计审查的依据。而在中国土地利用规划与土地资源的初次分配以及土地出让制度有密切联系，中国政府在城市土地开发中具有全面调控的权力，土地开发强度的有效确立直接关系到空间资源配置的效率，因此提高控制方法的科学性反而是开发控制的主要问题。但与此同时我国也面临城市风貌特征消失，城市公共空间退化，城市发展对生态环境侵蚀等问题，形态条例的类型学方法提供了寻找理想空间形态的思路，基于横断面的规划原则也提供了人类如何与自然和谐共存，规划如何实现发展与保护并重的方法平台。

二、德国区划制与建造规划的实践

德国自19世纪国家统一、两次工业革命的进程中，开启了快速工业化和城市化，成为了欧洲第一个具有现代意义的对空间进行统一规划的国家。德国的规划思想成为世界区划思想的起源。

（一）背景概述

1. 政治体制

德国是地方高度自治的联邦制国家，其行政体系分为三级，即联邦、联邦州和州辖管理区。联邦政府是德国的中央政府，负责全国性的事务；联邦州具有相当程度的自主权，也拥有重要的立法权限；州辖管理区即联邦州管辖的地方政府所管理的范围。地方政府必须服从联邦和联邦州的法律，负责以下事务：地方公共交通、地方道路建设、水电气供应、住房建设、初级和中级中学的建设和维护、影剧院和博物馆、医院、体育运动设施、公共浴场、成人教育和青年福利。

2. 土地政策

德国的土地所有制形式有联邦政府土地、州和地方政府所有土地、教堂占有土地、私人所有土地。德国《基本法》规定德国公民享有建造自由和迁徙自由，但建造自由的实现不得危害公共利益。

在德国，凡详细规划区内的土地交易，地方政府都可以行使一般先买权，在一些特定地区，如再开发区、新开发区等，政府也可以行使特别先买权。土地的先买价格依照交易价格确定。土地征收制度也是实现土地利用规划的重要手段，征收土地的补偿交易价格以政府公布征收时被征收土地的交易价格为准。

德国的土地利用规划内容因规划范围和等级不同分为项目规划和实施计划两种，联邦政府制定项目规划，地方政府完成项目的实施计划。土地利用规划机构纵向和横向相结合：纵向为从上到下，联邦—联邦州—地方政府—城镇的一条线，各级政府又有相应的土地立法和规划部门；横向是指行业之间，如农业、工业、交通运输、环境规划、水资源管理。

德国的土地管理以地籍管理为核心，《基本法》规定地籍管理属州立法。联邦未设统一的管理结构，各州管理机构在形式上主体可分为三类：地籍管理与测量机构，土地登记机构，土地整理部门。机构设置健全，职能分工明确，密切协作配合。

（二）发展历程

1. 世界区划思想的起源—德国区划制的诞生

作为德国城市详细规划和法定图则的建造规划（Bebauungs plan），具有强大的空间调控能力，在当代德国的城市建设管理中发挥着核心作用。今天德国的城市详细规划空间调控机制，起源于德意志第二帝国（1871~1918年）之前的道路控制制度。在德意志第二帝国时期，建造规划从单纯的道路控制制度逐渐演化为道路控制和地块区划制度。

1.1 德意志第二帝国之前的道路控制制度

德国在中世纪就出现了"建造规划"的名称。当时的建造规划实际上是道路网的规划图，它并不是由城市政府制定，而是由警察机关。尽管如此，规划一旦生效，在道路建设过程中的费用需要由城市政府来承担。此外，在1808年的普鲁士城市条例中，为了保证城市自治而规定：市民民选产生的市议员，负责审议城市的财政问题。道路网规划对于城市的发展和财政具有很大的影响，因而成为市议员审议的重要事务。

19世纪50年代初，工业革命真正在德国展开，使得城市化进程迅速加快，城市扩张的速度大大超过了工业革命之前的时代。这时，原有的道路控制规划已无法适应城市发展的需要了。因此，出现了制定覆盖广大地域范围的建造规划的需求。

1858年，普鲁士政府正式颁布命令，由柏林市警察当局负责编制大规模的城市扩展规划，并于1861年批准将新柏林市的市域面积从当时的3170公顷扩展到5920公顷。具体的规划任务由霍布瑞希特（James Hobrecht，1825~1903）负责。他将规划的目标放在面向实际的城市交通系统和发展秩序问题上。规划的成果是柏林城市建造规划总图（Bebauungsplan von Berlin），在规划中确定的城市建设尺度宏大，街道的宽度大都在25~30米之间。为了减少修筑道路的费用，对街坊的尺度没有严格的限制，但大多数街坊的尺寸为200米宽、300~400米长。除了街道，图面上只有一些巨大广场形成的公共空间。由于规划仅仅是一个空间布局的轮廓，而缺乏对私人开发商的指导和控制，因此导致了开发商将地块高强度开发，建了大量的所谓"出租兵营"（Mietkaserne），即巨大的建筑物中间留出一个小院子直通地块的背后。这种

"出租兵营"将居住密度提高到前所未闻的程度。

从柏林城市建造规划总图可以看出，该规划仍然是对道路网的规划布局和控制。对当时的德国城市来说，在城市建设中面临的主要问题就是道路建设费用。宽幅道路的建设，必然会增加城市的财政支出。同时，建造规划在城郊规划开发的道路，触及土地所有者的利益，导致他们提出上诉。按当时的惯例，在准备开发前，需将土地购买下来，这种先行补偿的方式对城市财政造成更大的压力。

1.2 德意志第二帝国的道路控制制度

1868年，南德的巴登大公国第一个正式颁布《道路红线法》（Fluchtliniengesetz），成为具有现代意义的物质形态规划的立法起点。

1871年，以普鲁士为中心的德意志第二帝国建立。为了应对德国经济迅猛发展和高速城市化的形势，普鲁士在1875年颁布了著名的《道路红线法》。该法律最重要的意义是将道路规划的决定权给予了地方政府，其主要目的是为了尊重德国的地方自治，使得地方政府可以根据财政状况来进行规划。

地方政府制定规划，决定道路红线，限定建筑不得越线建造，同时，就有关市民对规划提出意见的步骤进行了制度化。这种法定的"道路红线规划"，根据以往的称呼，也称作建造规划。一般情况，道路红线和建筑线是重合的。如果有特别的理由，道路红线和建筑线也可以有所区别，这样可以使道路和建筑物之间能够保证一定的空间。从道路规划的角度看，这种法定的"道路红线规划"和以前是一样的。

《道路红线法》对规划的新街道用地自动保留了强制性购买权，并允许街道建筑、排水和照明的费用由临街各地块所有者共同承担，这就极大地减轻了城市政府在城镇扩展方面的负担。

1.3 德国区划制的诞生及其影响

德国区划产生的真正里程碑是佛朗兹·阿迪克斯（Franz Adickes，1846~1915）在1891年主持制定的《分级建筑法令》（Staffel bauordnungen）。该法令的出现不仅标志着德国区划的诞生，也宣告了世界区划（Zoning）思想的发源。

以往的道路规划缺乏对建筑物的控制，从而导致质量低劣的公寓不断增加。为了解决这个问题，出现了区划（Zoning）。佛朗兹·阿迪克斯是一位具有领导才干的行政领导，他于1890年当选为法兰克福市市长。在他的主持下，于1891年底之前完成并在市议会通过了德国第一部区划法规——《分级建筑法令》（Staffelbauordnungen）。该法令对城市进行了区划，根据不同的分区提出了不同的控制要求，并加入了对建筑物的控制规定，如建筑高度等。这种《分级建筑法令》在德国迅速传播，到20世纪初期，大多数德国城市都已经采用了这个规则。

德国所创造的区划方法，使用定性、定量和定位的手段来控制城市空间，既规定了城市主要道路的用地范围和走向，又规定了各个地块上建筑物的建造要求，在刚性的规划框架内保持了建造活动的弹性范围。与基于古典美学的城市规划相比，无疑能够更好地满足工业化社会的需求，更加科学和实用。同时，区划立法和公众参与的方法，更好地体现了规划的法制化和民主化，代表了社会发展的大趋势。

　　2.　现代建造规划的确立与发展

　　第二次世界大战结束之后，德国处于苏、美、英、法四个战胜国的共同占领之下，没有全国性的政府。1949年，德意志联邦共和国在西方盟国的扶持下成立。新的行政体制试图通过联邦制，将德国传统的地方高度自治权与统一国家有机结合。联邦德国继承了传统的德国社会经济组织，沿袭了符合宪法的旧有法律，继续医治战争创伤和开展大规模的重建活动。战后德国的社会经济和城市发展大致可以分为四个阶段，即重建时期、稳定发展时期、停滞时期和两德统一后的新阶段。德国现代建造规划的模式在继承德国区划传统的基础上，随着社会经济的发展，以及解决德国各个阶段面临的问题过程中，逐渐成长完善。

　　2.1　承前启后的《重建法案》

　　1946~1959年是联邦德国的重建时期。在第二次世界大战之后，一方面，东西德分治以及原来属于德意志帝国的一部分土地的丧失，使得大批难民涌入联邦德国所在的西部地区，大量位于德国东部地区的工业项目也西迁；另一方面，在战争中联邦德国所在的西部地区，众多城镇和工业生产设施遭到了严重的破坏。德国西部地区面临着社会和经济的双重压力，恢复生产、医治战争创伤成为其主要的任务。在这种形势下，修复城市、恢复生产、安置难民和重新进行工业选址等修建工作迅速展开。由于当时德国还处于苏、美、英、法四个战胜国的共同占领下，因此，各个联邦州制定了《重建法案》（Aufbaugesetz）来执行城市的重建。这个法案的内容，由于客观需要，不仅包括道路规划，还规定了建筑物的用途和建设利用的程度，同时给予法律约束力。这种源于战前区划方法的规划在德国的重建过程中显示出巨大的优越性。与此同时，在西方盟国的控制下，德国西部地区开始了民主化改革，1949年，德意志联邦共和国成立，并颁布了新宪法，即《基本法》（Grundge-setz）。《基本法》以根本大法的形式明确规定了公民在城市建设中享有的权利，特别是所谓"建造自由"。同时，《基本法》也明确了行使这些公民权利的义务，特别是"建造自由必须遵循宪法中规定的私有权附属的社会义务"。这些规定为日后城市政府通过法定的建造规划调控建设行为提供了宪法依据。值得注意的是，联邦德国致力于"社会市场经济"的实践，强调通过社会政策对市场经济加以控制，同时兼顾社会公平。这一政策从客观上导致了城市规划特别是城市详细规划通过法定指标来控制城市建设。

　　2.2　现代建造规划的确立

　　1960~1973年是联邦德国的稳定发展时期，这是一个创造经济奇迹的时期。随着重建工作的基本完成，建设富裕社会成了当时的主要目标，发展社会化体系和经济增长政策占据了主导地位。经济的快速增长带动了城市建设的不断升级，联邦德国城市规划得到了完善。1960年，经过长达10年的联邦政府与各州政府的讨论，《联邦建设法》（Bundesbaugesetz）正式通过，这是德国城市规划立法的重要里程碑。该法是城市规划的国家大法，为土地利用规划（Flachennutzungsplan）和建造规划（Bebauungsplan）提供了明确的法律框架，并通过建筑控制、土地获取、土地市场调控和强制性征购措施来保障城市规划的实施。《联邦建设法》的出台，标志着德国从工业革命以来一直沿用的以道路规划为核心的城市详细规划空间控制机制完全转变为地块控制、建造控制和道路控制一体化的建设指导规划，德国现代建造规划的地位由此确立了。1971年颁布的《城镇建设促进法》（Stadtebauforde-rungsgesetz），旨在推进住房建设和城市更新，强调全面的社会调查和广泛的公众参与，以保障广大市民的利益不受单纯经济利益的侵犯。1962年联邦政府出台了《建设利用法规》（Baunutzungsverord-nung），1965年又颁布了《规划图例法》（Planzeich-enverordnung），这两个技术规范进一步完善了城市规划的编制和管理。

2.3　现代建造规划的发展与完善

从1974年到1990年的两德统一是联邦德国的停滞时期。由于世界石油危机的爆发，德国经济增长放慢了速度，这种变化也反映到城市建设上。20世纪60年代末，在联邦德国的青年学生中，出现了改革主义的学生运动。随着这些青年走上工作岗位，生态问题成了热点。他们倡导以质量增长代替数量增长，反对针对自然资源的野蛮开采。因此从这一时期开始，城市规划中的生态问题得到了空前的重视，并逐渐被吸收到城市规划立法中。这种带有生态考量的城市规划法，将优越的生态环境建设融入城市建设之中。作为法定城市详细规划的建造规划，也受到了深刻的影响。此外，1986年，西德联邦议会在《联邦建设法》和《城镇建设促进法》的基础上颁布了新的《建设法典》，成为德国城市规划新的根本大法，经过多次修订，一直沿用至今。

两德统一之后，德国东部地区开始了大规模的建设活动，东部城市发展加快。与此同时，很多工业项目也看好东部地区的土地、人才和区位优势，在联邦政府的政策支持下，开始在东部地区选址建设。由于原民主德国各州是以联邦州的形式分别加入到联邦德国的，全面采用了联邦德国的法律，包括城市规划方面的法律法规，因此作为法定详细规划的建造规划也被引入到东部地区。20世纪90年代，由于两德统一之后庞大的建设需求，原有的建造规划的编制程序无法适应东部地区开发项目的需要。在这种情况下，德国出现了一种"基于开发项目的建造规划"，即"项目建造规划"。这种项目建造规划针对具体的开发项目，制定周期比较短，空间控制的刚性比建造规划有所下降。这种项目建造规划方便了德国东部地区的开发，同时作为一种新的法定建造规划，在德国西部地区也得到了广泛的使用。进入21世纪，环境生态问题得到了前所未有的关注，2004年新版的《建设法典》将环境鉴定与环境报告正式纳入了城市规划的法定编制程序。

（三）规划特点浅析

1. 规划体系特征

德国的政治体制、土地政策以及历史上的德意志帝国由众多邦国组成等社会历史背景和文化传统决定了德国城乡规划体系的制度特征，城乡规划体系随着现代德国的发展演变逐渐形成，始终保持了德国传统的制度基础和规划思想。区划规划的思想是德国城乡规划体系所遵循和延续的最基本原则，通过对区划规划的不断补充完善（例如生态内容的引入），实现维护公共利益和城市建设管理的目标。

德国城乡规划体系鲜明的制度特征就是重视法律的精神，以严格且完备的法律体系为依据，实行通则式管理。《建设法典》是规划的根本大法，地方规划必须受制于它并遵守联邦、州的相关法律，同时规划本身也属于地方法律，通过非法定的辅助规划一同指导景观保护开发和公共空间形态。德国的空间规划分为区域规划与城乡规划两大层次：区域规划主要依据《空间秩序法》，它规定了区域规划的责任和原则。区域规划的任务是基础设施的建设布局和生态环境的保护。城乡规划统称为建设指导规划，分为两个层面，即预备性的建设指导规划和约束性的建设指导规划，其中约束性的建设指导规划就是建造规划，在工作深度上相当于详细规划，同时又是地方法律，直接面向具体的城市建设。区域规划与建设指导规划都是法定的必须制定的规划，可以理解为正式规划，除此之外，城市政府还可以制定法律规定之外的规划，可以理解为非正式规划，包括景观框架规划、城市发展规划、景观规划、绿化秩序规划、形态规划等。

2. 技术内容

2.1 建造规划概述

建造规划主要分为两大类型：合格的建造规划和简化的建造规划，此外还有一种面向具体建设项目的特殊类型：项目建造规划。合格的建造规划包含三项内容的控制要素：建设利用的类型和程度、建筑的许可范围、地方交通用地。建设利用的类型和程度包括建设利用的类型、建设利用的程度。建设利用的类型指建设地块上可以许可建设的用地类型；建设利用的程度指用控制指标规定的地块开发强度。建筑的许可范围为由建造限制线或建造线围合而成的一个闭合多边形——建造窗口，表示建筑物建造的许可范围。地方交通用地指建造规划适用范围之内有关的公共交通用地的控制要求，包括机动车道路、步行和自行车道、停车位等。简化的建造规划是指三项法定规划控制要素不全的建造规划，在实际中很少采用；项目建造规划是一种面向具体建设项目的合格建造规划。在实际应用中，以合格的建造规划为主。

建造规划作为地方法律，是城市建设管理的主要依据，其根本作用是调节城市建设中公共利益和个体利益的关系，保证公共利益不受侵犯，同时保证个体建造活动得以顺利执行。开发调控措施只有用建造规划的形式立法，才真正具备贯彻实施的保证。区域尺度和城市尺度的土地利用、项目建设、基础设施配套、生态建设、环境保护、文物保护等诸多规划意图，最终必须通过建造规划加以落实。建造规划控制的主要对象是土地资源，然而《建造法典》《建设利用法规》、各联邦州的建设条例的法律规定，使建造规划不仅能够对土地资源及建造活动实施控制，而且能够对地表之上的植被、动物等生态资源，地表之下的地下水、矿产等自然资源，地表上和地表下的人文资源，以及土壤，在城市建设中加以控制。建造规划已经成为对于城市空间进行综合控制，推进可持续发展的重要工具。

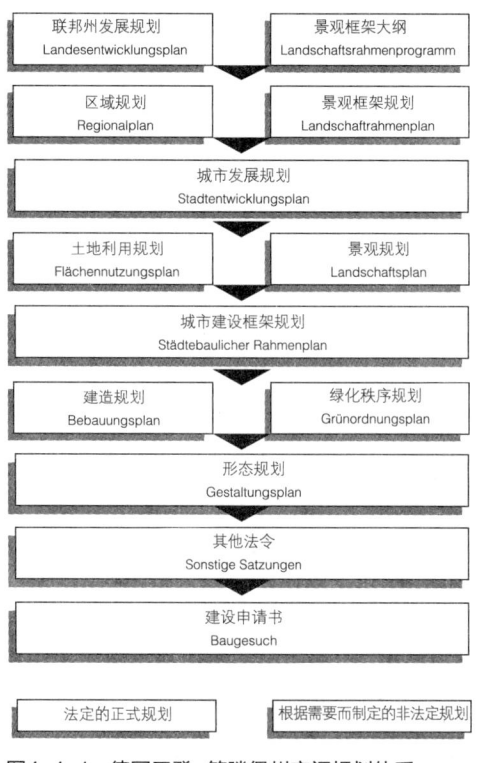

图4-1-1 德国巴登-符腾堡州空间规划体系

2.2 建造规划控制措施的确定

建造规划的编制程序可分为七个阶段：做出规划编制决议阶段、初始公众参与阶段、规划草案编制阶段、正式公众参与阶段、规划修改阶段、立法阶段、监督阶段。规划编制的这一系列阶段，实质上是公共利益与私人利益协调的过程。对于公共利益主要是考虑城乡规划设计理念、人口结构、自然保护和环境保护、经济性、规划的实施。对于私人利益主要是尊重公民对房地产的所有权。控制措施的确定，既需要协调公共利益与私人利益的关系，也需要协调公共利益内部、私人利益内部的关系。

公共利益与私人利益的协调，前提是明确规划区域公共利益和私人利益的内容和要求，这一过程通过初始公众参与、公共机构参与和环境评价加以完成。公众依法参与规划体现了对公民财产所有权的尊重，即体现了对私人利益的尊重。公众参与、公共机构参与和环境评价共同确定了公共利益的组成和要求。在公共利益和私人利益得到明确后，建造规划通过规划设计的方法制定规划的草案，实现公共利益与私人利益的协调。通过规划设计竞赛和公开招标，将评选取胜的设计方案作为建造规划编制的基础。规划设计是物质形态的规划，体现城市设计和景观设计的思想，建造规划的控制措施由规划设计图抽象而成。规划草案需要经过正式公众参与的过程，以检验公共利益与私人利益的协调结果。根据正式公众参与的结论，建造规划草案需要进行相应的调整，完善控制设施，得到公私利益协调的最佳方案。

各行为主体在建造规划编制程序中的相互作用机制　　　　表4-1-1

	城市政府 （规划主管部门）	规划 委员会	规划 设计方	公众	公共 机构	城市 议会
做出编制决议	●	○	●		○	
初始公众参与	●			○	○	
规划草案编制			●			
正式公众参与	●	○		○	○	
规划修改			●			
立法	●					●
监督				○	○	

注：●为工作承担；○为公众参与

2.3　建造规划的控制内容

建造规划的内容包括：建设利用的类型与程度；建造方式；建设用地的尺度、开间和进深的最小标准，以及从节约和谨慎利用土地资源的前提出发的居住用地的最高标准；其他法规要求的服务用地，如游戏用地、休闲用地、疗养用地，以及停车场、车库及其出入口；处于公共需求的用地以及体育和游戏用地；住宅楼内许可的最大住宅数；由社会住宅措施资助的，可以部分或全部建成住宅的单块用地；出于特别需要的特殊用地；禁止建设的用地及其使用类型；交通用地以及其他用地与交通用地的联系，交通用地可以被确定为公共或私人用地；地方公共基础设施用地；关于地上和地下市政管线的指示；废弃物和污水处理用地，包括降水和沉积物的保留和渗透；公共绿地和私人绿地，如公园、永久性小花园、运动和游戏场地、露营地、游泳池、公墓；水体和供水用地，防洪用地和调控水土流失的用地；堆场、挖掘用地以及采石、取土和利用其他地下资源的用地；农业用地，林地；为小动物建立的设施用地，如展览、喂养、兽笼、牧场；保护、改善和开发土壤、自然环境和景观的相关措施所需用地；出于保障公众步行、车行和通行权益的用地，开发商或者特定的团体承担用地的责任；特定空间区域的公共设施用地，如儿童游戏场、休闲设施、停车场和车库；根据《联邦空气污染控制法》防止环境受到有害影响的防护用地，禁止使用特定的污染空气的物质，或者将其使用控制在特定的限度内，依据建筑物特定建设措施的要求，使用可再生能源特别是太阳能；禁止开发的防护用地及其功能使用，按照《联邦空气污染控制法》的精神，针对受有害环境影响的，提供特殊设施和措施的防护用地，以及防护、避免和减轻这些影响所需的建设和其他技术措施；除农业用地和林地之外，对于单独的用地，或者建造规划覆盖的地区的全部或一部分，以及结构设施的一部分而言，栽种树木、灌木和其他植物、植被的种植、保留的义务，水体同样适用；道路建设需要的堆场、挖掘用地、挡土墙用地。

2.4 建造规划的构成与控制方式

建造规划的成果由图纸、文本和论证书组成。图件和文本共同布置在一张图纸上，论证书为独立的文件。建造规划图纸、文本共同构成法定图则，具有法律效力。建造规划文本部分包括对于图件中的控制要素的解释说明及补充规定，一般包括三部分：依据《建设法典》和《建设利用法规》的控制要素、依据地方建设规章的控制要素、相关提示。建造规划的图纸制图严格按照《规划图例法》中的各种有关图例规定执行。文本的规定与图纸的表示相配合，对规划用地进行开发调控。论证书是对于规划项目的全面论证文件，内容一般包括：建造规划制定的基础、有效法律和其他规划、规划理念、形态规划、交通、社会利益和基础设施、供应和垃圾清理、环境利益和环境兼容性鉴定、土地购置与成本、用地平衡等组成部分。根据法律规定，建造规划的图纸比例尺为1：500或1：1000，加之建造规划的图纸和文本布置在同一张图纸上，由于图纸范围的限制，建造规划所控制的地域范围一般为一个相对独立的街区。

建造规划的控制方式是定性、定量、定位控制相结合的方式，针对不同的开发调控目标和控制对象，建造规划采用不同的控制方式实现开发调控的意图。建造规划的控制方式主要分为三种：条文规定、图则标定和引导性控制。由于图件和文本在一张图纸上，构成系统全面的法律文件，因此图件和文本中的控制措施必须系统化地加以理解。

条文规定是在建造规划的文本中对控制措施的控制要求以法律条文的形式使用规范化的法律语言加以描述。条文规定能够实现定性和定量控制。图则标定是在建造规划图纸中，使用各种控制线、控制点、专业符号、规范化的色彩等法定表现形式规定控制措施。图则标定能够实现定性、定量和定位控制。规划文本中的相关提示包括引导性的控制内容。这种控制内容可以看作是建造规划的原则性指导内容，其主要目的在于明确在建造规划实施中与何种其他的法律规定相适应。建造规划执行过程中不一定会遇到相关提示中规定的情况，但是如果遇到相应的情况，应遵照相关提示中的说明执行。

2.5 建设利用的类型

对于建筑用地（建造窗口所在的地块），建造规划中依据《建设利用法规》的规定，使用具体土地利用类型（用地小类）将用地性质界定为控制要素，成为建造规划开发调控机制的组成部分。规定具体土地利用类型的既可以根据许可的利用类型，也可以根据企业和设施的类型及其特殊的需求和性质。

建造规划拥有灵活的权力来规定建设利用的类型。建造规划可以规定许可的用地类型，以及作为特例情况许可的用地类型。建造规划也可以规定在建筑用地的某一部分许可特定的用地类型，对用地的某一局部作出限制性的规定。对于建筑用地上在规划制定的时候就已经存在的建筑，建造规划可以通过控制要素规定这些设施扩大、改变、使用变更和更新要求，在这种情况下，既可以采取普遍许可的方式，也可以采取作为特例许可的方式。

《建设利用法规》将用地类型分为综合土地利用类型和具体土地利用类型。综合土地利用类型包括综合居住用地（W）、综合混合用地（M）、综合商业用地（G）和综合特殊用地（S）。具体土地利用类型是对于综合土地利用类型四大类用地的细分，作为详细规划的建造规划，其用地类型如下：

不同土地利用类型的建造许可 表4-1-2

综合土地利用类型	具体土地利用类型	含义（许可建造类型）	特例许可
综合居住用地（W）	小型居住用地（WS）	小型居住； 小商店、小酒馆、小饭馆； 无干扰的手工业企业	带有不超过两所住宅的其他居住建筑； 为教堂、文化、社会、卫生、体育运动目的服务的设施； 加油站； 无干扰的工商业
	纯居住用地（WR）	住宅建筑	服务于满足本地区居民日常需求的商店、无干扰的手工业企业以及小型的旅馆业； 为社会目标以及居民需求服务的设施； 为教堂、文化、卫生和体育运动服务的设施
	综合居住用地（WA）	住宅建筑； 服务于商店、小酒馆、小饭馆以及无干扰的手工业企业的用地的供给； 为教堂、文化、社会、卫生和体育运动目的服务的设施	旅馆业； 其他无干扰的工商业； 行政管理设施； 园艺业； 加油站
	特殊居住用地（WB）	住宅建筑； 商店、旅馆业、小酒馆、小饭馆； 其他工商业； 商贸建筑、写字楼建筑； 为教堂、文化、社会、卫生和体育运动目的服务的设施	主要行政管理设施； 娱乐场所，只要是由于用途和规模的原因，在核心用地不被许可； 加油站； （基于城市建设的特殊理由时，可以规定： 特定的建筑楼层只能用作居住； 建筑物中许可的楼层面积的特定比例，或者楼层中的特定面积作为居住利用）

续表

综合土地 利用类型	具体土地 利用类型	含义（许可建造类型）	特例许可
综合混合 用地（M）	村庄用地 （MD）	农业和林业生产单位以及相关的住宅； 小型居民点； 其他居住建筑； 农业和林业产品加工和收集的设施； 零售业、小酒馆、小饭馆以及旅馆业； 其他工商业； 为地方行政管理以及为教堂、文化、社会、卫生和体育运动目的服务的设施； 园艺业； 加油站	娱乐场所，只要是由于用途和规模的原因，在核心用地不被许可
	混合使用用地（MI）	住宅建筑； 商贸和写字楼建筑； 零售业、小酒馆、小饭馆以及旅馆业； 其他工商业； 为行政管理以及为教堂、文化、社会、卫生和体育运动目的服务的设施； 园艺业； 加油站	娱乐场所，只要是由于用途和规模的原因，在核心用地不被许可
	核心用地 （MK）	商贸建筑、写字楼和行政管理建筑； 零售业、小酒馆、小饭馆、旅馆业、娱乐场所； 其他没有重大干扰的工商业； 为教堂、文化、社会、卫生和体育运动目的服务的设施； 与立体停车库和大型车库相联系的加油站； 为监管和执勤人员服务的住宅，以及为企业所有者和业务负责人服务的住宅； 根据建造规划控制要素规定的其他住宅	其他加油站； 其他住宅； （基于城市建设的特殊理由时，可以规定： 特定的建筑楼层只能用作居住； 建筑物中许可的楼层面积的特定比例，或者楼层中的特定面积作为居住利用）

续表

综合土地利用类型	具体土地利用类型	含义（许可建造类型）	特例许可
综合商业用地（G）	轻工业用地（GE）	各种类型的轻工业、仓库、堆场和公共企业； 商贸建筑、写字楼和行政管理建筑； 加油站； 为体育运动服务的设施	建筑体量为从属性的（指建筑体量较小、视觉上不突出），为监管和执勤人员服务的住宅，以及为企业所有者和业务负责人服务的住宅； 为教堂、文化、社会、卫生目的服务的设施； 娱乐场所
	工业用地（GI）	各种其他用地不许可的工商业、仓库、堆场和公共企业； 加油站	建筑体量为从属性的，为监管和执勤人员服务的住宅，以及为企业所有者和业务负责人服务的住宅； 为教堂、文化、社会、卫生目的服务的设施
综合特殊用地（S）	特殊娱乐用地和其他特殊用地（SO）	周末度假住宅区； 度假住宅区； 宿营地	
		与其他用地类型不同的地区： 旅游区； 商店用地； 购物中心和大面积的交易场所地区； 会展中心用地、展览和会议中心用地； 高等院校用地； 医院用地； 港口用地； 研究和开发设施用地，以及使用再生能源用地	

2.6 建设利用的程度

2.6.1 基底面积率（GRZ，即建筑密度）

基底面积率表示物质形体建筑基底面积与地块面积的比值，建筑地块的面积是为道路限制线所围合的建设用地面积。在确定基底面积时，应将以下内容计算在内：车库和停车场及其连接道路；附属设施；地表以下仅用来作为地块地基而加以建设的建筑设施。由于车库和停车场及其连接道路的计入，可以许可基底面积达到建筑地块面积的50%，最多的许可基底面积可达0.8，且微小的超出0.8也可以许可。

2.6.2 楼层面积率（GFZ，即容积率）

楼层面积率表示物质形体建筑总建筑面积相对地块面积的比值。楼层面积根据建筑物外观的全部完整楼层确定。在建造规划中，可以通过控制指标规定：楼层的休息室面积，包括附属的楼梯空间、围墙、全部或者部分计入楼层面积，或者作为特例不计入楼层面积。附属设施，阳台、长廊、屋顶平台，以及根据联邦州法律位于建筑间距空间中许可的建筑设施，可以不计入楼层面积。

2.6.3 建筑体积率（BMZ）

建筑体积率以 m³ 或 m² 的形式表示地块许可的空间体积，主要与商业和工业用地中的具体要求相联系。建筑体积需根据建筑物的外观，从完整楼层最低的地板到最高的天花板确定。其他楼层的休息室的建筑体积，包括附属的楼梯空间、围墙以及天花板，均应计算在内。同楼层面积率一样，附属设施，阳台、长廊、屋顶平台，以及根据联邦州法律位于建筑间距空间中许可的建筑设施，可以不计入建筑体积。如果在建造规划中没有规定建筑设施的高度或者建筑体积率，对于楼层总高超过3.5 米的建筑，建筑体积率不得超过许可的楼层面积率的3.5倍。

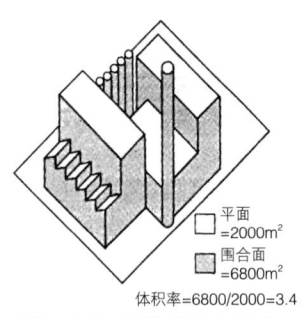

平面 =2000m²
围合面 =6800m²
体积率=6800/2000=3.4
图4-1-2 建筑体积率图示

德国城乡规划开发强度控制指标上限规定一览表　　　表4-1-3

用地类型	基底面积率（GRZ）	楼层面积率（GFZ）	建筑体积率（BMZ）
小型居住用地（WS）	0.2	0.4	—
纯居住用地（WR） 综合居住用地（WA）	0.4	1.2	—
特殊居住用地（WB）	0.6	1.6	—
村庄用地（MD） 混合使用用地（MI）	0.6	1.2	—
核心用地（MK）	1.0	3.0	—
轻工业用地（GE） 工业用地（GI） 其他的特殊用地（SO）	0.8	2.4	10.0
特殊用地（SO）中的周末度假区	0.2	0.2	—

2.6.4 楼层总数（Z）

对于楼层数的界定和判断需要依据联邦州相关的建筑法规。

2.6.5 建筑设施的高度（H）

建筑高度是指相对于某一特定参照点的高度。建筑高度可分为檐口高度（TH）

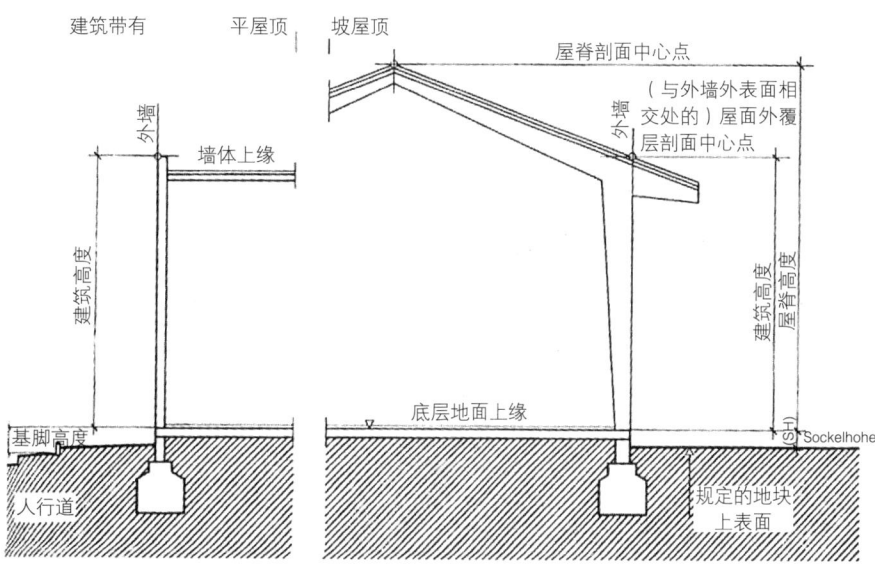

图4-1-3 建筑设施的高度控制

和屋脊高度（FH）等。在实际应用中，既可以规定一个固定高度值，也可以规定一个高度范围。

2.7 建筑许可范围的控制

建筑的许可范围为由建造限制线或建造线围合而成的闭合多边形——建造窗口。尽管建造限制线与建造线都可以构成建造窗口的边界，但是它们之间存在本质的差别。如果规定了建造线，建筑就必须压着建造线建设，建筑物的组成部分在微小程度上可以向前或向后超出建造线，这种情况可以容许。在建造规划中可以进一步规定给定的特例情况。如果规定了建造限制线，则建筑物和建筑物的组成部分不得超过此线。可以容许建筑物组成部分在微小程度上向前超出建造限制线。

建造规划还规定建造进深，如果在建造规划中没有其他的规定，建造进深的确定是从实际的道路用地边界线算起的。如果在建造规划中没有其他的规定，只要符合联邦州法律在建筑间距空间上的要求，可以在建筑许可范围之外许可附属设施的建造。建造规划可以规定特定区域为公共设施用地，如儿童游戏场、休闲设施、停车场和车库。

2.8 建筑物的环境控制

2.8.1 建筑立面和屋顶绿化/面向生态的建筑建造

将建筑立面绿化、建筑屋顶绿化、建筑空间组合、建筑内部空间安排等手段，转化为建造规划的开发调控措施，使建筑物建造与自然生态有机结合。

2.8.2 土壤保护

该控制措施的意图是通过合理安排建造窗口的范围，控制法规必需的建筑间距，选取节约用地的建造方式。同时尽可能地防止地表封闭，为规划区域全面的环境控制创造基础。

2.8.3 气候保护和能源

主要引导和控制建筑节能设施的建设和燃料的使用。

2.9 建筑物的补充控制

德国的城镇与传统文化具有密不可分的血肉联系，德国城乡规划非常重视旧城更新。在历史环境中建造新建筑，需要着重考虑城市平面、城市轮廓、历史的尺度、建筑体量、建筑空隙、立面形态、屋顶景观、建筑材质等方面的因素。德国建造规划对于建筑物的补充控制，应用于旧城更新领域，就是在上述背景下，通过规划工具实施对于建筑物形态的开发调控，以实现建筑形态的协调统一，并传承德国的建筑文化传统。

在新区开发的情况下，由于新的建设事实上侵入了原有的外部区域（即建成区之外的白地），所以虽然在建筑形态协调和建筑文化传统传承方面的要求有所放松，但生态补偿的需求却显著增加。新区开发规划中建造规划对于建筑物的补充控制，通常注重将建筑形态的开发调控与实现生态建设和环境保护的要求相结合。

2.9.1 建造方式

建造方式可以分为开放的建造方式和封闭的建造方式。开放的建造方式要求建成的建筑存在空间断裂，如独立的单户住宅、半独立住宅或住宅群组。封闭的建造方式则要求建成的建筑没有空间上的断裂。

如果建造规划做出开放式建造方式的规定，则必须建造具有建筑间距的独立式住宅、半独立式住宅或者住宅群组。房屋的长度最大不超过50米。在建造规划中可以规定，用地上只能许可独立式住宅，只能许可半独立式住宅，只能许可住宅群组，或者只能许可上述两种房屋形式。如果建造规划做出封闭式建造方式的规定，则必须建造不具有建筑间距的建筑物。建造规划还可以规定开放的建造方式和封闭的建造方式之外的所谓"偏离的建造方式"，同时还可以规定建造行为距离地块界限的前缘、背缘和侧缘的距离。

2.9.2 建筑形态

（1）屋顶形式/屋顶意向

依据联邦州的法律法规，建造规划可以对建筑设施的外部形态进行控制。该项规定旨在通过建造规划体现各个联邦州有关建筑设计的法律法规，同时使城市设计的要求在后续建筑设计工作中得到贯彻。屋顶形式是建筑形态中的重要内容，屋顶形式符号包括：双坡屋顶、平屋顶、单坡屋顶。

屋脊方向是控制屋顶形式的另一种工具，结合屋顶意向的规定（屋顶意向可能规定屋面相对水平面的倾斜角度等内容），建造规划指定的屋顶设计意向一目了然。

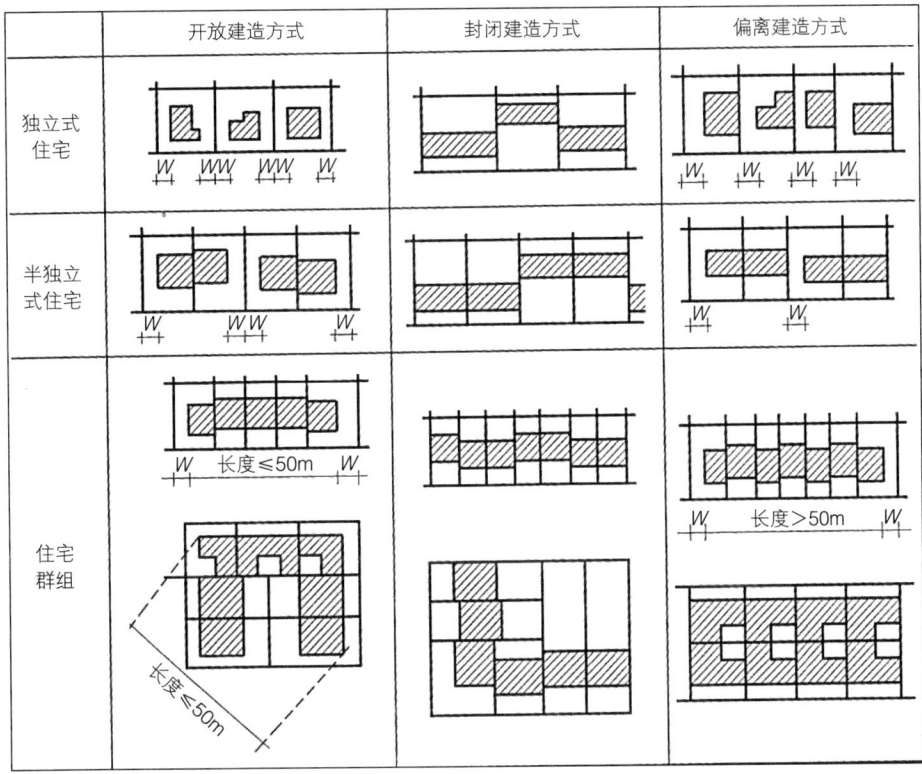

图4-1-4　德国建造方式图示

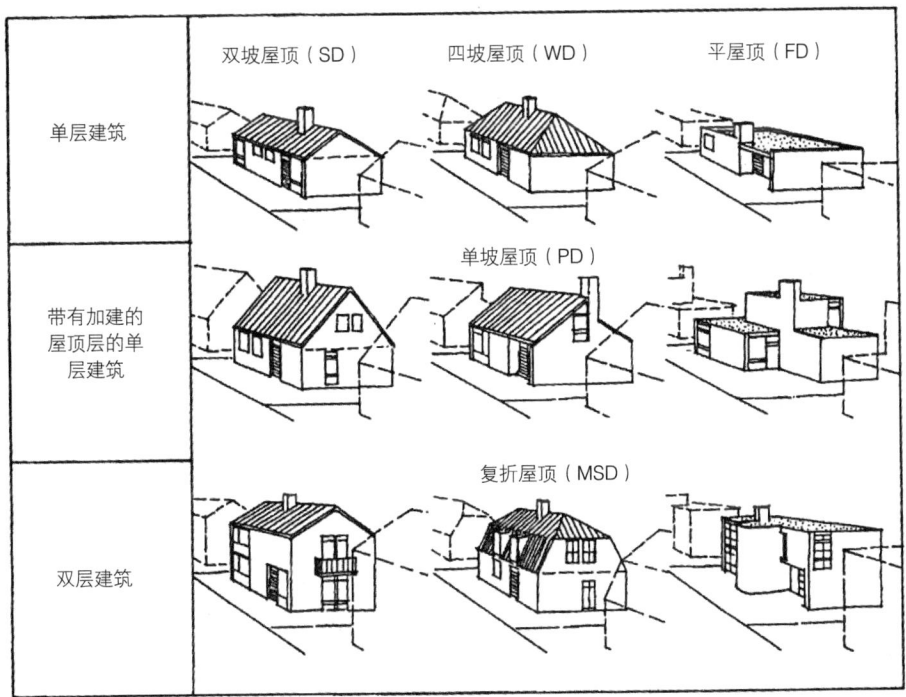

图4-1-5　常见的屋顶形式

（2）建筑间距

建筑间距是依据联邦州的法律法规的重要开发调控要素。建造规划在控制指标确定时，应考虑建筑间距的保留。建造规划中的建筑间距，是指在建筑物外墙之前必须保持的距离，用以隔离开地面上的建筑设施。

（3）其他建筑形态的控制

依据联邦州的法律法规，除了屋顶形式和建筑间距之外，建造规划可以控制的内容还包括：建筑物的色彩、建筑外墙的材质、建筑外部天线的设置等。

（4）其他的设施控制

依据联邦州的法律法规，建造规划还可以对广告物和自动售货机、篱笆、垃圾收集设施做出控制规定。

（四）总结与借鉴

1. 德国城乡规划体系与建造规划简评

德国城乡规划体系的建立与发展完善建立在联邦德国的政治体制、思想文化和德意志邦国的历史传统之上，创立了以区划为手段的、以通则式管理为主兼用判例式的城乡规划管理体系。重视法律精神以及德国人传统的严谨认真的做事态度，使城乡规划的规则文件写入法律，与各种非法律性的框架共同引导城乡开发建设；同时，法律的规定深入细节控制，并在法律的框架内赋予了建造的灵活性，既保证了规划控制内容的完备、精确，又不至于落入法律规定到细节所导致僵化的窠臼，兼顾了二者的统一。灵活性是在联邦州法律与建造规划许可下的灵活变更，而不是给予政府决策者的自由裁量；在规划制定过程中非常重视公众参与，实现公共利益与私人利益的协调；重视旧城更新建设中对历史文化和传统风貌的保护，严格控制新建建筑形态。

2. 对德国建造规划的借鉴

2.1 制度上

2.1.1 合格的建造规划是通则式的管理，占建造规划的大多数，项目建造规划和简化建造规划是判例式的管理，是对土地通则管理的补充，针对特殊情况制定具体的规划内容，建造规划的不同类型是一般性与特殊性的统一，保证了土地利用的科学、高效。控规对土地利用类型的管理应以通则式为主，兼顾一般性与特殊性的统一，对于重大项目或特殊情况制定专项的规划内容，对是否需要进行特殊的规划管理要有明确的法律界定，避免控规的灵活性成为决策者扩大个人权力的手段。

2.1.2 控规编制过程中应逐渐重视公众的意见，制定完善工作流程以保证规划可以听到公众的意愿，鼓励公众的参与；编制与执行的过程要通过法律规范流程进行，进一步扩大透明度，让公众了解规划的进展和效果，方案选择与调整要始终考虑公众的利益。

2.2 技术上

2.2.1 建造规划的法定图则与我国控规内容十分近似，但土地利用类型的划分差别很大，控规体系对建设用地类型的划分更细致，以建筑的功能类型为划分依据，如居住用地、商业用地、公共管理与公共服务用地等，建设须严格按照控规的规定，不同类型用地之间不得擅自改变。德国的建造规划尽管也划分为居住、商业等用地类型，但其限定的具体建设内容更多是从对环境影响的角度出发考虑，例如居住用地内也可以建设小酒馆、小饭馆、旅馆业或教堂、文化等建筑设施，而大型购物中心、高等学校、医院等都划入特殊用地类型。这对控规适应市场的混合用地管理提供了借鉴，对周边环境影响没有发生重大改变的情况下，用地类型可以考虑放宽控制要求，同时需要制定一套完善的规则体系具体界定在何种情况下用地性质可以改变，符合规则的可以由土地使用权所有者自行根据市场需求调整，而规划管理部门无需再对每个项目一一审核。

2.2.2 控规的内容应当引入与生态有关的控制要素，重视环境问题与可持续发展理念是新时代的发展趋势，控规可以借鉴建造规划对建筑节能、土壤保护、屋顶绿化的生态控制要求以及探索创新建筑空间组合与内部空间安排对生态的促进作用。

2.2.3 建造规划对于旧城更新的重视对于控规的借鉴意义在于：编制旧城区控规时应附加更具体和严格的相关控制规定，如对贴线率、建筑形态、色彩、高度、材质等要素的控制，保护历史风貌。此外，通过扩大、变更原有控规的用地类型，使原有建筑得以改变使用功能为新的功能需求服务，使传统文化的载体得以保留和延续。

三、英国城乡规划体系的实践

英国是一个城市发展历史悠久且高度城市化的国家，工业革命开启了近代快速城市化的进程，"圈地运动"使大量农村人口涌向城市成为产业工人，城市人口密度剧烈增加，由此所导致的城市公共卫生问题成为英国近现代城市规划政策与机制的起源，直至20世纪初率先建立起了较完善的城乡规划体系。理性、自由的社会历史背景所造就的英国城乡规划体系在百年的发展历程中，虽经历两次世界大战、经济波动、技术革新等变迁，仍能稳定、持续地通过改良而不断完善，始终秉持了英国城乡规划体系自身的特色并使其更适于外部环境的变化。

（一）背景概述

1. 政治体制

英国是单一制的君主立宪制国家，没有成文的宪法，宪法惯例具有宪法的作用，与各种成文法和普通法共同构成实质的英国宪法。非成文宪法和中央集权制的议会制度奠定了英国的政治基础，由此产生的机构安排对城市规划政策的制定、更改以及城市规划的权力分配等都有直接的影响。行政管理体制主要分为中央政府—郡议会—区议会三级政府，英国国会和中央政府具有巨大的权力，包括城市规划体制管理、规划的法律文件与政策文件等都由中央政府决策，地方政府须服从于中央政府，负责具体实施规划。

2. 土地政策

英国的土地名义上为英王所有，实际上实行土地私有制，土地持有人拥有地产权，即永业权或租业权，土地权利受法律保护且可以自由交易，但土地持有人并不能随意对土地进行开发，这一限制通过土地用途管制来实现，土地的开发权归国家所有。并且，政府及相关机构如高速公路局、城市发展公司、自来水和电力公司等可以因公共利益需要，通过行使强制购买权来征用土地。由于英国没有成文的宪法，这项法规构不成"违宪"，因而赋予了政府特殊的权力。为此，也有一套制度制约政府以公共利益的名义随意征地：何种用地功能属于公共利益范畴由议会决定，并以法律形式确定下来。征地机构在取得强制征用权后须经过一系列严格的步骤并对被征地人做出最合理的补偿。被征地人如对公开质询的结果仍有异议，还可向最高法院上诉，对于收入在一定范围内的被征地人，还可在法律费用方面获得经济资助。英国复杂的土地强制购买程序保证了强制购买权的慎重使用，土地征用中的平等协商和合理补偿保障了被征地人的合法权益，完备的争议解决机制有效地缓解了征地纠纷的升级和蔓延。尽管如此，英国政府所拥有的土地权力仍是其他西方国家政府所不能达到的。

（二）发展历程

1. 历史源流

英国城市规划最初是要解决工业化进程中城市快速发展、人口膨胀所引发的社会问题。最突出的问题是高密度的人口聚集使生活垃圾和污水无法及时处理，导致生存环境恶化、传染病流行，现代的城市规划以解决公共卫生问题为起源。由于土地私有制和奉行自由主义的市场经济，政府无法对公民个人在自己土地上的建设行为进行太多管制。为保障公共利益，政府必须要采取公共干预解决严重恶化的生存问题，因而制定通过了规划的法规和对土地利用的开发规划。在最初的19世纪公共卫生法规所采取的措施包括：授权给地方政府，让他们制定并执行地方建设法规来控制街道的宽度和建筑物的高度、结构、布局。

2. 现代规划发展

2.1 区划形式的开发计划

1947年以前，英国土地利用管理主要的文件是规划大纲，实际上就是通过功能分区进行开发控制。它的内容关注土地利用，过于追求细节和精确性，在面对战后城市急速发展而带来的各种问题时，规划跟不上发展的需求。

2.2 过渡性的发展规划

在1947年，一个明显不同的规划体系取代了功能分区的做法，这一体系试图在灵活性和制约性之间找到明显的平衡点。从本质上说，这是一个自由裁量的体系，规划决策基于每个特定的规划申请，而非基于一个广义的规划政策背景。发展规划包括一份调查报告：为规划提供背景材料，但没有法律作用；一份文字说明书：提供简短概要的主要规划建议，但并不是提供支撑这些建议的说明或论据；以及不同比例尺的详细图纸：表明未来20年的开发建议，土地利用方式的设想，以及实现开发活动的时序安排。规划在经过公众质询后由规划事务大臣批准。

这种规划模式在20世纪60年代完全不同的环境条件下显得不够灵活，法定要求以图示明确土地使用情况，这不可避免地使规划更详细、更精确，在程序上也更繁琐，规划的质量受到影响，进度的延误开始使规划体系的公信力下降。

2.3 结构规划与地方详细规划

针对发展规划出现的问题，英国成立了规划咨询小组，负责评价规划体系的总体结构。规划咨询小组在报告中建议对规划体系进行更深入的根本性改革，使其成为一个把宏观战略性事务与详细战术性事务分开的体系。只有应对战略性事务的规划才提交给规划事务大臣批准；而战术性事务留给地方政府在已批准的政策框架内自己决定。由此，产生了结构规划与地方详细规划两个层次的规划体系。结构规划主要解决战略层面问题，内容不再局限于详细的土地分配，以广泛的社会经济目标出发制定土地利用政策；地方详细规划是对结构规划的深化，它反映国家政策和区域政策对该地区土地利用的影响，针对准备开发的地块还会制定更详细的地区行动规划。

结构规划的作用是"根据国家和区域政策，为本地区的土地开发和利用，以概括性的语言叙述具有战略重要性的总体政策和建议"。结构规划应表明土地供给的规模，包括用于住房和其他土地利用的数量，"以及主要增长地区的明确定位，对特别类型的重要开发活动进行倾向性定位，可能对规划有着重大影响的单个重要的、战略性开发活动的大体位置，以及明确限制开发的地区"。

地方规划提供详细的土地利用指引，有文字说明书、图纸和其他合适的说明所组成。文字说明书明确开发控制的政策，包括土地的具体用途分配；图纸必须画在地形图上，从而表明精确的、可以确认边界的规划结果。地方规划有三种类型：地方总体规划，是为"需要进一步细化结构规划的战略策略的地区"所编制的；地方综合开发规划，应对的是想要进行综合开发的地区；专项规划，解决的是在一个广泛地区的特别规划事宜，最典型的是矿产和绿带。

结构规划与地方详细规划将规划的对象从纯粹的土地利用扩展到社会、经济、环境等主题，并将这些城市发展的关联要素投射到空间层面。结构规划的文本围绕广泛的城市发展目标阐释规划政策，规划图纸反映具体政策在空间上的转译；地方详细规划针对具体开发项目的控制范围有明确的划分，但不直接构成规划许可。实践的事实证明规划在指导和支持决策以及为土地保护提供规划框架方面是有成效的，规划在影响私人部门的决策上非常有用；但在控制公共部门对住房、经济发展、内城政策和基础设施供给上的投资时遇到困难，规划成为有效实施发展战略的一种阻碍。

结构规划与地方详细规划体系在实践过程中并没有达到最初的预期，规划法制化进程和规划的批准十分缓慢，实践中的不确定性和复杂性在有些地区滋长了漠视法定规划的消极工作作风。产生这些弊端的原因在于：规划体系过于复杂，地方规划除了要考虑国家和区域的规划指引，还要服从于结构规划的规划政策；规划内容过于冗长，地方规划要覆盖整个规划区域，耗时太久。

2.4 空间战略与地方发展框架

2001年运输、地方政府和区域部（DTLR）发布的规划绿皮书《规划：实现根本性的转变》标志着正式开始对规划体系进行根本性改革。根据该方案，新的城市规划体系不应该有过于详尽的结构，它最好是由不是太综合性的、较少数量的文件构成。结构规划与地方详细规划和单一发展规划将被取消，它们将由"地方发展框架"（Local Development Framework）所取代，该框架包括一个对战略和长期规划目标的简短陈述，更为详细的具体场址和专题的"行动规划"（Action Plan）。这些行动规划将处理行政区范围内的专题（如绿带或设计等方面的内容）或者特定区域（如主要的开发或更新的地区）。战略目标的核心陈述应当定期进行修订，以避免与政府规划政策（包括Government Planning Policy，PPGs和通告Circulars等等）相矛盾。行动规划在条件状况发生变化时就应该进行检讨并替代，例如涉及住房项目，或者新的开发或更新政策发生改变时。该绿皮书提出城市规划体系改革的目标是：开发控制应该是服务导向的并且对客户负责。提出申请前的讨论（政府负责），在申请和上诉中更广泛地使用电子设施，新的决定申请的审批时间限制，规划义务（Planning obligation）的改革，商务规划区，以及对《一般许可的开发规则》（The General Permitted Development Order）和《土地使用分类规则》（Land Use Classes Order）的改革。这些改革的核心主题是使规划体系更加开放、公正和更少官僚主义。

这一新的城市规划体系将加快对规划许可申请进行处理的速度，将减少向选举出来的规划委员会递交申请进行审查的数量，政府主张在所有申请中只有不超过10%需要递交给规划委员会进行审批，绝大部分的申请应当由政府部门进行审批，以节省审批的时间，提高审批的工作效率。相反，公众将作为利益相关者（Stakeholders）可以运用新的参与技术（如Planning for Real），更多地介入到规划过程中。其基本的原则是，公众可以更多地在项目开发建议形成的阶段参与，而不是在最后对项目审批的时候才参与，从而改变已有的模式，即公众基本上是对规划审批进行咨询，例如，他们只是对规划申请的告示做出回应。

2004年的《规划和强制性收购法》在广泛听取社会意见的基础上，将这些基本设想通过立法的方式予以了确认，并建立了规划体系未来发展方向的蓝图。与此相配合，政府还发布了大量政策性文件来处理规划责任（Planning Obligation，2001）、土地使用分类规则（The Use Classes Order，2002）和遗产保护（2003）等方面的具体内容。

政府认为，《规划和强制性收购法》所确立的城市规划体系仍然是以规划为导向（Plan-led）的体系。也就是说，尽管规划文件的名称和内容发生了改变，但在决定规划申请时，对"规划"（Plan，无论其名称是什么）偏好的设想没变。但政府意图减少国家和地方制定的规划政策的总量，并创设"地方发展框架和文件"（Local Development Frameworks and Documents）的流程，其中包括更有弹性的有关地方规划政策目标的陈述（通过不断修正的方式），这将替代现有的由地方政府制定的结构规划与地方详细规划、单一发展规划（Structure/Local/Unitary Development Plans）的体系。区域规划政策（Regional Planning Policy）将改变为"区域空间战略"（Region Spatial Strategy），该战略由选举出来的区域委员会（Regional Assemblies）制定。从2004年开始，郡政府将不再负责他们的战略规划。并且，主要的地方政策文件将由核心政策和一系列定期修订的、以地区和专题为基础的政策组成的框架性陈述（Framework Statement）。这一框架将包括一个核心战略的规划地图（土地使用设计行动）和一系列行动地区规划。核心战略必须包括一份"社区参与申明"（Statement of Community Involvement），表明在此过程中公众已经参与。

根据该项法律，新的规划控制和编制的体系将在最近的十年中不断地引入和完善。2004~2007年为过渡时期，最新修编过的结构规划和单一发展规划（UDP）以及地方规划仍然使用（直到新的框架文件由地方政府推出）。在此之前，重点工作将放在区域空间规划上，以便于为各城市的规划框架制定提供依据。

（三）规划特点浅析

1. 制度特征

英国的政治体制、土地政策、历史源流等社会历史背景和文化传统决定了英国城乡规划体系的特色，历经百年仍持续稳定发展并不断完善。规划的目的不是主动地配置城乡资源和预测未来发展趋势，而是行使"警察"的权力，基于公共利益规范土地开发和使用，有意识地符合公众意愿。由于强烈的公共政策属性，规划法规以普通法传统为基础，英国城乡规划的特点是强调诉讼形式优先，尤其注重通过程序保证公正的判决，而非对权利义务的界定，重视规划编制的程序合法性胜过对规划内容的要求，因而地方政府对具体的规划实施具有很大的自由裁量权；另一特点是规划案例入法，注重经验更甚于理论，有关城市规划的规划制定和司法判决，之前的案例经验尤其重要。由于没有宪法的限制，土地开发控制依靠原有的类似案例的经验，针对不同的规划申请分别审查并附加特定的规划条件，即判例式的规划体系。

自由裁量式体系建立在案例法和实用主义的传统之上，具有灵活性的优势，地方政府根据发展规划的指导批准规划申请，但不受限于它。规划编制框架中的所有文件并非直接限制开发控制的权利，规划管理人员具有很大的自由裁量权去平衡各类型的规划要求。地方政府既制定规划又负责执行地方规划，具有将政策与管理联系的优势，但加大了具体决策管理者的权力。地方政府的自由裁量权必须在国家的政策框架之内，中央政府的规划事务大臣拥有很大的正式权力凌驾于地方政府之上，可以对地方规划进行"抽审"，更改地方规划需要规划许可的开发项目的类别。规划事务大臣不负责决策规划上的具体事务，其职责是协调各个地方政府的工作，确保他们的发展规划和开发控制程序与国家的主要政策相协调。自由裁量式体系也存在隐患——决策者的决策依赖个人偏好而非政策文件，因此受到一套严密的制度制约，包括——一是代议制民主制的民众监督，二是决策时所依据的政策，三是当决策的合法性受到质疑时，需要接受司法性审查。

2. 技术内容

2.1 地方发展框架

2001年的规划改革以空间战略和地方发展框架取代了结构规划与地方详细规划、单一发展规划，成为最新的规划指导性文件。区议会作为地方政府，根据国家区域空间战略的法定规划编制地方发展框架。地方发展框架不是一项规划，而是一个文件包，包含了地方政府所有的地方发展文件以及其他相关信息，包括发展规划文件和附属规划文件两类，两者都是对规划政策的说明。发展规划文件是规划决策的基本出发点，包括一个核心战略、用地位置特定分配情况和一张建议图，这是强制性的内容，其他的可由各地政府自由决定是否编制，例如在需要重大变

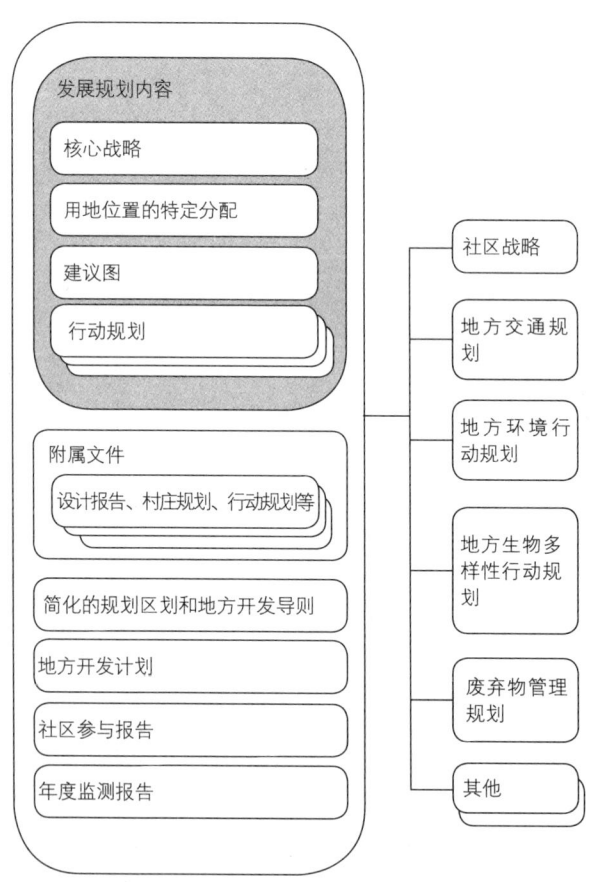

图4-1-6 英格兰地方发展框架及其与其他规划的联系

化或需要进行细致保护的地方，可以编制地区行动规划。

核心战略包括一个长期的空间愿景，它应表现出实现这个愿景的宏观政策，并提供一个监督和实施框架以衡量进展情况。以文字表达的战略意味着有一个很长的规划期（以政府的观点至少是10年），应以一个综合的观点表明本地区及其周边地区规划战略是如何与其他战略互相协调的，还应明确政策规定的大致布局但不是单块用地。用地位置特定分配为用地规划许可确定标准，并在建议图上明确认定。建议图是表达在一张地图上的，有可能确认与政策和建议有关的准确界线。地区行动规划一旦编制，就和强制性内容一样被纳入发展规划文件，在《规划政策说明12》的法规中具体说明了地区行动规划编制的适用范围。

2.2 城市设计准则

在法定规划之外的补充性规划，包括设计引导和开发要点，具体阐述针对特定类型和特定地区的开发政策与建议，主要类型有三种：城市设计纲要、开发要点和城市整体规划。城市设计准则通常包含在这三类引导中。虽然城市设计在英国的规划体系中还没有法律地位，但是其概念、手法与策略却广泛应用于建筑开发控制、城市更新和城市再开发控制中。

在2006年发布的《规划政策说明》中对城市设计准则的定义为：通过一系列被详细阐述的设计原则和要求，对场所或地区的空间发展提出指导或建议。准则中的文字描述和图像表达应当精确、详细，并建立在对整体规划和开发框架制定的设计目标的理解之上。城市设计准则的目的是保障城市设计实施质量，为开发商和当地社区提供一定程度的开发明确性，并且应该与开发建设中的利益相关者共同协商讨论制定，以促进高质量的新开发建设。城市设计准则应当为开发建设提供愿景、原理的阐述以及达成目标应满足的要求（即准则中的条例），包括对街道、街区和建筑体块等的要求，或对建筑性能的关注（如增加能效率），城市设计准则的要求和限定的细致程度随开发环境的不同而不同。此外，城市设计准则还应该有一定的约束作用，可以在规划体系中赋予其一定地位，或在开发者之间达成某种责任协议。

尽管城市设计准则规定了不同的空间营造要素，如建筑、街道、街区，以及它们之间的相互关联，但并不一定要规定整体的成果，城市设计准则通常是论述场所开发建设文件中的一部分。因此，要全面了解如何设计一个场所，还需要考虑其与整体规划、发展框架或其他描述开发建设参量的文件之间的关系。

2.2.1 城市设计准则的必要特征有：

（1）编制者不参与后续的建筑和空间设计，而是由其他机构或个人完成；

（2）适用于各种尺度的开发建设，如建筑、社区或城镇开发项目；

（3）主要规定什么是必须做的和可以做的，而不是规定什么是不能做的；

（4）重点关注三维空间的开发建设，而非土地利用；

（5）通过文字和图像进行表述。

2.2.2 城市设计准则的典型特征

（1）通常应用于较大规模的开发建设，通过一定的强制措施来保障执行，包括施工和使用阶段的日常管理；

（2）主要提出要求而不是引导，通常包括某些针对建筑的特定要求。

2.2.3 城市设计准则的基本内容

城市设计准则涵盖的范围广、内容多，不同准则之间有相当大的差异，但都包括以下基本内容：政策使用、交通框架、街道等级、停车、开放空间、建筑立面和建筑设计。此外，根据不同的区域或场所的特征，可以制定针对性的原则和处理方式。

（1）土地的特征，往往由平面布局质量、邻里内部的建筑和景观决定；

（2）建筑和街道的塑造、规模、选址和定位；

（3）道路的设计和布局，以及如何安排人、车、公共交通、公共设施及植物等要素；

（4）开放空间和公用领域，包括停车场、广场、街道和私人或公共花园的安排，如何能够设计和维护在较高水准，并被安全使用；

（5）土地混合使用，尤其关注开发密度和社区公共设施的定位；

（6）单体建筑或地块的设计质量和主要原则，包括建筑原则、建筑和公共空间中特定材料的使用、对独立部件（如窗户的尺寸和材料）更详细的设计要求；

（7）有关可持续性的要求，包括遵守能量效率、材料的使用和建设方法的标准。

城市设计准则对不同方面问题提出的要求 表4-1-4

议题	要求
建筑形式及城镇景观	详细规定建筑形式和地块布局的细节，如密度和最大楼层面积；建筑高度控制和层高控制；地块大小；建筑红线和其他退线；临街延续性和地块边界要求；建筑类型的管制
街道和附属	通常规定了一系列不同等级的街道类型，指定了与路面铺筑、人行道宽度、速度限制、转弯半径、坡度、视廊、路缘石、街道照明、行道树和减速带有关的不同元素，自行车道和街道小品以及人行横道等
停车	由于涉及土地利用、混合和密度，专有车位通常被包含在一个单独的章节中，部分准则要求或鼓励将车库和停车场设置在指定位置
开放空间及景观	开放空间和公共领域在许多准则中都有详细的关注，大多数与街道设计细节、边界处理，以及前后花园的尺寸和设计有关。开放空间准则的编制一般基于整体规划中明确的特定空间；构造景观的要求在准则中也是常见的；街道和开放空间的设计准则一般依据一定的分类标准，如尺度、用途、硬质/软质铺装等
建筑设计	对建筑设计准则的需求很广泛，大多数准则规定了规模等级、体量、禁止或限制附属房屋；所有完善的城市设计准则都有详细的、基于当地建筑肌理分析的美学原则
可持续性	在各种城市设计准则中都有可持续性原则的广泛使用，处理类似于公共交通的保障、雨水保持、太阳能利用等问题；设计准则依然需要更进一步地探索可持续发展措施

　　城市设计准则为开发建设和规划许可的颁发制定规则和要求，是一组明确的指示，而不是概括性的引导或建议，采用文字和图解两种方式表达及阐述设计要求，并详细解释各条例与整体规划或项目发展原则之间的关系，使城市建设相关各方对城市设计准则做出积极的应对，而不是单纯将其视作刻板的技术标准。同时，介绍了如何利用城市设计准则对开发计划进行评估，以及在此过程中需要的其他相关文件。CABE和DTLR在2000年共同发布的《设计之路》中制定了城市设计要素的标准，如特色、连续和围合、公共领域的质量、方便的可达性、可识别性、适应性和多样性，目的是创造成功的场所；同时，还列出了城市设计准则应具备的内容，但这些内容并不是一个全面综合的框架。

2.3　开发控制的相关导则

　　大多数类型的开发需要得到地方规划当局的批准，法律赋予了地方规划当局在开发规划限定内的审批自由裁量权。开发控制包含强制性的措施，规划程序要求任何未经规划许可而进行开发的人或违反许可条件的开发者取消开发行为，或停止正在进行的违反规划管理的开发行为。《2004年规划与强制收购法》推行了许多开发控制的导则，旨在加快开发控制过程。开发控制有着强势地决定土地利用和房地产开发的权力，这些土地和房地产都承载着相当重要的经济成本和收益。

2.3.1　用途分类导则

用途分类导则　　　　　　　　　　　　表4-1-5

英格兰和威尔士［《1987年城乡规划（用途分类）导则》］（第764号法定文件）（修订稿）		苏格兰［《1989年城乡规划（用途分类）导则》］（第147号法定文件）（修订稿）			北爱尔兰［《1989年规划（用途分类）导则》］（修订稿）		
分类	用途	由一般开发程序导则许可的开发（可能受到限制）	分类	用途	由开发许可导则授权许可的开发	分类	用途	许可的开发
A1	商店	从A3类：如果商店的底层有用于展示的橱窗，或商店用于展示、销售机动车则为A2类	1	商店	销售和展示机动车	1	商店	从投注站或从食品、饮料销售
A2	金融和专业性设施	从A3到A1类	2	金融、专业性设施和其他服务	转为1类	2	金融、专业性设施和其他服务	从投注站或从食品、饮料销售；如果在底层有用于展示的橱窗，为1类

英格兰和威尔士 [《1987年城乡规划（用途分类）导则》]（第764号法定文件）（修订稿）			苏格兰 [《1989年城乡规划（用途分类）导则》]（第147号法定文件）（修订稿）			北爱尔兰 [《1989年规划（用途分类）导则》]（修订稿）		
分类	用途	由一般开发程序导则许可的开发（可能受到限制）	分类	用途	由开发许可导则授权许可的开发	分类	用途	许可的开发
A3	食品和饮料	转为A1类和A2类	3	食品和饮料	转为1和2类			
A4	酒吧	转为A1、A2类和A3类				4	轻工业	到11
A5	外卖	转为A1、A2类和A3类						
B1	商务	B2转为B8（最大235m² ）类	4	商务	转为11（最大235m² ）类	3	商务	
						4	轻工业	到11
B2	一般工业	转为B1和B8（最大235m² ）类	5	一般工业	转为4和11（最大235m² ）类	5	一般工业	转为4或11（最大235m² ）类
			7~10	特殊工业		7~10	特殊工业	
B8	储存或配送	从B1或B2（最大235m² ）转到B1（最大235m² ）类	11	储存或配送	转为4类	11	存储和配送	转到4（最大235m² ）类
C1	酒店、供膳食的宿舍或宾馆		12	酒店、招待所（不包括饭馆）		12	宾馆和招待所	转到14类
C2	居住设施		13	居住设施		13	居住设施	转到14类
C3	住宅		14	住宅		14	住宅	
D1	非居住设施		15	非居住设施		15	非居住设施	
D2	集会和休闲		16	集会和休闲		16	集会和休闲	

用途分类导则将所有土地使用性质进行分类，在同一个类别中的土地使用性质的改变不构成开发行为，因而也就不需要规划许可。符合导则限定条件的土地使用性质可以自由转换并且这种转换是双向的，但不能涉及任何建筑上的改动，只是使用性质的改变。用途分类导则不允许使用性质类别之间随意更改。

2.3.2　一般开发许可导则

一般开发许可导则对一些特定类别的开发行为事先给予了原则性的许可。如果一个计划开发的项目属于这些类型就不需要申请规划许可，导则允许对住宅进行轻微改动。导则所明确的不需要规划许可的使用类别的改变往往基于环境因素的考虑而是单向的，这些许可的改变以能够改善环境为基础。

2.3.3　地方开发导则

地方开发导则规定对一块用地上的某种特定开发类型，或地方当局辖区内一种特殊类型的任何开发都能得到批准，地方当局还能指定不进行某一类型的开发，或不在某一区位上进行开发。

2.3.4　特别开发导则

特别开发导则应用于特殊地块以及特殊类型的开发活动，目的不是为了从总体上放宽开发控制，而是要在可以允许开发的地区刺激符合规划的开发活动，并且提高规划过程运作的速度。特别开发导则必须遵循环境评价条款的要求。

（四）总结与借鉴

1. 英国城乡规划体系简评

英国城乡规划体系经历百年变迁，不断进行调整与完善，始终保持了体系自身的特色，在其所经历的各个发展阶段上都发挥了重要的作用，实现了城市综合管理的目标。规划体系的持续性证明了其能够长期存在的价值，但在具体的实践中也确实暴露出一些不足之处。

1.1　成功之处

1.1.1　规划体系具有很鲜明的公共政策属性，强调规划程序的法制化，并依据英国政治体制的特点制定了完善的权力监督制约机制，体现城乡规划为实现公共利益的公平性；

1.1.2　地方政府具有很大的自由裁量权，在国家法定框架内可自由编制规划内容，具有很大灵活性，便于应对快速的变化，中央政府的监管仅针对程序的合法性而无权对规划的具体内容过多干涉；

1.2　不足之处

1.2.1　英国的政治体制决定了中央与地方的分歧突出，各自优先考虑的问题之间存在差异，需要考虑多方面的因素，城乡规划体系包括了一大批政府部门及其分支机构，职能涉及农业、乡村、人类遗产、贸易和工业等部门，许多规划内容难以界定其所属的职能部门，机构庞杂、权力分散、规划决策的耗时过长，影响了工作效率，浪费了资源和发展机遇。同时，由于涉及不完全相容又错综复杂的一系列过程，超出了土地利用规划的综合性要求，规划过程与市场结合的程度不够。

1.2.2　规划体系更重视程序合法，政府的法定框架本质上是程序法，几乎不包括实质性内容,较宽泛的自由裁量权使规划内容缺乏明确性,更详细的内容通过中央政府的一系列规划指令、建议来阐释,而地方政府负责规划实施,中央政府对其具体规划运作的控制能力有限。

2. 对英国城乡规划体系的借鉴

2.1 制度上

2.1.1 控规具有公共政策的属性,因此要重视控规编制与执行程序上的合法性和公平性。应当结合中国自身的政治体制、政府管理模式和法律法规,制定规划决策的流程规范和决策权的监督制约机制,保证规划决策者依法行事,不能从个人意志出发,在控规编制与执行过程中将个人意志强加给市场各方,尽量减少决策者个人的自由裁量权。

2.1.2 控规的编制要从实现公共利益的角度确定技术层面的内容,不仅要有维护公共利益的良好初衷,还要对规划将会产生的结果进行科学预测,要尽量避免出于缓和贫富差距、改善环境等正向目的而制定的规划方案自身存在缺陷,导致不利的外部性影响。

2.1.3 控规编制与执行部门的部分职能应逐步向非政府机构和公众团体转移,重视公众的广泛参与。政府与公众谁更能有效率地承担这项职能,就应该由谁来承担。职能的转移有利于减轻政府行政的压力,转变政府大包大揽的工作思路,促进廉洁高效的工作作风,提高资源的利用效率,给予公众更多的参与城市管理的权力和方式。这在程序上更加契合市场的需要,在内容上更具科学性。

2.2 技术上

2.2.1 市场需求的变化非常迅速,土地使用性质需要随之进行一定的调整,因而控规对土地使用性质的规定不必过于僵化,在一定范围内的用地性质的改变应当放宽要求,允许土地使用权所有者灵活应对市场需求。控规所要做的不是对具体某个需要改变用地性质的项目进行个例的审批,而是要制定一套分类标准,即在什么情况下的哪些用地性质类型可以相互进行转换,进行通则式的管理,对满足土地变性标准的可以免于审批,进行随机抽查。针对特殊的个案,要制定特别的限制规则,具体论证开发的可行性,确保一切土地开发活动有法可依。

2.2.2 要对控规的文本、说明书等文字性内容增强重视程度并提高地位。控规文本应作为战略性内容对本地区较长的未来一段时间内的发展指明方向,并且要考虑与其他类型的规划是如何协调的;说明书是对文本的战略性内容的具体解释。具有科学性的控规无论外部环境如何变化,其指导思想和原则不会有大的偏差,如同宪法的修订,所要做的是调整和改进,而不是从头再来,这也正是英国规划体系历经百年而保持特色的体现。因此战略性内容应保持较长期的相对稳定性,对未来可能出现的情况要有所考虑,这有利于体现控规作为法规的严肃性,它是一种较宽泛的、抽象的指导而不应仅限于技术层面的指标设定。

四、新加坡社区规划的启示

新加坡独立、建国的历史仅有五十年，可以看作是比较"年轻"的国家，同时由于外来移民人口众多使其文化具有多元性，既受欧美思想的影响，又具有东亚与东南亚地区文化在地理上的高度相似性。这些特点使新加坡上到国家政策，下到具体的城市规划管理方法，都兼含了西方现代规划的先进理念和自身所处的社会环境。因此，新加坡的城市规划在借鉴西方理念与本土融合探索的过程，对我国的控规探索具有重要的借鉴学习意义。

新加坡居住区规划建设理论主要源自20世纪30年代欧美"邻里单位"（Neighborhood Unit）规划理论，通过近40年的实践，新加坡不断完善发展了该理论，形成其居住区规划结构模式，并严格执行，在这一层面上，可以说新加坡的居住区规划建设是一个实践化了的理论。

应该讲小区规划的理论原则与西方的邻里单位没有根本的区别，都是指城市街道的包围，以小学为中心，有日常服务设施的生活居住单位，在此具有共同理论根据前提下，对中国及新加坡的居住区公建配套的规划建设的比较也就更容易具体化，更有可比性。

（一）开发主体的比较

统计资料显示：新加坡约有86%的人口居住在国家建屋局（HDB）提供的组屋里。在某种意义上说HDB是新加坡最大的房地产开发商。新加坡的居住新镇的开发基本上根据发展需要交由HDB组织实施。从新镇的规划，邻里单位的规划及至组屋的户型设计及组屋的建设，甚至包括组屋发展需求及方向，均由HDB完成，在一定程度上HDB兼具了政府职能。其他私人发商的住宅开发，主要是中高档住宅区和在HDB对新镇规划的控制下参与新镇的开发。

HDB对组屋的销售同样具有政府行为，主要是一个登记，排队和分配的过程，组屋的优惠售价往往低于市场价格。对于开发中出现的财政赤字由政府补贴。这样使其开发过程基本不受开发利益影响，保证了"居者有其屋"计划的推进，相应地其开发过程也能严格按规划比较理想化地实施。为了保障居民的基本生活需求，HDB对新镇邻里中心，尤其是小贩中心的销售和租赁同样给予一定的优惠。苏州工业园区邻里中心主要以低价位租赁为主，保证了各项商业服务设施的齐全并规范了商户的服务。

而相比较而言，我国目前的开发商大多为独立经济实体，在开发中容易受经济利益的驱逐，针对这一不同点，对公建配套尤其商业配套则更容易受市场控制，这在一定程度上要求公建配套更富有弹性，以便适应不断变化的市场变化。

同时，如前文所提及，人民生活水平的提高带来了对公建尤其商业配套要求的变化，如在吃的方面更注意营养和多样，适应现代生活节奏的快餐服务业蓬勃兴起；穿的方面更注意质地和时尚；用的方面更注意高档和耐用。商业经营观念的转变，促进自选商场、超级市场等新兴购物方式取代传统的购物方式，而电子技术的普及和发展促使网上购物这一现代化的购物方式有望成为下一世纪的主导。这些变化必将影响到商业服务设施的项目种类和定额指标的变化，因此小区规划中，应给予足够的重视，为其发展留有余地，并在规划和单体设计中使某些行业有灵活转化的可能和适宜发展的弹性，体现出一定的超前性和预测性。

对于商业服务设施的定额标准问题，目前在我国规划界仍采用"千人指标"（即每千个居民应拥有的各项商服网点的建筑面积）。"千人指标"的优点是可根据居民的生活要求，购买力和购物规律比较准确地确定各级项目及其相应的面积指标，便于规划定点、定面积和分级配套，但不足之处是按人定数弹性较小，且以此计算的总面积受每户平均人口的增减影响较大。弹性较小而不予以进行规划控制，势必由于开发商对眼前利益的追逐而导致对商业配套的混乱局面失控，因此建立一套适宜社会主义市场经济的居住区公建配套规划体系是十分必要的。

目前我国居住区开发过程中，对开发商的开发资源主要根据其资金及历年开发量进行分级，但在具体实施过程中往往由于政府急于开发等因素而控制不力，导致一些小房地产开发商的居住开发由于技术力量和资金不足等因素而失去控制。

在成片开发区的开发中，新加坡HDB主导居住区开发的经验也给我们带来了另一方面的建议，在大片居住区实施过程中，由少数较有实力开发商引导开发在一定程度上能起到一定规范作用。

在居住区商业配套设施中对居民生活必需的一些基本的商业公建配套，比如邮电所等，根据网点设置标准采用只租不售情况也较利于对这些基本公建服务设施设置的保障。

（二）居住区公建配置的项目种类的比较

根据新加坡一个新镇所要求公建规划标准（以下简称标准），基本分为三大类：商业用途设施，包括商店、超市、摊点、饭馆、电影院、办公等；社会及公众团体用途设施，包括各类学校、图书馆、社区中心、警局、各类庙宇及教堂等；体育运动及娱乐设施，包括游泳馆、各类运动场馆、公园等。而在新加坡其他的一些文章中也有将其分为商业和非商业两大类。

相对应我国的规范（以下简称规范）则将配套公建分为：教育、医疗卫生、文化体育、金融邮电、市政公用、行政管理和其他共八类。

两者相比较总体来说是比较接近，只是分类方法不同。细分来讲，新加坡规划标准在体育运动及娱乐设施这一类中划分较细，设定了不同标准类型的运动场馆，同时标准还把公园绿地纳入这一类。这一标准的设置体现了新加坡居住的高标准化，这与我国目前实际情况相比尚有一段距离，但适当增加运动场地和项目的配置也应得到提倡。

与之相比，在我们居住区公建配置中，关于老年人设施的增加与改善特别值得提出来。目前我国60岁以上人口数为1.2亿，占总人口数的9.76％（1997年），且这一比重会越来越大。这支庞大的老年队伍，其生活、休闲、保健等主要活动都是在社区中进行的，老年人是社区设施最主要的使用者，社区活动最主要的参加者与社区秩序最主要的管理者。因此，公益性公共服务设施的设置宜把老年人当作主要的对象之一，在小区公共服务设施的设置规定中，应适当增加老年人专用设施的指标与设置规定，如老年文化活动室、社区小型敬老院（所）、托老所、老年康复室等。

在社会及公众团体用途设施这一类中，标准考虑了新加坡不同族群的信仰，设立了不同庙宇及教堂用地标准，而在具体的居住区实施过程中，往往会选择预留一些用地以待不同社团购买发展社团或宗教建设。这一在规划实施过程中的留白做法同样能借鉴到我国居住区规划中，比如对一些运动场馆的预留。另一方面这样的留白做法也能为未来居民生活方式的变化而导致对公建配套设施要求的变化留有发展余地。

新加坡对学校，医疗诊所等公益设施的事实是由相应的政府机构，如教育部等按不同的标准投入资金实施，而不是由开发商实施。这样能够保证其实施不会受开发商利益的驱动而降低标准。

相对而言，在我们居住区的开发过程中，由于主要由开发商实施，在其追逐利益的目的驱使下，对于一些公益事业的发展往往在质量和数量上难以保证。

从这一点着眼，我们应可以根据各自的指标控制体系，总体规划（或分区规划）及各专业规划的指导，将中小学，医疗卫生等这些必需的社会公益配套设施用地从居住区用地中控制分离出来，交由政府实施部门，来保障必须的社会公益配套设施的实施。同时相应提高土地价格，或增加相应的配套费用来补贴政府在完善配套设施方面的投入。

另一方面，把这些居民必需社会配套设施的规划实施从居住区中分离出来交由政府实施，也有利于从整个区域乃至整个城市角度来配置，来解决如前文所提由于居住区人口规模下降等导致的学校空置现象，同时优化配置相应所需的人力物力资源。

再者，由于开发商经济实力不同，开发居住区用地面积大小相异较大，在单块居住区用配套指标去规定这些社会配套设施显然会导致开发成本和配套不均。将社会配套设施从居住区中分离，可以在几个小区中共享社会配套资源，同时，按一定开发强度交纳配套费用一方面可以平均开发成本，另一方面也可以补贴政府在完善配套设施方面的投入。

而对于一些盈利性商业项目的配套来讲，随着生活方式的变化，其内容及服务方式也正发生变化，比如规范中设定的粮油店、煤站等。另一方面，这些项目的设置也正随着市场变化而变化，有其自己的特点及发展规律。其性质、内容已不再单一服从规划的安排，而是更多受市场规律的引导，在公建配套项目中应适当予以一定弹性。

（三）居住区配套公建规模之比较

比较新加坡标准和我国规范，可以明显看出，两者基本上是依据居住区规模和服务半径来确定配套公建的数量的，但二者相比，标准明显比规范较富有弹性。

新加坡由于土地资源的匮乏，对公建配套的规模基本上是控制公建项目的用地面积来控制其规模，而对公建配套项目设置数量的控制则可分为两类。其一，以每新镇或邻里为单位配设一定单位数量的公建种类，比如每新镇配设一个图书馆、游泳馆等；其二，一定数量的居住单位配设一定面积的公建，如每70个居住单位配设一个商店等。

由于新加坡新镇及邻里单位规模较大（一般来讲新镇规模不少于3万户，人口数目可高达20多万人），每个邻里人口也达到5000户左右，相比较我国1万~1.5万人居住区规模而言要大许多。这样配设的镇中心和邻里中心的规模也相应地具有一定的规模，同样能相应带来较好的商业的规模经济效益和非商业性配套公建的资源优化和良好服务效果。

仅对公建配套项目的用地面积进行控制，主要出发点是对土地的节约控制，同时也为项目公建带来一定弹性。但从新加坡发展实例来看，这样的控制指标也带来一定的负面影响，由于对高容积率的片面追求，也出现了一些商业配套设施规模过大而带来经营户生意清淡的现象。

我国的规范则主要通过千人指标对居住区公建配套项目在用地面积和建筑面积上设定了控制指标，造成了对公建规模控制（尤其商业公建）弹性较小的问题，此问题已在前文中论述。

显然对于公建配置（尤其是商业建筑）的规模控制，中新两国都面临着理想规划和灵活多变的市场经济间的矛盾，单单从服务于居民生活这一角度出发，而忽略小区公建的经营者、管理者的利益是造成这一矛盾的根本出发点。

（四）居住社区配套公建布局之比较与借鉴

新加坡在新镇规划的居住区配套公建的布局规划主要从两个方面考虑：

1. 与交通系统结合。

镇中心、邻里中心的设置往往与地铁、轻轨、公交等站点相结合，这样一方面能较好为居民提供便利的服务，另一方面由于这些地点的人流聚集容易产生一定规模效应。

2. 以一定服务半径配设。这主要用于学校等公建的配设。

我国居住区配套公建的设置主要是以一定服务半径来配设学校，而对其他的公建没有一定的规定。归纳起来，实际应用的几种主要形式为几何中心设置，沿主要道路布置，在主要出入口设置及分散在道路四周。其优缺点很显然，但这些设置都缺乏对经营者及其效益的充分考虑。

与公交站点系统结合的集中布置形式显然占有一定优势，但由于我国体制上缺陷的存在，具体来是讲城市用地规划与交通专项规划的脱节，就要求对居住区公建的配设应在城市总体规划和商业布局规划中落实。

另外，新加坡邻里中心和镇中心的集中布置方式也值得我们借鉴推广。近年来越来越火爆的大型便民超市同样给我们以启示：将各种商品、服务等汇集在一个地段优越的公建中，不但可以吸引更多的顾客，为经营者带来明显的经济效益，而且商品与设施的相对集中，亦为居民带来方便。更主要的是，这种集约布置方式非常有利于节约城市用地。北京市小营四区的规划实践中运用了这种集约组织方式，在小区有限的空间内，同时提供购物、文教、医疗、休闲、综合服务、商务活动及运行管理等多种服务，使居民在小区内即可完成全部活动，达到方便居民、提高效益、节约用地的效果。

（五）另一个值得考虑的问题

与新加坡这一城市国家不同。我国国情的复杂性已是有目共睹，在全国范围内制订统一的小区公建系统规范当然有其必要性，但同时制定因地制宜的地方性标准也是不容忽视的。一方面，地方性标准可作为国家标准的有力补充，对一些适用于地方实际情况的问题加强管理，增加可操作性。另一方面，地方性标准还可针对当地的突出情况，先行制订特殊标准，为国家标准的进一步完善奠定基础。例如，上海市是我国老龄化程度最高的地区，60岁以上人口占总人口比例已达17.8%（1996年底）。1997年3月1日起，上海市率先实行新的《城居住区公共服务设施设置规定》作为对《老年法》的贯彻执行和对社会发展新情况的调整措施，收到良好的社会效果。这类地方性标准不但填补了国标的空白，更为国标的完善提供了有利条件。因此，国家标准与地方性标准应进一步分离，突出指令性标准的宏观与严格，指导性标准的可操作性与灵活实用，按这种方向发展，居住区公共服务设施的指标体系才会更趋完善，适应可持续发展的要求。

五、外国实践探索综述

现代城市规划理念起源于德国，而后逐渐遍及欧美各国及其海外殖民地，其中最具代表性的有英、美、新加坡等国。随着科学技术的进步以及人类社会的民主化进程推动，城市规划理念在世界范围的广泛实践中得到发展，由最初的道路控制发展形成涵盖战略规划、发展规划、详细规划等等级完备的城市规划体系（各国城市规划体系中的各级规划名称不同，内容基本一致，相当于我国的总体规划、控制性详细规划和修建性详细规划的层次）。当今的城市规划体系的建立基本呈现两种类型：以美国为代表的通则式和以英国为代表的判例式，从总体上讲，世界各国的规划体系都是将通则式与判例式的有机结合，不存在绝对的通则式或判例式，只是主体更倾向于哪一种类型。

各国在城市规划理论研究与实践探索过程中，因受各自不同的社会背景、政治体制、经济基础、文化习俗等因素的制约，表现出不同的特色。就控规层面而言，各国对于制度建设与技术创新的实践探索始终是符合本国具体国情的，这是控规能够指导城市建设发展的先决条件。

综观上述几个城市规划体系较为完备的国家在控规层面实践探索的历程与经验，对于中国控规体系建立与发展完善的三十多年历程的借鉴在于：我国控规体系从无到有的过程，既是不断向国外先进理念学习的过程，又是不断反思自我的过程。学习与反思相辅相成，不可分割，其原因在于：外国控规体系的起步较早，制度建设较为完善，技术指标及其数值的确定较为全面和科学，因此中国的控规实践探索有必要学习外国的先进经验；同时，学习不是照搬国外的一套制度或一系列的指标，它有自身存在与发展所需的特定条件，简单地用"移花接木"的手法机械地"拿来"是不能适应于"中国的土壤"的，要立足于中国的国情，解决中国的问题，因此控规在中国建立与发展的三十年也是管理者及城市规划从业人员对中国国情和中国特色控规不断反思的过程。通过反思，对中国社会主义市场经济体制下的土地市场化认识更加清晰，使控规在发展中不断适应中国的实际，让舶来的规划理念种子在"中国的土壤"生根发芽。

第二节　国内相关实践探索分析

国内一些城市尤其是东部地区的大城市，发展阶段超前，同时也面临一些发展中的新问题，这些城市在发展建设中结合自身情况进行了积极的探索，通过分析总结北京、上海、深圳、南京等大城市控规实践的经验，将对天津市控规的变革和发展起到积极的借鉴作用。

一、北京控规实践探索

（一）编制情况

自1999年至今，北京市控规编制基本可以分为三个阶段：

1."99版控规"

1995~1999年，北京市首次组织编制中心城324平方公里控制性详细规划，于

1999年编制完成，简称"99版控规"，该版控规按照地块深度提出了用地性质、用地面积、容积率、建筑密度、建筑高度、绿地率、人口密度等7项指标。

2．"06版控规"

2005年初国务院批复北京城市总体规划（2004~2020）后，相继启动了中心城、新城、镇的控规编制工作。其中中心城控规编制范围约1088平方公里，规划建设用地782平方公里，突出了总量控制、优先落实"三大设施"（城乡基础设施、公共服务设施、公共安全设施）、注重与实施管理的衔接、兼顾刚性和弹性指标结合等，简称06版控规。该版控规仍然按照地块深度编制，控规指标基本维持99版控规的7项指标。

3．"09整合版控规"

在06版控规试运行期间，城乡规划法、物权法和政府信息公开条例相继施行，使控规法律地位的确定愈发显得急迫。2009年，按照"空间上分层次"、"时间上分段落"的做法，"深入研究、简明表达"的思路和"规划加规定、图则加规则"的方法，对06版控规进行了整合，形成2009整合版控规成果。"空间上分层次"、"时间上分段落"，即中心城在空间上划分为片区、街区、地块三个层级，在时间上根据近期、中期、远期规划实施的要求分轻重缓急适时开展研究；"深入研究、简明表达"即将研究工作深化到地块层面、表现形式简明在街区层面；"规划加规定、图则加规则"，即规划文本、图则必须与管理规定紧密结合。同时制定同时报批；每一图幅附以详细文字规则说明。2009版整合规划在街区层面提出了总量控制、三大设施安排、高度分区等宏观控制要求，为地块层面的动态维护工作提供支撑指导和基础支持。

（二）控规编制层次及各层次审批情况

09版整合控规在具体编制过程上，首先将每个片区（中心城分为8个片区）按照主次干道及明显的用地分界线划分为到街区（面积约2~3平方公里），在街区层面落实总规要求，并优先保障三大设施、公共绿地等的落位，形成了一次性全覆盖的中心城街区控规，并通过了市政府审查，但未正式批复；在街区控规的基础上编制了深化方案，根据城市发展要求和相关标准等细化指标控制，形成指导性的技术层面成果，由北京市规划委员会审批；最后，将街区控规深化方案的内容具体落实到地块层面，详细规定地块的用地面积、容积率、建筑密度、绿地率等指标，重点地区还编制了城市设计，并以城市设计导则的形式提取出相关的控制要求，纳入地块控规的控制内容，地块控规采取"急用先批"的方式，对城市发展需要和市场较为成熟的地块，结合具体项目，由市政府进行审批，目前为止，北京市中心城地块层面控规尚未实现全覆盖。

（三）控规动态维护的主要情况

通过梳理总结多年来控规管理的经验，广泛听取专家意见、借鉴国际国内经验，提出了控规实施管理的动态维护理念，于2007年初建立以99版控规为法定依据、以

06版控规为参考指标，按照统一的标准和程序对中心城区实施规划管理的工作机制，根据客观发展变化，不断对06版控规进行动态的深化和完善。

1. 动态维护的主要内容

所谓"动态维护"就是按照城乡规划有关法律法规的规定，针对规划编制中的不足和规划实施中出现的新情况和新问题，不断探索研究、积累经验，通过制定统一的标准、程序，对已批准的规划不断进行细化落实、调整修改、总结评估和完善更新。不仅控规编制和实施是动态的，控规修改和完善的标准也是动态的。动态维护的关键是要通过严格规范的程序和制度，切实保障城乡发展的长远利益、公共利益和整体利益，促进社会的公平和公正。

2. 动态维护的依据和标准

包括：《城乡规划法》、《北京市城乡规划条例》、《城市、镇控制性详细规划编制审批办法》、两办关于工程建设领域突出问题专项治理的要求；各项规章规定（如《北京城市建设节约用地标准》）、规划部门制定的规划管理通则和规划工作守则、控规编制技术管理规定、针对控规实施管理的共性问题制定的办法（如军队空余土地管理办法、加强规划与土地管理工作衔接的工作意见），将各类比较典型的动态维护案例总结归纳而成的《控规实施案例汇编》等。

3. 动态维护工作的程序

2008以来，结合监察部、住建部《关于加强建设用地容积率管理和监督检查的通知》贯彻落实，按照"统筹协调、集体研究、科学决策、依法行政"的原则，通过组织部门联审、专家评议、公众参与和行政监察的方式，将动态维护工作程序进一步严格为五大环节、八项要求：

一是申请受理环节。任何单位和个人均可对控规内容提出修改完善的建议，包括：规划组织编制单位主动深化研究；土地使用权人、区县政府、中央单位土地归口管理部门、市区土地整理储备中心可提出动态维护的书面申请等。

二是研究论证环节。该环节可细分为可行研究、技术论证、部门联审和专家评议四项内容。可行研究，就是对申请人进行资格审查，弄清申请意图，综合分析，对维护的可能性和可行性进行研究判断，以便决定是否继续进行工作。技术论证，就是委托规划编制单位对项目规模、性质、布局等进行深入研究，对"三大设施"等进行专题论证。部门联审，就是规划主管部门组织项目涉及的主管部门，如发改、国土、建设、交通、环保、文物、绿化等部门进行联合审查。专家评议，就是从专家库中抽调专家，请清华规划院、中规院及北规院专家作为会议常驻人员，对项目的必要性和规划方案的合理性进行评议。

三是公众参与环节。公示是控规动态维护程序中的重要环节。采用网上公示、现场公示、听证会、座谈会等多种方式进行控规调整项目的公示，听取和收集公众意见，并对公众反馈意见进行采信，对采信结果进行公告。

四是报送审批环节。规划主管部门综合技术论证单位、相关政府主管部门、专家、公众等方面意见，提出规划调整建议，按城乡规划法规定程序逐项上报市政府。经市政府批准同意后，项目成果归档，纳入控规图则数据库，并在审批系统对电子信息图层更新。请示是控规动态维护程序中的必要环节。

五是评估备案环节。规划主管部门按照有关规定，对控规动态维护进行定期总结评估，内容包括：对项目来源、类型、办理结果、项目区位、片区分布、修改完善内容分析；对典型项目进行案例解析、对共性调整原则进行总结等，并按年度定期报市人大备案。

4. 动态维护工作的配套规定

为了保障动态维护的有效开展，规范工作方式，配套建立了会商会办制度、技术论证制度、动态维护会议制度、外部行政监察制度、公示听证等公众参与制度、公众意见采纳情况反馈制度、控规动态更新制度、控规专项档案管理制度、控规实施管理专项督查督导制度、年度总结评估等制度。

会商会办制度：即不允许一个人或者一个处室分局作出决定、进行调整；必须由2个以上（至少2个）处室分局会商、会办。

控规动态维护会议制度：会议由主管委领导和总规划师主持，相关处室和政府相关部门代表作为政府部门联审参加，参与编制的规划单位及相关专家作为专家评议者参加，纪检监察部门作为行政监察者参加。会议审查的另一作用是以会代培，通过会议的统筹兼顾、综合协调和集体讨论，对控规实施中暴露出来的问题提出解决办法和处理意见，从而达到规划部门及其他相关部门统一思想认识、规范管理行为、提高业务素质的目的。

专项督查督导制度：每月定期对上月各部门应依照控规办理的规划选址意见书、提出的规划条件等审批卷宗进行督查复核，检查各部门落实动态维护制度情况。

控规动态更新制度：为确保控规依法变更后的动态更新及时有效，制定专门的更新制度，从程序上进行规范从制度上保证为规划管理提供最新、最有效的依据。

5. 必要的支撑

在技术路径方面，《北京市城乡规划条例》规定了本市法定的规划包括特定地区规划和专项规划，可以作为控规补充深化的工具；在技术人员方面，北京规划委内设详细规划处，专门负责动态维护制度的实施，北京市规划院是全额拨款事业单位，内设详细规划所，与委机关对口工作；在专用资金方面，市规划委专门设立控规动态维护费用科目，市政府每年专门拨款；在科技信息方面，市规划委、市规划院联网互通的计算机综合信息处理平台，便于准确快捷的数据整理、统计、传递。

6. 动态维护实施情况

规委会受理的控规动态维护案件每年约300件，且呈逐年下降的趋势，其中约七成是中央单位用地调整、保障房项目等指令性案件，三成为与市场需求对接的案件。实施动态维护后，控规调整的案件约有60%~70%需要报市政府审批，而一些正向调整，如设施布局的调整、按照节地标准的容积率调整等，则通过部门间的联席会议，通过讨论会商确定，不需报市政府审批。

二、上海控规实践探索

（一）工作背景

2008年1月1日实施的《城乡规划法》，进一步强化了控规的法定地位，明确要求：土地出让和项目审批，必须依据经审批的控规。在转型提升期和快速城市化的背景下，上海建设国际化大都市的目标，要求必须加强规划城乡统筹、区域协调、统一管理。为此，上海市规划和国土资源管理局以全面实施城市总体规划为主线，以健全规划体系、强化规划编制为重点，学习借鉴中国香港、新加坡、美国、德国、日本等国家和地区的经验，积极探索符合上海特点的城市规划编制工作，初步构建一个覆盖全市、有层次、有明确发展目标的城市规划体系，并有序推进全市控制性详细规划的覆盖工作。

2009年7月6日，根据市政府的部署，上海市规委全会审议通过《关于进一步完善和规范规划编制和审批工作的意见》，明确规划编制、审批、实施三分开原则，建立市政府审批、市规划委员会审议、市规土局组织编制和实施监督、区县政府规划实施和项目管理的控制性详细规划管理模式和体制机制。2009年11月10日开始，全市控规统一由市规土局会同区（县）政府组织编制，经市规划委员会审议，报市政府审批。

（二）编制情况

1. 基本情况

上海市将中心城区和新城划分为若干编制单元，编制单元规模一般在3~5平方公里，主要是从总量上对总体规划目标进行分解，确定主次干道，到达单元的总量平衡和三大设施的配置平衡，编制单元规划为不属于控规，为总规向控规过渡的中间技术层次，已经一次性编制完成，并于2007年通过了市政府审批。在编制单元规划完成的基础上，并以单元为单位进行控规的编制，由各区县根据地区发展条件每年申报需要编制的单元，逐步推进控规的全覆盖。

2. 控规成果内容

控规成果包括法定文件和技术文件两部分，其中法定文件包括文本和图则；技术文件包括基础资料汇编、规划说明和编制文件三方面内容。

图则是控规法定文件的核心内容，图则上集中反映刚性控制要求，确保各类公共设施、市政设施、控制线等刚性要素落地；完善图则说明和规划文本、技术标准，明确一般性通则式要求。

图则又分为普适图则和附加图则，普适图则相当于传统意义上的控规，与住建部《控规编审办法》要求的基本内容比较，普适图则保留了用地性质、容积率等指标，弱化了建筑密度、绿地率指标，这两项指标主要是针对地块本身的控制，对城市外部空间的影响有限，因此在控规中按《绿化条例》等相关要求执行，而不具体落实到地块；同时，普适图则增加了混合用地比例、住宅套数指标（下限）、建筑控制线贴线率等，强化控规对用地兼容性的要求、住宅政策的落实和城市设计的内容要求。

附加图则对应重点地区的城市设计，即公共活动中心区、历史风貌保护区、滨水及风景区、交通枢纽地区及其他重点地区五类重点地区制定详细的城市设计，提取控制要素，形成法定文件。

通过建立分层次、开放式图则管理模式，在全市层面，推进普适的图则形式，精简图则的刚性指标，优先确保各类基础设施控制线、地块性质、容积率、建筑高度等刚性要素，为强制性指标，予以严格控制。在重点区域，通过城市设计等方式转化为附加图则，加强城市公共空间管制要素，明确公共通道、建筑方式、屋顶形式等，一旦通过程序批准后，即为刚性指标，纳入控详规划，使规划管理立体化。

3. 关于用地分类

上海市规划与国土部门合一的管理，便于对规划与土地的用地类型进行统筹，结合土地利用规划和城市规划相关标准，规划增加了一些新的用地分类，以适应新的现实需求，如增加Rr4（独立地段的学生宿舍和单身公寓）、C65（科研设计用地）、M4（产品及技术研发、中试等设施用地）等用地类型。

4. 关于控制指标

上海市实行分区管理，中心城根据区位、周边环境、发展定位等分为5个强度分区，分别制定不同的强度和高度等级。

容积率：住宅容积率一般控制在2.5以下，轨道交通站点周边或保障性住房可适度提高，最高不超过3.0、商业、办公用地一般控制在4.0以下，工业用地则不低于0.8。

高度：住宅高度一般控制在80米以下，公建则没有明确规定，截止到2009年年底，中心城30层以上的高层建筑已达965幢。

（三）管理审批情况

1. 管理理念的转变

通过不断探索，控规管理理念和管理模式有了新的发展，实现了由项目管理到规划管理的转变、由平面指标管理向立体空间管制的转变和由重视规划结果到全过程管理的转变。

2. 控规审批情况

中心城660平方公里划分为242个单元，按照整单元编制、整单元审批的方式，截止到目前，中心城控规已全部编制完成并通过市政府（授权市规土局）审批，并规定每3~5年进行评估和更新，以不断完善控规本身内容及对其建设管理的指导性。

3. 控规动态维护类型

根据不同的调整内容，控规的动态维护分为三种类型，对应不同的法定程序：

A类，局部调整——完全程序——三阶段九环节，需要12~14个月；

B类，实施深化——简易程序——重点项目的简易通道，但一般不对出让地块使用，需1~2个月左右；

C类，规划执行——不属于调整——直接按照标准、法规进行深化完善。

4. 控规法律支撑

法律法规层面，包括《上海市城乡规划条例》、《上海市控规管理规定》等；

技术标准层面，包括《上海市总规技术准则》、《上海市控规技术准则》、《上海市建筑管理技术规定》等；

行政文件层面，包括《上海市控规操作规程》、《上海市控规成果规范》等。

5. 控规管理机构

组建上海市规划编审中心，一是为规划编制提供全过程的技术服务；二是建设、使用和维护控规信息平台，建立控规编制基础要素底版。编审中心主要工作职责包括：参与制定年度规划编制计划；负责制定控详编制基础要素底版；参与详规任务书审核；参与市局组织的方案征集工作；负责详规草案的技术审核，并提交《技术审查报告》；负责控规信息平台的建设和维护。目前该中心已经开始启动运作，在规划编制和审批过程发挥了重要作用，为控规编制和规划管理提供了重要的技术保障和决策依据。

三、深圳法定图则实践探索

深圳是我国开展控规探索最早的城市之一，在体例上借鉴了中国香港法定图则的形式，经过近些年的实践探索，不断充实完善，促进了特区城市建设的科学有序开展。法定图则是在已批准的总体规划、次区域规划以及分区规划的指导下，对分区内各片区的土地利用性质、开发强度、配套设施、道路交通以及城市设计等方面做出详细控制的规定。其成果包括法定文件和技术文件两部分构成，法定文件是经法定程序批准具有法律效力的规划文件，是城市规划管理的法定依据，包括文本和图表，二者不可分割。技术文件是制定法定文件的基础和技术支撑，是规划主管部门执行法定图则的内部操作性及参考性文件，为下层次规划的编制、审批，以及建设项目规划管理指导。技术文件包括现状调研报告、规划研究报告、技术图纸、专题研究报告以及过程审查报告。

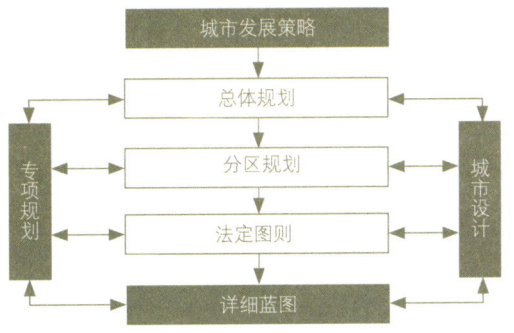

图4-2-1　深圳市城市规划体系

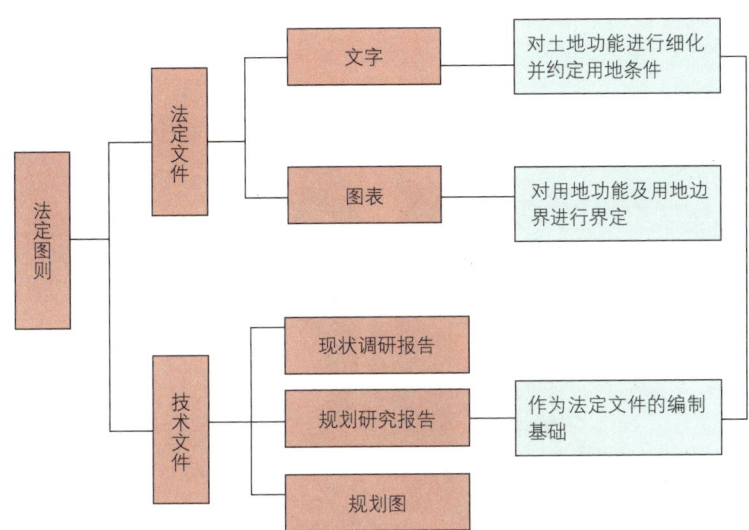

图4-2-2　深圳市法定图则成果构成

另外为了适应城市发展宏观环境的变化，应对法定图则在实施过程中暴露出的问题，深圳市规划和国土资源委员会于2011年提出了"城市发展单元规划"，作为法定图则在城市特定发展地区的补充形式之一。综合性和实施性是发展单元规划最重要的两个特征。

在操作机制方面，法定图则的编制、审批、修改必须按照严格的法定程序进行，编制阶段强调公众参与。图则编制前期，通过走访、座谈、问卷、互联网调查等多种方式，广泛深入地收集政府、街道办、社区居委会、相关政府职能部门，以及专家、市民、权益人、利益相关方及其他社会团体、企业的诉求、规划设想及建议；在方案编制中，引入公众参与讨论，并广泛征询意见，图则形成草案后，进行公示，并按照相关规定将公众意见处理结果书面告知提议人，必要时，安排专家论证会、公众意见处理听证会。审查阶段包括规划主管部门初审、公示、规划委员会审批、规划委员会主任委员批准签发等程序；修改程序必须经历规划主管部门初审、公示、法定图则委员会复审、规划委员会终审全过程。

　　法定图则拥有一套较为严密的技术支撑体系，建立了国内第一部具有地方特色的综合性规划标准体系《深圳市城市规划标准与准则》。指导城市管理朝向更加精细化的方向发展；从1990年形成以来，历经1997年、2004年、2011年、2013年五次修订。《深圳市城市规划标准与准则》《深圳市法定图则编制技术指引》等一系列技术规范的出台以及《深圳市密度分区》等相关配套技术的支持，都为法定图则的编制提供了技术层面的有效指导。

　　法定图则拥有一套较为严密的技术支撑体系，《深圳市法定图则编制技术规定》等一系列技术规范的出台以及《深圳市密度分区》等相关配套技术的支持，都为法定图则的编制提供了技术层面的有效指导。

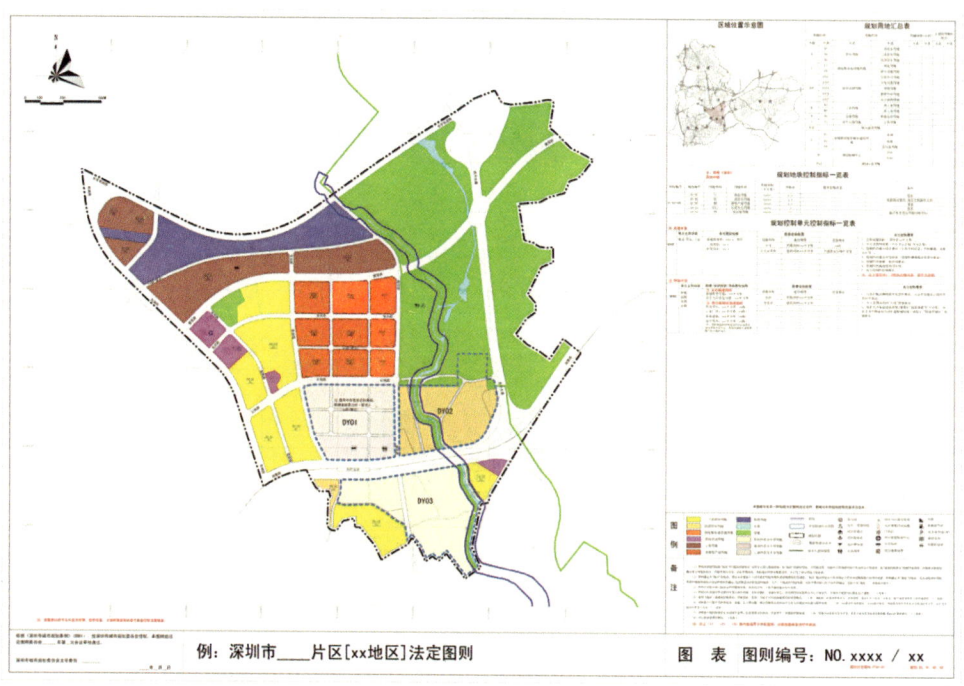

图4-2-3　深圳市法定图则示例

四、南京控规实践探索

　　在城市快速发展变化阶段，控制性详细规划的关键是控制好城市最需要关注和把握的重点内容，加强市场经济体制下政府对城市空间的有效调控，建立一个面向管理的控制性详细规划的制度架构。南京市规划局提出了以公用资源集约利用和环境历史保护为重点的控制性详细规划"6211"核心内容，"6"即是对"道路红线、绿化绿线、文物紫线、河道蓝线、高压黑线和轨道橙线"的规划控制，"2"即是对公益性公

共设施和市政设施两种用地的控制；"1"即高度分区及控制；"1"即特色意图区划定
和主要控制要素确定。

从城市土地利用二维的角度，通过六线控制和两种用地控制，可以保证城市基本
功能协调和健康发展。六条线控制要划定详细线位，并明确控制要求。两种用地要划
分至小类并在空间上明确具体位置、规模和边界，提出控制要求。在公共设施配套方
面，改变了以往社区层面若干项公共设施定点不定位，由开发地块配套建设的做法，
除个别的需要独立布置的设施外，集中布置，划定居住社区中心和基层社区中心用地，
综合布置文体、商业、公共绿地等设施，保障了公共设施的空间预留和用地控制。

从城市空间景观三维角度，这一架构突出了城市特色塑造的内容。为了将特色塑
造和城市整体空间轮廓塑造的内容纳入具体项目设施建设管理，而不是停留在规划的
概念构想中，在控规中要具体落实高度控制和特色意图区规划控制。高度控制根据城
市整体空间轮廓、用地条件、土地性质等因素，以街区为单元确定高度分区。特色意
图区控制则是根据城市特色规划，在进一步研究地段特色基础上，详细划定城市特色
展示区和景观敏感区的边界，确定城市特色展示区内的特征要素，提出特色保护和塑
造的原则和要求，提出拓展并组织认知路径的方案；确定景观敏感区的要素，提出控
制要求。每一个国家的城乡规划体系都与其历史背景、政治文化、法律制度等密切相
关，规划体系是要将国家特质转译为物质化的空间形态加以体现。尽管诸如战争、经
济波动等外部环境的变化具有剧烈、快速、持久的特点，但其所改变的只是城乡规划
在解决现实问题时的具体条件不同，不变的是规划体系所植根于的国家社会历史背景
和长期形成的文化传统的土壤。

第三节　控规编制与实施中存在的问题

综合我国各地的控规实践探索历程，当前我国控规编制与实施过程中存在的问题
可以从两种角度归纳：一种是从控规在不同层面所要实现的控制目标的角度分析控规
的实施效果；一种是从控规自身特性要求的角度，考察控规体系建设的问题。

一、控规在不同层面的控制目标

（一）总体控制层面

控规对城市发展的控制和引导首先要承接总体规划和分区规划的要求，把上位规
划中的城市性质、城市定位等宏观规划具体到城市片区的空间层面；对上位规划进行
总量分解，将城市未来发展的总体指标分配到控规片区。这是控规在总体层面上的控

制目标，是将宏观与微观相结合的过程。针对总体控制的目标，当前控规的实施效果存在总量分解不够系统、全面的问题，例如控规单元人口规模分配不当，基础设施不能落位，空间形态混乱无序、缺乏系统性等。

（二）控规系统控制层面

控规片区作为一个相对独立的整体，其内部的建设发展既要符合上位规划的要求，又要具备系统性观念，从整体的角度出发，增强内部的联系，提升生活品质。由于市场化的进程逐渐增强，城市建设的影响因素不断变化，具有极大的不确定性，导致基础设施和服务设施在相关利益各方的博弈中被随意移动；公共开放空间系统因开发商追求个人利益最大化而导致整体性的破坏；开发建设总量失控与城市空间秩序的失控。以上的种种现象使控规调整成为常态，控制指标的变化较大，这对控规作为法规的严肃性造成不利影响。

（三）地块层面的控制

控规要对修建性详细规划起到指导作用，但由于控规指标较僵化且缺乏科学性，控规调整时有发生，这种改动显得十分随意，使修详规的编制缺乏明确而充分合理的依据。此外，控规在地块层面上并没有对诸如屋顶、底层、界面等形态上的内容提出要求，并且缺乏与周边环境如何协调的指引，使建设方案无据可依，最终导致各地块之间各行其道毫无关联，城市整体风貌混乱无序。

二、控规在实现自身特性上的不足

（一）科学性上的不足

1. 城市规划从业人员学科背景较单一，更多偏重于关注空间形体塑造及美学表现，缺乏经济学、管理学、社会学等关系到城市发展核心动力问题的知识基础，易导致对城市发展的分析理解产生偏颇，过于重视表象而忽视了政治制度、经济基础、社会文化等因素对城市发展所起的内在的决定性作用，进而造成控规编制上的科学性缺陷。例如确定地块的建筑密度、容积率时，规划编制者考虑的多是技术因素和美学的原则，如城市的性质、风格、保护传统风貌和更优美的环境等，或仅是感性地判断人口密度、建筑密度等应控制到的理想状态，没有足够的专业能力分析规划指标在经济上的合理性和可行性，忽视了城市现状以及目前的社会经济条件是否能为控规的实现提供支持，这必然导致控规的科学性受到质疑，可行性不高。

2. 目前控规编制与审批过程中的公众参与度仍显不足，相比国外较完善的规划编制体系中包括多轮公众参与并在规划编制机构中包括了社会团体和公益性组织，我国控规编审的公众参与途径与程度还有较大差距。城市归根结底是广大市民的城市，没有市民参与的规划不可避免其科学性上的缺陷，因此城市规划要广泛听取市民的意见，回应公众的呼声，解决公众实际生活中的问题。控规的编制者既要做到换位思考，从广大市民的角度设身处地，又要调动公众参与的积极性，勇于接受公众的质询和批评建议。"知屋漏者在宇下，知政失者在草野"，有了公众的广泛参与，控规才能避免不务实的缺陷。

3. 控规是由市场经济的自由竞争与非市场性的公共利益相结合的产物，控规的改进仅靠技术方法上的革新无法解决保障社会公平等非市场性问题。社会公平等非市场性要素是控规的价值目标，即控规产生和发展的意义所在，它依靠技术方法的实施而实现。控规的价值目标决定了所采用的技术方法，但技术方法的革新并不能逆向地改变控规的价值目标。技术方法是控规价值目标的实现途径，是执行的环节，在执行之前还包括如价值目标的量化评定、组织机构设立与制度建设等环节；也就是说，技术方法的革新是推动控规科学化在实际操作层面的手段，但更重要的是在理论性、观念性上的突破，例如在控规制度上的创新以及市民、城市管理者、开发商思想观念的转变。

4. 城市规划基于大数据分析为依据的规划理念成为未来发展的一种趋势，它直观且真实地反映了人口流动、交通组织和土地利用之间的关系，大数据的应用使公共资源的配置更有依据且更有针对性，它是对以往公共资源配置在空间上的均等性的改进，有助于提高控规编制的科学性。然而，某些大数据的采集、分析在现实中会遇到很多困难和阻碍，例如不同时段、区位、天气状况等对样本总量与样本分布的影响，也包括人的心理活动对人口分布和人口流动的影响等，大数据直观地反映了由这些变量所导致的不同结果，但要在复杂的社会系统中分析理清各种因子分别所产生的影响，所付出的工作量和时间成本是巨大的，现实可操作性不强，严重影响其广泛应用于生产实践。

（二）特色性上的不足

1. 控规技术指标的确定应以当地经济社会发展的客观实际为依据，真实反映城市的发展水平和城市特色。不同规模、不同类型的城市或发展水平处于不同阶段的城市，其各自的物质文明与精神文明的基础条件各不相同，因此相对应的城市发展建设的规划目标也不会相同。针对不同城市，控规所要控制的重点内容也不尽相同，但控规属于通则式的管理，其优势在于普适性高且行之有效，但普适性的弊端在于不具体，所有城市都要遵循相同的制度和内容，不能按城市类型或发展的不同阶段等分类方式区别对待，这种普适性在一定程度上导致控规过于僵化，缺乏针对不同城市具有特色性的引导控制。

2. 以土地使用性质的色块和容积率、建筑密度、绿地率等指标以及"四线控制"为内容的控规对城市形象的引导和控制作用很弱。控规不涉及城市整体风貌和建筑物平、立面造型等内容，但作为总体规划和修建性详细规划之间承上启下的环节，需要在控规层面对城市风貌有所要求，它来源于总体规划，并对修详规的具体设计方案起到指导作用。控规属于通则式的管理，优势在于普适性高且行之有效，但普适性的弊端在于不能反映城市的特色，如果没有城市设计导则的辅助，小到单体建筑的主色调，大到城市整体风貌，都缺乏统一的控制。正是由于控规层面对城市形象的控制较弱，而且缺乏对城市自身发展沿革和建筑特色的挖掘，盲目照搬其他城市的建设经验，最终导致"千城一面"的现象，丧失了城市风貌的原真性和特色性。

（三）法制性上的不足

1. 控规属于地方行政规章的范畴，以规则（法定图则）为表现形式，其法律效力小于宪法、法律和行政法规，是法律效力最小的一类，反映了控规法律地位较低的现实情况。由于法律地位不足、法律效力较弱，对控规"法律属性"的重视程度不够，在控规实施过程中随意调整指标的现象屡有发生，使原已编制且具有了法律效力的控规无法落实。例如在"北京旧城改造控规"中，控规编制期间，主管领导经常受到来自各方的压力，三番五次地被迫修改指标，尤以提高容积率和建筑限高为多。从最后的控规成果看，北京旧城各区的容积率和建筑高度都普遍比党中央批准的城市总体规划要求高出1~2个等级。正如吴良镛先生所指出的那样："这次控规所提出的几项控制指标，在房地产市场的冲击下，步步退让，显得苍白无力"。控规中有关建筑密度和容积率的制度，没有起到任何鼓励和限制的作用。诸如此类的控规被随意调整的现象，在程序上不合法，在内容上不科学。此外，尽管控规属于地方行政规章，但未能形成完备的法律体系，诸如土地细分、城市设计等与控规相匹配的导则并不属于法律的范畴，不具备法律效力，因而导则对开发商的约束作用有限，并不能充分配合控规发挥最大的作用。因此，控规作为引导和控制城市建设发展的法定图则，应体现法律的严谨性和权威性，依靠国家强制力坚决保障控规的顺利实施，提高控规的法律地位，增强城市管理者、开发商等各方对控规"法律属性"的认识；完善控规法律体系，增强控规对城市建设发展的引导和控制能力，发挥控规更大的效用。

2. 尽管控规目前的法律地位较低，但仍具有法的属性，具有严肃、严谨、权威的特点。控规一旦被审批通过成为地方行政规章，就具有较高的稳定性，不可随意更改。然而我国的控规本是随社会主义市场经济体制的建立应运而生，控规的使命决定了它要紧密结合市场，根据市场的变化及时调整，始终是在动态更新的过程。因此当前的问题在于：控规一方面是法律，是刚性和僵化的，另一方面是适应市场的，是弹性和灵活的，在法律的稳定性与动态调整之间产生了矛盾——调整，需要经过严格而复杂的程序，费时费力；不调整就脱离了市场，失去了存在的意义。控规的法制化不要把控规变成更为僵化、固定的法律条文，而是要从法律的层面承认控规是动态调整的过程，赋予控规在法律许可范围之内的弹性。

3. 控规的实施缺乏必要的控制机制，控规控制机制的核心是要把控规从准备阶段、编制阶段、实施阶段到最终产生效果的全过程看作一项程序和一个系统。控规的控制机制是由前馈控制、过程控制和反馈控制共同构成的系统。前馈控制是在控规编制阶段的控制，通过充分搜集基础资料，进行认真、反复的预测，把规划目标同预测的控规所能达到的效果相比较，采取措施调整控规的编制方法或预测指标，以使控规实施后的成果与规划所要达到的目标相吻合。前馈控制的问题在于规划编制者的多学科能力水平不足，对控规实施的可行性预测难以保障全面的科学，导致前馈控制的实际效果不佳。过程控制即在控规实施过程中的控制，随时发现实施中出现的问题或偏差并及时纠正，保障控规实施程序的计划性、系统性和权威性。过程控制的问题在于没有把控规编制与实施的全过程作为一个系统看待，控规指标被随意调整破坏了程序的计划性和连续性，从系统的角度看这种随意更改毫无道理，割裂了程序间的各个环节。然而过程控制对此类现象的控制能力十分有限，甚至以过程控制之名行破坏之实。反馈控制是在控规实施后，对其所产生的效果与规划目标进行比较和评价，目的在于反思控规实施的程序设计的经验与教训，对控规进行动态更新，并为以后的控规编制和实施积累经验。反馈控制的问题在于对于控规实施效果的反馈控制机制十分匮乏，大多数的控规被看作是一次性的、静止的设计，很少用动态管理的理念去反思规划成果。控规编制完成后，很少实施效果的跟踪、反馈及系统的检验、更新。从控规法制性的角度，缺乏对控规的编制与实施的效果的科学全面的评价体系，缺乏对规划编制者监督和问责的机制。控规既是地方性行政规章，又是政府的规划决策，应从法律的层面建立对政府决策科学性的评价监督机制和对规划编制的主要负责人的终身问责制。

参考文献

［1］ 巴里·卡林沃思，文森特·纳丁.英国城乡规划［M］.南京：东南大学出版社.陈闽齐，周剑云，戚冬瑾等译，2011.

［2］ 殷成志.德国城乡规划法定图则：方法与实例［M］.北京：清华大学出版社，2013.

［3］ 赵守谅，陈婷婷.在经济分析的基础上编制控制性详细规划——从美国区划得到的启示［J］.国外城市规划，2006，21（1）；79-82.

［4］ 戚冬瑾，周剑云.基于形态的条例——美国区划改革新趋势的启示［J］.城市规划，2013，37（9）：67-75.

［5］ 高源.美国城市设计导则探讨及对中国的启示［J］.城市规划，2007，31（4）：48-52.

［6］ 王郁.美英两国城市规划管理制度模式的比较与启示［J］.中国名城，2014，（1）.

［7］ 宋国明.英国土地规划管理［J］.国土资源情报，2010，12.

［8］ 戚冬瑾，周剑云.英国城乡规划的经验及启示——写在《英国城乡规划》第14版中文版出版之前［J］.城市问题，2011，7：83-90.

［9］ 陈楠，陈可石，姜雨奇.英国城市设计准则解读及借鉴［J］.规划师，2013，08（29）：16-20.

［10］ 金广君. 美国城市设计导则介述［J］. 国外城市规划，2001，（2）：6-9.

［11］ 唐子来，姚凯. 德国城市规划中的设计控制［J］. 城市规划，2003，27（5）：44-47.

［12］ 吴志强. 德国城市规划的编制过程［J］. 国外城市规划，1998，（2）：30-34.

［13］ 周静，朱天明. 新加坡城市土地资源高效利用的经验借鉴［J］. 国土与自然资源研究，2012，（1）：39-42.

［14］ 唐子来. 新加坡的城市规划体系［J］. 国外规划研究，2000，24（1）：42-45.

［15］ 周游. 提高城市规划科学性和可操作性的对策建议——新加坡经验借鉴［J］. 国外规划研究，2007，（5）：72-77.

第五章
编管体系的变革与创新

第一节 编管体系变革的必要性

一、明确控规法定作用，增强规划适应性的需求

2008年颁布实施的《城乡规划法》进一步明确了控规的法定地位，强化了控规作为控制和指导城市建设的重要依据的法定作用，城市建设用地的划拨和出让必须依据控规，从而要求控规的编制必须严谨、科学，能够真正指导城市建设。

《城乡规划法》

第三十七条　在城市、镇规划区内以划拨方式提供国有土地使用权的建设项目，经有关部门批准、核准、备案后，建设单位应当向城市、县人民政府城乡规划主管部门提出建设用地规划许可申请，由城市、县人民政府城乡规划主管部门依据控制性详细规划核定建设用地的位置、面积、允许建设的范围，核发建设用地规划许可证。

第三十八条　在城市、镇规划区内以出让方式提供国有土地使用权的，在国有土地使用权出让前，城市、县人民政府城乡规划主管部门应当依据控制性详细规划，提出出让地块的位置、使用性质、开发强度等规划条件，作为国有土地使用权出让合同的组成部分。未确定规划条件的地块，不得出让国有土地使用权。

随着城市发展模式的转变，传统控规在引导城市建设方面日益显现其局限性，传统控规通过指标体系控制用地开发，用地分类划分过细、地块划分过小，体现出较大的刚性，但缺乏必要的弹性，难以适应城市发展多元化的局面。对用地指标的限定过于严苛使控规与市场需求的灵活变动无法适应，成为市场经济的阻碍，因此亟需进行编制内容和管理方式的变革。

2011年开始实施的《城市、镇控制性详细规划编制审批办法》更新了控规编制基本内容，对不同等级的城镇允许实施差异化的编制方法，提出对大城市和特大城市控规实施分层编制的思路，增强控规的弹性，倡导务实创新，从而对传统控规编制内

容和方式的转变提出明确的指导思路。

《城市、镇控制性详细规划编制审批办法》

第十条 控规编制的基本内容：

一是土地使用性质及其兼容性等用地功能控制要求；二是容积率、建筑高度、建筑密度、绿地率等用地指标；三是基础设施、公共服务设施、公共安全设施等三类设施和地下管线控制要求；四是黄线、绿线、紫线、蓝线等"四线"控制要求。

第十一条 编制大城市和特大城市的控制性详细规划，可以根据本地实际情况，结合城市空间布局、规划管理要求，以及社区边界、城乡建设要求等，将建设地区划分为若干规划控制单元，组织编制单元规划。

为此，就需要对传统控规进行变革，在编制内容上兼顾刚性与弹性，在编制方式上实现分层编制，强化公益性用地和公共服务设施的刚性控制，适度增加城市经营性用地的弹性控制，通过制定相关规程和规定加强技术论证，规范管理过程，适应城市建设的实际需要。

二、提升城市品质，塑造城市特色的需求

传统控规单纯指标化的规划管理方式，过于抽象，缺少对城市空间形态的总体控制和引导，导致实际规划管理工作的僵化和不适应，在用地性质控制方面，居住、商业、公共管理与公共服务等不同性质的用地塑造的城市形态各不相同，单纯以用地分类指标进行控制，难以体现用地性质对城市环境和空间形态的影响；在地块控制方面，由于缺乏统一的控制要求，每个地块各行其是，建筑风格各不相同，与周边地块、与环境完全没有联系，导致从城市整体上看杂乱无章；在开发强度控制方面，容积率指标较为抽象，缺乏立体管理要素的支撑，容积率指标的确定往往依据经验数据，而不是对经济保有量预测的折算，严重缺乏科学性，导致城市空间形态难以整体把握。

为解决传统规划管理过程中存在的问题，规范引导城市建设的空间秩序，就要求把城市"立"起来，更多关注城市的整体空间形态，通过城市设计梳理空间脉络，挖掘不同区域的发展思路和地区特色。2008年7月，天津市委、市政府决定集中时间、集中力量开展重点规划编制工作，天津市城乡规划部门以此为契机，进行了总体城市设计和重点地区城市设计编制工作，同时利用编制成果开展了城市设计导则的研究工作。

三、经济结构转型、存量规划的需求

社会经济发展是城市建设的源动力，中国市场经济建立之初的东部沿海地区，以劳动力密集型产业为主导的产业结构推动了经济的快速发展，聚集了大量的流动人口，这也促进了城市的大规模扩张以适应激增的人口。经历了改革开放以来经济高速

增长和城市大规模建设的30余年，一方面是中国的综合国力和科技研发水平大大提升，产业结构自发地由"中国制造"向"中国创造"转变，尤其是《中国制造2025》的提出，顺应经济新常态，向更高水平的经济结构转型，更加注重经济增长质量的新形势；另一方面是受资源和环境约束不断强化、劳动力等生产要素成本不断上升、投资和出口增速明显放缓等客观因素所迫，主要依靠资源要素投入、规模扩张的粗放发展模式难以为继，调整结构、转型升级、提质增效刻不容缓，劳动力密集型产业已不适合中国的国情。

以劳动力密集型产业为代表的产业模式的转型，意味着城市土地扩张的需求放缓，城市规划由城市建设向城市管理转变，并且在30余年的城市建设中，土地财政模式已达到顶峰，从中国的城镇化水平来看，仍处在增量规划的上升阶段，但存量所占比重逐渐增加，如上海、深圳等经济发达城市的城市建设用地趋于饱和，新增建设用地十分有限，开始由增量规划转向存量规划，以往以物质规划为主的控规编管体系无法满足新的需要，当前对控规的研究和思想观念也尚未完全做好存量规划下如何创新发展的准备，面对经济结构转型、城市规划关注存量的新形势，控规编管体系迫切需要一场变革。

四、科学化管理与社会管理的需求

将城市规划或控规放到多学科理论的广阔背景下重新审视，其内涵被极大地扩展，城市规划由传统的蓝图式规划正在向协调沟通式规划转变，规划可以被看作是科学的城市管理的过程。现代科学化管理有三个层次：第一个层次是规范化，第二层次是精细化，第三个层次是个性化。中国控规理论与实践探索的三十年间，控规的制度建立与技术指标体系架构基本满足和实现了城市管理的规范化，控规已基本形成体系规范，在此基础上，应当向更高层次的城市精细化管理和个性化管理发展，这同时也是控规回归本质特性——科学性、特色性、法制性的要求。

同精细化管理相似，社会管理也是控规被赋予的新的任务。社会管理宽泛地是指政府和社会组织为促进社会系统协调运转，对社会系统的组成部分、社会生活的不同领域以及社会发展的各个环节进行组织、协调、指导、规范、监督和纠正社会失灵的过程。其基本任务是促进社会自治；化解理性经济人与非理性社会人的矛盾；规范社会行为；监督和监测社会行为的社会效益。中国进入了构建社会主义和谐社会的新的历史阶段，发展社会事业、促进社会公正、加强社会管理、完善社会体制是新的历史阶段社会建设的主要内容。

在这样的社会背景下，城市管理与城市规划已不简单是为城市建设服务，更主要的是要将社会建设的内容纳入规划体系中统筹考虑。居住、商业、公共管理与公共服务……无论哪类用地本质都是在为人而服务。以居住区为例，居住区的建设不仅是建设居住的场所，更是"社区"的建设，即在精神上建设"人与人交往的有机组织结构"，在空间上为居民提供互动交往的空间。"人们之间的互动形成的社会行为和空间特质之间存在着某种程度的交织"，因此社区既具有空间性质又具有社会性质。社区的建设从空间性的层面上是有限的，即该居住区建设竣工，但在社会性的层面要实现可持续，即人与人互动交往关系的永续，这离不开与社会管理的衔接。想要实现上述的物质空间与精神文明的结合，就必须对现有的控规体系进行变革。

五、民主参与的需求

社会主义政治文明、精神文明、物质文明、生态文明建设协调发展，国家经济发展、人民生活水平提高的同时，国民素质不断提高，公众参与社会管理的热情逐渐增长，社会民主的进程不断前行。"人民的城市人民建"，作为国家的主人，公众有权力也有义务为城市的建设与管理提出建议与意见。另一方面，作为公共事务的城市建设与管理，目的是为市民打造优质的生活环境，这直接关系到民生幸福。政府在其中发挥了重要的作用，但不可能包办一切，因此需要引入民主的机制，依靠包括政府、市场和公民社会在内的多元力量的参与。最重要的是，发挥民主参与的优势，引入民众的智慧与创造力。政府和公众共同参与城市管理决策，有利于协调经济发展目标、社会发展目标与环境保护目标之间的关系，利用市场手段最大限度地实现公共利益，同时有效避免市场失灵或政府失灵的问题。在这样的背景下，控规体系也应当更多地汇民心、集民智、纳民意。

第二节　以天津为例的控规创新探索

一、天津市中心城区控制性详细规划编制历程

（一）2000版天津市中心城区控制性详细规划

1. 编制背景

1999年以前，天津市中心城区原有的控制性详细规划普遍来讲属于"一事一议"，个案对待。由于缺乏行之有效的技术规范和技术管理，有些规划的内容不完整、可操作性较差，成果不规范，质量无法保证。随着中心城区土地有偿使用制度的日趋成熟与完善，规划管理部门开展了编制范围覆盖整个中心城区的控制性详细规划。编制工作于1999年下半年开始，2000年底基本完成。至2001年初，176个控规单元之中175个已经陆续获得政府批准，各控规单元的规划成果均印刷成册供规划管理部门

使用，并按照统一格式编排了供查询的规划方案（电子）数字版。

2. 主要特点

2000版中心城区控制性详细规划的突出特点是首次编制了《天津市中心城区控制性详细规划编制单元管理规定》。根据天津市中心城区的城市结构特征、城市规划管理和信息化要求划分了控规单元；借鉴国内外城市规划的经验与教训，结合天津市当时的城市规划设计和管理实际情况，拟订了《天津市控制性详细规划编制技术规定（暂行）》（经1999年6月3日市规划局局长办公会批准）；提出天津市主要道路、铁路、河流两侧绿化宽度控制要求；实行了公开展示制度。

2000版控规的编制与实施，推动了规划本身的法制化、民主化进程；加强了控制性详细规划编制的系统性和控规成果的规范性；增设了"可持续发展用地"作为城市发展预留地，体现了可持续发展的战略思想。

（二）2005版天津市中心城区控制性详细规划

1. 编制背景

2004年根据国家区域发展战略的部署，天津市修编了中心城市总体规划，对中心城区赋予了新的职能；科学发展观、构建和谐社会、加强历史文化名城保护，对城市发展提出了更高的标准和要求；实施"三步走"战略，创建国家园林城市和国家卫生城市，加快服务业发展，需要对城市用地结构进行调整；海河两岸综合开发改造、快速路建设等一批城市重点项目的实施，对城市交通、环境等提出更高要求。其次，在控规实施过程中存在部分控规单元规划控制指标不断被突破，反复调整的现象。例如居住用地上版规划控制指标为9272公顷，但至2004年居住用地现状已达到9814公顷。在这种背景下，对2000版中心城区控制性详细规划进行了修编。

2. 主要特点

2005版中心城区控制性详细规划的突出特点是运用GIS最新的技术手段，充分利用现有的数据资料，在较短的时间内，建立了包括土地使用性质、居住人口空间分布、建筑建设年代、建筑密度、建筑高度等要素的现状资料数据库，为控制性详细规划的修编奠定了坚实的技术基础。

提出了控规修编使用的《天津市中心城区及外围组团城市用地分类标准》，修订完成"天津市控制性详细规划编制规程"；组织专家进行包括"控规修编相关管理规定及指标要求研究"、"关于土地使用兼容性研究"、"天津市中心城区城市密度分区研究"、"非经营性设施的合理布局与实施的研究"、"容积率奖励、开发权转让规定研究"等在内的专题研究，这其中既包括技术指标上的，也包括管理机制上的。增加了中心城区及外围地区次区域规划和行政区（分区）规划环节，用以完整、深入地落实城市总体规划以及重要专项规划的设想，综合协调中心城区与外围地区在城市空间结构、用地布局、人口分布、交通联系、市政基础设施配套及生态建设等方面的关系。

将控规单元按照保护区（总规确定的14个历史文化保护街区）、保留区（以功能完善的成熟地块为主）和改造区（以功能提升及改变地块用地性质为主）进行分类，对不同类型的单元提出不同的内容深度要求。

在176个单元的修编方案完成后，在征求各行政区意见的同时，组织政府相关部门进行审查。综合各方面意见对方案进行修改，对方案完善后进行公示，进一步征求社会各方面的意见和建议。

二、创建"一控规两导则"管理体系

在探索控规变革的过程中，按照"分层编制"的思想，将传统控规按照控制对象和控制程度不同划分为"控规"和"土地细分导则"两个层级，并突出城市设计的先导作用，将城市设计导则内容纳入规划管理的法定体系，逐渐形成了"总量控制，分层编制，分级审批，动态维护"的总体思路，建立了"一控规两导则"的编制和管理体系。通过控制性详细规划、土地细分导则、城市设计导则的有机结合、协同运作，有效化解控规编制工作滞后和管理的僵化，提高了控规的兼容性、弹性和适应性。

"一控规两导则"编管体系经过充分的专家论证和社会公示，通过立法的形式，在《天津市城乡规划条例》中明确其体系框架和法定地位，作为指导城市建设的重要管理依据。

《天津市城乡规划条例》

第三十六条　城乡规划主管部门依据控制性详细规划编制细分导则。

第三十七条　市人民政府确定的重点地区、重点项目，由市城乡规划主管部门按照城乡规划和相关规定组织编制城市设计，制定城市设计导则；前款规定以外其他地区，由区、县城乡规划主管部门组织编制城市设计，制定城市设计导则。

此外，在城乡规划体系中"一控规两导则"处于"枢纽"地位，是落实上位规划和专业规划、转化相关研究成果，并指导具体规划实施的关键环节。

三、"一控规"的核心内容

（一）用地功能

由于控规以单元为基本管理单位，以复合地块为控制对象，因此控规中对于用地功能的划分基本上是土导功能的给定，而不是单纯的地块用地属性，因此，控规中的用地功能是兼容性而不是唯一性的，对用地兼容性的研究，国内很多大城市早已开展了相关探索，如上海在国家用地分类标准的基础上，专门增加了兼容性的F类用地，包括F1居住兼容公建用地，F2公建兼容居住用地，F3不同公建类型的混合等。

传统的控规编制中也注意到了用地兼容性的问题，从一定程度上体现了城市用地规划的灵活性要求，但这种兼容性的控制有其不足之处。首先，控制性详细规划中的不同类型用地兼容性的确定只是一种技术性的判断，即用地的兼容与否的判定原则是从环境、规划结构、空间景观效果等理性因素进行考虑，而对市场、社会等因素却考虑较少，因此这种兼容性的控制在实际操作中没有很大的作用。其次，这种兼容性的控制方法没有提出最佳的选择方案，操作起来有一定难度。规划师在确定兼容性时只是说明了地块内可以兼容哪些性质的用地，但是并没有给出哪些用地组合是最佳的，哪些用地的兼容是可行的但却不是最佳的。这种兼容性的控制手段实际上并没有达到预想的要求。再次，兼容性是由规划编制人员单独确定的，规划编制人员的考虑往往是片面的，代表的只是单方利益。这种以一方利益为主导的规划往往会在实施时遇到很大的阻力。市场经济影响下的城市规划要求规划能够体现各方的利益，因此这种兼容性的确定不应该是由规划人员来确定，而应留给市场，在实际的实施过程中决定哪种用地的模式是最合理的，规划人员只需要给出指导性意见即可。也就是说，混合用地的组合方式不应该是规划编制人员人为设定的，它来源于市场的实际需要，规划编制人员所要做的是对于这种需要判断其是否可行。

基于以上对传统控制性详细规划中的用地兼容性的缺陷，在"一控规两导则"编管体系的建立过程中，注重了对原有的规划方法的优化。首先，以"刚柔并济"作为确定用地兼容性的原则。城市规划要有刚性才能规范市场的运作，体现规划的法律效力。城市规划也要有柔性，即要有一定的弹性和灵活性，对于一些拿不准的用地性质，应该做出科学的判断，给出多个用地性质的选择意见。其次，增强市场的主导性。受限于规划编制者的个人水平、专业背景和主观偏好等因素，规划编制必然存在一定的局限性，这种局限性导致了对一些问题的判断会有偏差，因此，对于某些拿不准的用地，规划编制者可以给出自己的见解，提出合理的方案，再把方案交给市场，让方案在市场的作用下进行自身优化。第三，给出多种地块布局模式，提出选择性方案。在具体的编制过程中，地块的性质并不是一经确定就是最优的，它存在着许多种可能性，这些可能性都是合理的，规划编制者所做的就是在这几种可能性中进行适应性条件的分析，明确指出在什么条件下用什么样的用地布局模式，哪种用地布局最为合理，哪些用地布局是不恰当的。

（二）开发强度

天津市自2000年以来，城市得到了快速提升发展，尤其2007年以来，随着达沃斯论坛和奥运会等一系列活动的开展，天津的城市发展得到了新一轮的改观，城市面貌得到了迅速的改善，与此同时，城市的更新改造也更为迅速地向前推进。在更新改造的过程中，各方对于开发强度的争议也越来越多。在新的发展时期，针对以前设定的开发强度，相关方面往往提出质疑，而此时规划者没有与时俱进的开发强度研究，在回答起来总是觉得没有那么理直气壮。另一方面，自从奥运会前开展了城市面貌的整治，2008年下半年开展了全面的重点规划之后，以及近年来的一系列城市相关规划和研究之后，天津市的规划层面有了不同于几年前的新思路，尤其在城市的总体城市设计方面取得了大量的阶段性研究成果。然而，这些阶段性成果在指导控规的编制和维护过程中显得力不从心，一是其研究的视角为城市设计，对于密度的分区更多的是从城市形态的角度来进行考虑，而缺少对其他相关因素的统筹，二是其对于密度分区、开发强度的涉及更多的是片面的、局部的内容，且并未形成强制性的、可供管理者使用的系统。

在城市用地的规划管理中，控规是最直接的依据，而开发强度则是控规最为核心的指标之一。地块开发强度的确定有赖于整体城市建设密度的分配。因此，城市建设密度是影响城市健康发展的重要因素之一，它直接或间接地影响城市形态、公共服务设施布局、公共交通和市政设施的运营等各个方面。良好且合理的城市密度分区是控规中的开发强度指标得以合理确定的基础，从而也是使控规越来越规范化、法制化的一个关键性前提条件。

基于以上原因，本章节的研究拟达到如下的目的意义：一是对中心城区整体的容量和密度进行研究控制，有利于城市整体配套设施的均衡和城市形态的控制；二是对地块的开发强度进行研究限定，为控规的编制和动态维护中设施的配置提供依据。

1. 中心城区开发总量

1.1 主要依据

天津市中心城区控规修编（2004年、2008年更新）现状建筑面积的调查和统计结果；

天津市城市总体规划（2005~2020年）及总规修改方案（2010年）对中心城区人口规模、各类建设用地规模和经济指标的预测值。

1.2 计算方法

经济—建筑模式

建筑总量和社会经济发展密切相关，通过类比多个城市人均GDP增长和建筑量增长之间的关系，预测出天津市中心城区2020年的建筑总量和整体密度。其中，类比上海的预测结果为31725万平方米；类比广州的预测结果为35814万平方米；类比天津自身发展规律的预测结果为27833万平方米。

人口—居住建筑模式

利用反映居民生活水平的居住建筑面积指标，均衡人口数量和居住建筑两者之间的关系，依据比例确定2020年的建筑总量。

首先，预测住宅建筑总量。参照《天津市城市定位指标体系研究》确定的2020年人均住房建筑面积33平方米标准，预测结果为15510万平方米；参照建设部《中国全面小康社会的居住目标研究》报告对2020年居住目标提出的数据指标，到2020年时，城镇人均住房建筑面积达35平方米，则预测结果为16450万平方米。

然后，通过对住宅建筑面积和总建筑面积的关系预测建筑总量。根据天津发展历史和现状数据，结合上海、广州等地的类比，设定2020年天津市中心城区住宅建筑面积所占比例为55%~60%，则推测2020年中心城区建筑总量为27416~29909万平方米。

人口—公共设施模式

结合公共设施（以医疗卫生为例）的合理指标体系，综合考虑人口—医疗设施—建筑三者之间的数量关系，寻找未来发展的均衡点，从而得到预期的建筑总量。根据规范并考虑实际情况，取0.9平方米/人，则2020年天津市中心城区医疗卫生总建筑面积为423万平方米。结合现状，参考上海数据，选用医疗卫生建筑面积比例在1.3%~1.4%之间，则2020年天津市中心城区建筑总量为30214~32538万平方米。

1.3 数据分析

天津市中心城区建筑总量预测结果汇总表 表5-2-1

	经济—建筑	人口—居住建筑	人口—公共建筑
预测建筑总量 （万平方米）	方法1：31725 方法2：35814 方法3：27833	27416~29909	30214~32538

综合以上方法，预测2020年的天津市中心城区建筑总量约31000万平方米，平均毛容积率为1.15（中心城区建设用地不包含道路用地）。

2. 中心城区密度分区

2.1 相关影响因素分析

根据中心城区特点，参照我国香港、深圳经验，结合区位理论，确定密度分区基准模型的主要参数包括交通条件、服务条件和环境条件。

容积率影响因素和表征变量表 表5-2-2

影响要素	影响因子	规划解读	表征变量
交通条件	地铁站点	反映地区可达性，一般交通条件越好，容积率越高	与城市地铁站点的距离
	区位条件	一般城市核心区，容积率较高	四条环线道路
服务条件	市级	反映服务能力，聚集经济程度，一般越靠近中心，容积率越高	与市级公共活动中心的距离
	区级		与区级公共活动中心的距离
环境条件	公园绿地	公共绿地、自然景观等环境条件可调节生态，一般环境条件越好，容积率越高	与大型公共绿地的距离
	河流		与主要河流的距离

2.2 基准密度分配模型的构建

密度分区因子的赋值

对上述影响因子根据其对开发强度的影响程度，分成每个大类进行赋值和权重的分配。

密度分区因子权重确定

参考深圳密度分区研究的权重标准，结合天津实际情况，综合确定服务条件的权重为0.45；交通条件的权重为0.45；环境条件的权重为0.10。

密度分区评价指标表 表5-2-3

影响要素	影响因子		赋值	权重	
交通条件	地铁站点	换乘站300米覆盖区域	5	0.65	0.45
		换乘站300~500米，单独站300米覆盖区域	3		
		换乘站500~1000米覆盖区域	1		
		其余地区	0		
	区位条件	内环	5	0.35	
		内环—中环	4		
		中环—快速路	3		
		快速路~外环	1		
服务条件	市级	500米覆盖区域	5	0.6	0.45
		1000米覆盖区域	3		
		其余地区	1		
	区级	300米的覆盖区域	3	0.4	
		300米以外的有区级中心	1		
		没有区级中心	0		
环境条件	公园绿地	大于50公顷300米覆盖区域	5	0.5	0.1
		大于50公顷300~500米覆盖区域	3		
		10~50公顷300米覆盖区域	1		
		其余地区	0		
	河流	一级河道500米覆盖区域	3	0.5	
		二级河道300米覆盖区域	1		
		其余地区	0		

建立基准模型，划分密度分区

通过Arcgis软件进行叠加分析建立密度分区的基准模型，将中心城区划分为高密度、中高密度、中低密度和低密度四种密度分区。公共绿地作为非开发用地。

建立扩展模型

通过叠加规划路网和地块线，最后得到地块的密度分配扩展模型。本次研究结合交通条件、服务条件和环境条件三方面的因素，得到结果有以下三方面的特色，一是在总量平衡的前提下，对中心城区总体密度分区进行了优化提升；二是突出了"一主两副"城市中心的结构在城市未来发展的地位和开发强度要求；三是突出了未来轨道站点对周边地区的辐射带动作用。扩展模型是对中心城区实际情况的模拟，为控规的指标设定提供了直观的科学依据，指导未来中心城区规划建设。

2.3　修正后的中心城区密度分区

基准模型是普遍的和全局的密度分区模型，得到的开发强度分布是理想的状态。修正模型是特殊的和局部的密度分区模型，它引入其他相关因素的要求，落实于相应的空间单元进行量化，与基准模型进行叠加，起到补充和局部修正的作用（可能会提高或者降低局部地区的开发强度），使密度模型更为具体和细化。确定二个修正要素：历史保护要素、现状要素。

历史保护要素

依据《天津市城市总体规划（2004~2020年）》确定的十四个历史文化（风貌）保护区的范围，考虑到历史文化（风貌）保护区内建筑的保护价值，保护区内不会进行大规模的开发改造（老城厢地区除外），此次研究基本上是按照现状来确定其容积率。

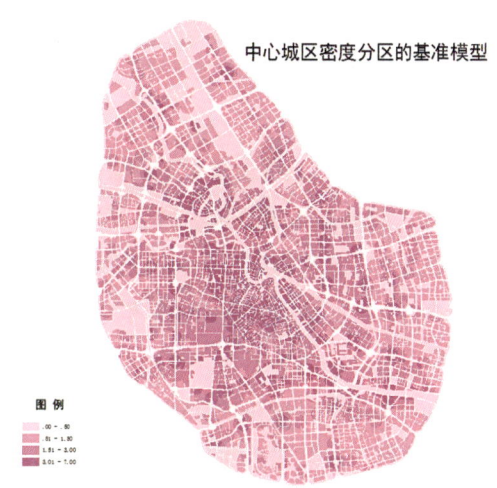

图5-2-1　中心城区密度分区的基准模型

中心城区理想开发强度三维分布图

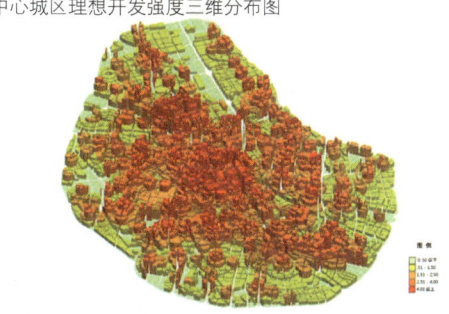

图5-2-2　中心城区理想开发强度三维分布图

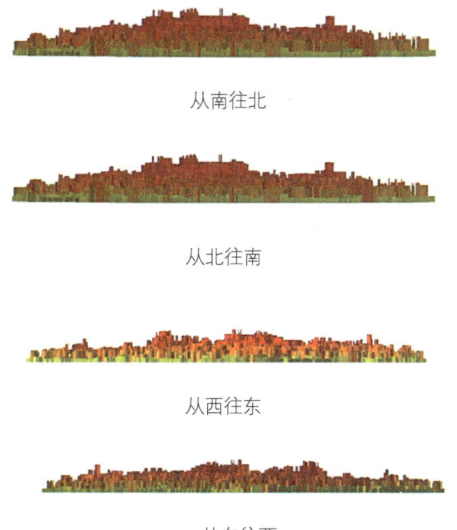

从南往北

从北往南

从西往东

从东往西

图5-2-3　中心城区东西南北四方向城市轮廓图

现状要素

主要考虑两大类现状地块上建筑需要保留：一是已出让地块，二是建筑年代为1990年后建成的地块。

（三）设施控制

1. 控规公共设施配置及其存在问题

1.1 现状城市设施供应的不足

在城市土地的实际建设开发过程中，由于城市管理的不完善，经常造成城市设施供应不足，影响居民的基本生活需要。经分析，原因主要有以下两点：

规划设施用地得不到保障，经常被挪作他用。在进行规划时，是根据预计的开发量和人口指标确定城市设施的规模，但是在某些利益的驱动下，在实际开发过程中，这些用地经常被改变用地性质，任意改作其他房地产开发用地。同时，又没有在其他合适的区域安排相应的设施，造成设施类型与规模的不足，满足不了居民的基本生活需要。

实际开发规模超过规划预计规模，造成公共设施严重缺乏。在实际建设中，规划预计的容量经常被突破，其中房地产开发项目是容量突破的重灾区，而城市设施的规模是按照预计容量进行配置的，那些突破的容量势必造成设施供应紧张，影响居民的生活质量。

1.2 控规中公共设施的配置方式僵化

千人指标的配置核心：公共设施配置是控规编制的重要内容。一般而言，生活性公共设施按照使用功能可以分为八类：教育设施、医疗卫生设施、文化娱乐设施、体育设施、社会福利与保障设施、行政管理与社区服务设施、商业金融服务设施、邮电设施。1994年，建设部出台的《城市居住区规划设计规范》中对居住区配套公共设施提出了明确的设置标准和要求。但当时配套要求明显反映出计划经济的特征，2000年根据新的变换形式，建设部开展1994版《规范》的局部修订工作，并于2002年正式发布。依据现行的《城市居住区规划设计规范》，居住区公共设施按三级配置，即居住区（3万~5万人）、小区（1万~1.5万人）和组团（1000~3000人），各级按照千人指标的要求相应配套各类公共设施，即根据一定的人口规模，配置相应种类、数量和规模的公共设施。该规范中对公共设施配置的相关要求是以全国城市为背景进行的统筹考虑，没有过多考虑各地区具体情况。因此一些城市在该标准的基础上，依据自身特点开展相关研究，并制定了地方性公共设施配置规范，如北京、上海、广州、南京、济南、无锡等。这些地方性规范多依据自身的社会经济发展水平和地域特点，对配置标准进行适当的调整，但其配置的核心思想仍然是千人指标。

落实到地块的控制方式：控规对公共设施的控制通常落实到具体地块，即按照千人指标的要求详细规定设施的类别、规模和布局，并最终准确表达到规划图则中，如中小学、卫生站、文化中心、体育设施、邮电所等。以地块为载体的决策视角在政府主导的房地产开发中对公共设施的控制十分有效，但随着市场在资源配置中起决定性作用，受开发主体和开发时序不确定性的影响这一决策视角下的公共设施配置很容易出现控制灵活性不足的问题。由于各类公共设施的位置在控规阶段已经确定，将极大限制下一步修建性详细规划设计。此外，控规编制中公共设施布局往往显得理性不足。当把公共设施明确在某个地块时，控规又很难有充分的理由解释为何配置在此处而非其他位置，对设施位置的调整也缺少必要补充说明或限制条件，这些都是控规编制中公共设施配置灵活性不足的表现。

由此可见，控规对于公共设施的配置应该把握两个原则：首先，应满足使用的要求，即应保证公共设施的类别、数量和规模符合相关规范的最低标准，这是设施配置的最基本要求。当前控规编制通过定量、定位等控制方式，一般能较好地做到这一点。其次，在满足使用要求的基础上应与开发建设相结合，考虑投资主体不同对设施布局带来的影响，在满足数量、规模的前提下赋予开发建设适当的自由度，使其可以结合具体的修建性详细规划设计灵活布局。

2. 公共设施配置原则与策略

为解决传统公共设施配置所面临的矛盾，可以引入决策视角转换的方法。这一方法的总体思路是：通过对各类公共设施主管部门的调研和现行规范、标准的梳理，明确新的发展条件（特别是市场经济体制下的多元投资机制作用）下不同类型、不同级别公共设施的配置要求，按照合理的服务半径采用较宏观的视角在高一层次范围内进行控制；公共设施在不违反相关配置规范、标准的前提下可以在高一层次范围内根据需要进行灵活调整，但在调整过程中必须遵循新的控制体系对其数量、规模等指标的规定；同时着重对市民生活联系密切但易受市场行为侵蚀的公共设施（如教育、文化、康体设施）进行强制性配套，如确需通过政府投资予以保障，则应以传统方式对相关设施用地做出明确的用地安排。

通过决策视角转换化解控规公共设施配置面临的不确定性可在以下三个方面体现其进步性：

2.1 变微观配建为宏观调控

基于决策视角转换思想，化解控规编制中公共设施配置不确定性的方法是在保证公共设施的服务半径和服务能力的前提下，对原有基于地块的微观确定性配建向高一层次控制单元进行宏观调控的转换。这样的转变不仅能够保证公共设施种类、数量的供给，延续了既有的公共设施配建指标体系，而且有助于在市场经济体制下更好地调动多方投资主体参与城市开发的积极性，在富于弹性的范围内使得公共设施的营建更经济更符合未来城市开发的趋势。考虑到不同公共设施具有不同的投资主体、管理部门及服务范围，因此应根据其各自需要划定不同规模的调控单元。例如：

一所普通小学的服务人口约为1万~1.5万人，其服务范围可与基层社区居委会的管理单元相衔接，在400~600m的编制单元内进行调控；而一所普通初级（或高级）中学的服务人口约为3万~5万人，其服务范围可与城市扩大社区（街道）的管理单元相衔接，在800~1000m的编制单元内进行调控。基于这样的考虑，在新视角下的控规编制中，应强化作为城市重要组成单元的居住社区的配置内容和功能，在更富弹性的范围内提供居民日常生活需要的综合全面的服务，同时辅以基层社区基本的服务功能设施。

2.2 实现资源整合与共享

公共设施种类众多涉及广泛，涵盖了教育、文化、健身、民政、卫生、商贸、园林、邮政、电信等为居民生活提供服务的各个方面，很多以专业规范作为其配置的依据。原有以行业为基础进行的控制方法从单个设施配置的角度也许是合理的，但是无形中削弱了系统间联系性，比如对于文体活动设施，民政部门对其配置有一定要求，而文化和教育部门也会提出各自的行业技术规范；环卫部门对于早餐点有特定要求，这些要求可能与商贸部门提出的便民商业服务设施在内容上存在重叠；还有一些行业性的规定需要整合进现行规范，比如《国家贸易局零售业态分类规范意见（1998年试行）》提出超市服务范围是步行10分钟左右（营业面积1000m²左右），便利店的服务范围是步行5分钟左右（营业面积100m²左右）。

通过决策视角转换，公共设施能够在更高层次的编制单元内进行调控，这不仅使其在布局上有了更大的弹性，也能在一定程度上打破原有各类公共设施用地间互不相容的局限性，弱化行业间的条框约束，进而强调各类公共设施的共享，有利于实现用地、空间的复合利用。例如中小学的运动场馆可以在节假日向社区开放，教育设施兼顾社区体育健身设施的功能等。在"条"与"块"的关系上，新的决策视角更加强调基层机构（街道和居委会）的管理作用，以不同的单元为单位进行整体协调，各部门则着重从行业角度进行指导和监督。

2.3 突出保障公共利益

根据市场经济下公共设施易受市场的侵蚀程度，可以将公共设施分为两类：一类是易受市场力侵蚀的公共设施，包括教育、医疗卫生、文化、体育、社区服务、行政管理、社会福利等；一类是易受市场力推动的公共设施，如各类商贸、服务设施。

为加强对公益性公共设施种类、数量和规模的控制，更有效地保障公益性设施的落实，在决策视角转换的同时强调对公益性公共设施内容和标准的刚性控制。特别是对于政府直接投资配建的设施类型，可以回归传统控制方式尽可能减少控制中不确定因素的干扰，严格控制对这类设施进行数量、规模和位置的随意调整。而对于经营性的公共设施，除政府需要特别规定的农贸市场外，在内容和标准上则重视顺应市场经济要求，在总量和配置内容方面留有一定的余地。

3. 公共设施的控制分类

借鉴《世界银行1994年发展报告》对公共设施可经营性程度的分类，按照投入产出效益和建成后所提供的产品或服务，城市设施项目一般可分为三大类：

非经营型（公益型）城市设施，特点是以社会效益为目标；

准经营型（收益型）城市设施，特点是兼顾社会和经济效益；

纯经营型（竞争型）城市设施，特点是以市场为主导。

其中，第一类城市设施由于不存在经济利益，通常会得到保障；而第二、三类城市设施在经济利益的驱动下，会出现被挪为他用的现象。所以，根据公益性和政府是否出资原则，可以将设施归结为非经营性设施和经营性设施两种。

城市设施分类一览表　　　　表5-2-4

类型	设施	类型	设施
非经营性设施	中学	非经营性设施	垃圾收集站
	小学		再生资源回收展
	幼儿园		再生资源回收站
	综合医院		公共厕所
	门诊部		环卫工人作息站
	文化站		公交站场
	居住区级文化中心		市政廊道
	综合体育活动中心		市政战场
	敬老院	经营性设施	居住区级商业设施
	街道办事处		居住小区级商业设施
	社区委员会		居住小区级文化室
	社区服务中心		社区健康服务中心
	社区服务站		游泳池
	派出所		社区体育活动场地
	社区警务室		邮政所
	邮政支局		社会公共停车场
	液化石油气瓶装供应站		

4. 城市设施分类的控制原则

针对非经营性设施和经营性设施的不同特征，在实际的规划管理控制过程中需要制定不同的控制原则。

4.1 非经营性设施

对于非经营性设施，应当从整体上对该类设施进行刚性控制，包括设施的定性、定量、定位和定界等要素。总的说来，可以把非经营性设施划分为两类，一类是独立占地的设施，要严格规定其性质和规模，一律不得挪作他用；另一类是住宅和公建的附建设施，在保证该设施的正常使用不受影响，并且有相对独立的出入口的前提下，可以在地块内灵活布置。

为了保障非经营性设施的正常建设与使用，其规划管理应纳入住建部2006年3月1日颁布的《黄线管理办法》。

4.2 经营性设施

经营性设施主要包括居住区级商业和小区级的商业、文化、医疗、体育等设施，这些设施可以带来丰厚的商业利益，遵循的是市场经济的自由配置原则。开发商会以自身获得最大利益为目标，根据市场的实际需求来进行建设，设施的性质和规模通常能得到良好的保障。

规划时对经营性设施的设置只需进行引导，无需做强制性规定；规划行政主管部门应对该类设施进行开放式管理，减少对政府资源的占用。

5. 城市设施控制分图的表达

《黄线管理办法》规定了相应设施的表达方式，但这远远不能满足实际控制的需要，在弹性控制中需要更加详细的表示方法。

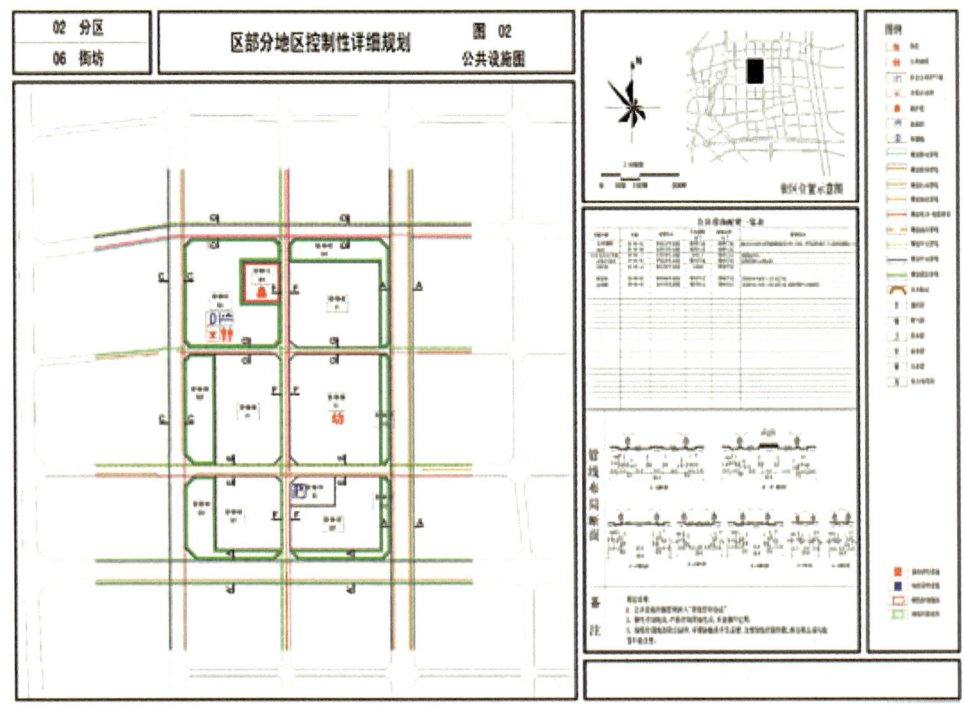

图5-2-4 公共设施控制分图

5.1 公共设施的控制

依据城市设施的控制分类，在控制分图上利用不同颜色的线条分别表示：蓝线表示经营性设施，红线表示非经营性设施。

5.2 市政管线的控制

结合设施控制分图,将管线综合的平面位置、断面分布进行统一控制表达。

(四)设施配置与开放强度的协调

根据建设和谐社会的目标,遵循"以人为本"的原则,应充分保障公共设施的供给。公共设施的配置应以规划区域的基准开发容量为标准,适当考虑浮动容量的变化,预留设施的弹性建设空间。

在用地开发的前期和中期阶段,一些独立占地的设施应以设施备用地的形式保留,在设施没有进行建设以前,可以作为绿地或临时用地使用。

四、土地细分导则控制的核心内容

(一)土地细分导则的编制研究

土地细分导则依据控制性详细规划制定,是控制地块用地性质、使用强度等规划指标,确定公益性公共设施、基础设施、公共安全设施、公共绿地等用地的规模、范围和强制性控制要求的行政措施,是建设项目规划行政许可审批、土地出让和转让方案制定的直接依据。

土地细分导则编制和管理的对象是地块,是对土地利用和管理的进一步细化。土地细分导则强调各项设施定性、定量、定位,通过对各类地块用地性质、用地面积、容积率、建筑密度、绿地率、配套设施等几个方面的控制,实现对土地使用的有效管理。

1. 土地细分导则编制的内容

1.1 地块的用地范围、用地性质和兼容性要求。

1.2 地块的容积率、建筑密度、绿地率等控制指标,各类公益性公共设施和居住服务设施的配置要求,重点地区内地块的建筑限高。

1.3 公共绿地的用地范围、规模和分布。

1.4 道路红线宽度、断面、交叉口形式和交通组织控制要求,各类交通设施的用地范围、规模等规划指标和控制要求。

1.5 各类市政工程场站设施和城市安全设施的用地范围、规模等控制指标和控制要求。

1.6 划定黑线、蓝线、紫线、黄线、绿线等规划控制线。

1.7 相应建设用地使用和建筑工程规划管理要求。

2. 土地细分导则修改的要求

结合实际提请导则修改的案例,经过系统分析与比较,认为满足下列情形之一,可以对土地细分导则进行修改:

2.1 控制性详细规划或专业规划修改的;

2.2 需要与城市设计相互衔接的;

2.3 符合控制性详细规划单元控制要求,对地块用地性质和用地布局进行调整的;

2.4 符合控制性详细规划建筑规模总量平衡要求,对局部地块建筑规模进行调整的;

2.5 符合控制性详细规划绿地总量平衡要求,对绿化带或者集中绿地进行调整的;

2.6 满足城市空间和景观环境需要,对局部地块建筑高度、建筑密度进行调整的;

2.7 在控制性详细规划单元内,对市政基础设施和公共安全设施的位置进行调整的;

2.8 设立重点建设项目的;

2.9 不涉及控制性详细规划修改的其他情形。

3. 修改内容的要求

土地细分导则的修改需要通过交通影响与停车场(库)核算、市政基础设施承载力核算、日照分析测算、配套服务设施核算等技术论证,编制可行的策划方案。

策划方案编制包含以下内容:

3.1 明确地块及周边用地的区域位置、用地性质、用地规模、权属情况、建筑条件、公共设施分布及市政、交通、公共安全等基础设施情况。明确地块核发规划行政许可的情况。

3.2 策划方案优先落实公益性公共服务设施、配套公共服务设施、道路交通和市政设施、城市安全设施和绿地。明确各类规划用地界线和红线、绿线、蓝线、黑线、黄线等各类规划控制线。

3.3 明确各类建筑的布局方式、层数、日照间距、地下设施范围、建筑高度、层数等。

3.4 明确各类建筑的体量、高度分布、建筑空间形式、与周边建筑的关系、开放空间布局等。

3.5 根据可容纳人口规模确定公共服务设施的级别、内容、数量、规模及建设要求。

3.6 明确道路等级、宽度、地块出入口位置、地面地下停车组织方式等,做好地块内部交通的流线组织和对外交通的有效衔接。

3.7 明确地块内各类基础设施的用地、等级、规模。

3.8 明确土地细分导则相关指标,包括规划用地性质、地块面积、容积率、建筑密度、绿地率、设施名称及建设规模。涉及居住用地修改的,应明确可容纳户数、人口数、建筑单体平面组织形式。

3.9 明确城市设计导则相关指标，包括建筑退线、建筑贴线率、建筑体量、建筑高度、建筑裙房、建筑骑楼等。

3.10 核算策划方案在单元功能规模、绿地、公共设施、交通、市政工程、城市安全等方面是否突破原控制性详细规划的要求。突破控制性详细规划的，提出修改内容和具体意见。

（二）土地细分导则的管理研究

1. 管理的主体

根据"天津市城乡规划条例"（2009年11月19日天津市第十五届人民代表大会常务委员会第十三次会议通过）"第三章 城乡规划的实施"中"第三十六条 城乡规划主管部门依据控制性详细规划编制细分导则。"该项条例对组织编制土地细分导则在管理层面提供了基本的法律依据。市城乡规划主管部门负责全市土地细分导则管理工作，负责指导监督区县土地细分导则组织编制和实施管理工作。区县城乡规划主管部门根据各自职责负责本辖区土地细分导则组织编制和实施管理工作。

2. 管理的程序和方法

完善的管理体系不仅仅是对导则成果的自身评价，还包括对土地细分导则涉及的各个工程建设项目的分级管理和对运行保障体系本身要素和运行状况的管理，具有一定的过程性。从项目审批程序上划分，可包括两个方面的审查与监督工作：

2.1 土地细分导则的审批

中心城区、环城四区、外环线以外地区、近郊区新城、镇区的土地细分导则，由区县城乡规划主管部门组织编制，报市城乡规划主管部门审批。滨海新区的土地细分导则，由滨海新区城乡规划主管部门组织编制，报滨海新区人民政府审批，报市城乡规划主管部门备案。

编制土地细分导则，组织编制机关应当进行专家论证，征求有关部门和公众意见。

经批准的土地细分导则应当严格执行，任何单位和个人不得擅自修改。确需修改的，应当按照规定程序办理。

2.2 土地细分导则修改的审批

中心城区的土地细分导则修改，由市城乡规划主管部门组织区县城乡规划主管部门提出修改论证报告，编制修改方案，经市城乡规划主管部门控制性详细规划和土地细分导则管理专题会审查同意后，报局长业务会审议批准。

滨海新区的土地细分导则修改，由滨海新区城乡规划主管部门组织设计单位提出修改论证报告，编制修改方案，报滨海新区人民政府审批，报市城乡规划主管部门备案。

五、城市设计导则控制的核心内容

近年来，随着经济的快速发展，城市建设水平不断提高，城市景观、环境品质日益受到重视，城市设计也越来越多地运用于城市规划管理中。但由于缺乏全面的认识，城市设计在实际工作中没有发挥出它应有的效能。

为使城市设计的成果得以贯彻，有必要将城市设计的成果规范化与法律化，纳入城市建设的管理体系，从而使城市建设可以合理高效和有序地进行，提高城市设计的可操作性。

城市设计导则的出现是伴随着城市设计理论的发展而产生的。20世纪60年代，西方国家的经济得到复苏和发展，人们对环境的要求日益提高，城市规划对城市发展的控制中，逐渐显现出它的不足。为了解决大规模的环境特色和质量问题，西方国家的很多城市开始编制超出传统城市规划内容的城市设计策略，旨在通过对形体和发展过程的计划来控制城市的发展，丰富城市空间，创造新的、更有特色的城市空间。城市设计导则最先发端于美国旧金山城市规划及其实践，1970年旧金山在城市规划及城市设计的计划在实施中遇到了一些困难和阻力，城市规划局为了确保城市环境在微观层次的质量，将设计计划转换成特殊的设计导则，并于1982年正式编制了市区城市设计导则。之后，美国的很多城市开始建立具有各自城市特色的城市设计导则，以此控制城市的开发建设。

近年来，我国在城市设计导则领域的理论与实践有了很大进展，例如，我国香港规划署在2003年完成了香港城市设计指引研究，并根据研究的结果和建议制定了一套参考性的城市设计指引，以此推动市民认识城市设计上的考虑因素，并作为评核城市设计的大体纲领。另一些城市针对特定的区域和地段进行了城市设计导则的实践，如上海静安寺地区城市设计导则，深圳市的城市设计指引等；尤其是1998年深圳市中心区CBD22. 23-1两个办公街坊做了城市设计及其导则，通过其制定的城市设计导则对街道形式和建筑形体进行了控制，在随后的单体建筑设计招标中得到认真贯彻，这是一个极为难得的街坊城市设计及实施的范例。

由此可见，随着城市设计导则在国内外城市管理中应用实践的成功，城市设计导则作为城市设计中最富有创意的结果，逐渐得到社会的重视，设计导则的建立弥补了规划和建筑设计制度之间的裂痕，有效控制城市公共空间（整体系统与各类构成要素），保证城市公共空间的设计品质，提高城市景观环境质量。

（一）城市设计的规范化——城市设计导则的产生及其任务

1. 城市设计规范化的理论基础

城市设计规范化、法制化，包括设计管理、实施维护等一系列的规章制度条例，是为整个设计过程服务的一个行动框架和对社会经济背景的一种响应。同时它又是保证城市设计从图纸文本向现实转化的法制保障。从设计层面，城市设计的内容作为土地使用的外在条件（规划设计要点是土地使用的本质条件，具有法律效力），从统一有序的城市空间总体上指导和控制具体的建筑设计和环境设计，同时又为个体设计和环境设计留下充分的创作余地，成为城市整体与个体之间的纽带。从管理层面，城市设计是城市建设规划管理的一个重要内容，有必要通过规范化、法制化的手段，加大管理力度，提高其在规划管理中的实效性。

城市设计规范化、法制化是城市设计发挥实效的必要条件。历史表明，城市设计的理论、实践与立法是相互促进的，现实的生活环境问题促进了设计理论的探索和实践，而在引起各种影响因素共同关注的时候，其规范化、法制化又成为必须。

地方化为城市设计的规范化、法制化奠定了基础。普遍性的城市设计法规法令是否具有现实意义值得深思，在城市设计发展和应用比较早的美国、日本等国，都没有覆盖全国领域的城市设计法规。目前，国内各个城市的经济发展和建设水平有比较大的差异，所面临的城市设计问题也不同，被动地等待普遍性的城市设计法规和操作规范是不可取的，将会严重滞缓城市品质的提升。因此，地方化的思路为城市设计法规的法制化、规范化奠定了基础。不同城市，可以适时地根据自身城市化的进程和城市设计工作的实际状况，因地制宜地拟定城市设计的相关法规法令，维护城市设计工作的客观性和稳定性，促进城市设计工作持续、规范地开展。

规范化、法制化是城市设计整体化的保障。各阶段的城市规划、各种层面、各种范围内的城市设计，都是城市设计实施的依据，就整体性而言，仅仅依靠这些是不够的，要实现在城市整体范围内品质的均质提升，解决大规模环境的特色和质量问题，需要从政策层面上来进行积极的引导和规范管理，制定更深入细致的政策和标准，使城市设计发挥更为广泛的作用。美国旧金山针对城市自身的特点，编制了覆盖全市的《城市设计准则》，作为城市中环境建设的管理依据，对城市整体范围内的空间景观环境进行引导和约束。尤其是对那些非中心、非重点的地区，对那些没有专门编制城市设计方案的地区，标准与准则极大地发挥了作用，使这些地区的空间景观环境纳入城市整体的水平控制之中，避免建设品质的参差不齐。因此，通过各种政策、标准和设计审查来管理较大地区范围的环境特色和质量的做法应当成为城市设计的重要内容，上述政策和标准的制定也正成为城市设计师的重要工作。

2. 城市设计导则涵盖部分规划管理要素

从城市规划管理的角度而言，管理的重点内容主要是进行项目管理、城市资源配置管理和城市形象与空间管理三个方面。为了便于管理运作实施，将规划管理内容分解为强制性和引导性的要素，涉及城市建设的各方面，具有复杂性和交叉性特点。城市设计导则和法定规划包含不同方面的、规划管理要素，设计导则主要涵盖大部分引导性要素，法定规划主要涵盖全部强制性要素和部分引导性要素。

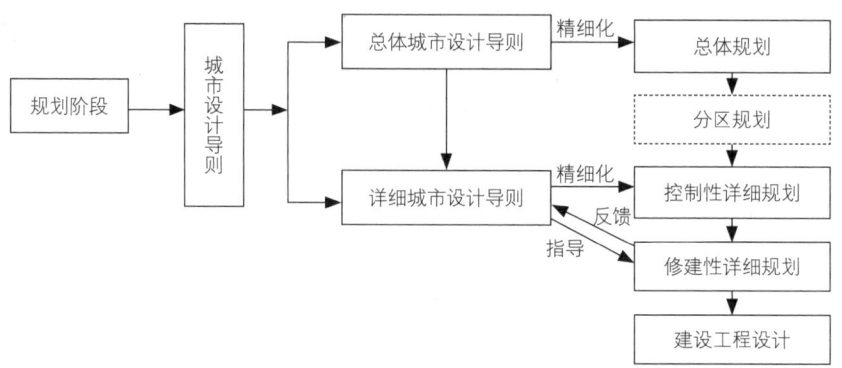

图5-2-5 城市设计导则与法定规划的衔接（引自：庄宇"城市设计运作"）

城市设计导则与法定规划之间在形式上存在着一种互动关系。新出台的《中华人民共和国城乡规划法》也继续强调了我国的城市规划编制体系仍然是建立在以总体规划和详细规划为主体的基本平台上，作为非法定规划范畴的城市设计导则编制需要被整合到法定规划的平台上，才具有实施操作的权威性。将设计导则与法定规划的编制进行衔接，有利于城市设计思想的贯彻落实，避免设计导则因缺乏系统的、规范的法定平台而不具有可操作性。

（二）城市设计导则的编制研究

建立规范化、系统化、整体性的城市设计导则编制体系。城市设计的方案编制过程和成果虽然可以具有一定的灵活性和弹性，但其整体的技术体系框架还是有必要系统化的。整体的城市设计编制体系应该包括明确的城市设计目标（Objectives）、达到目标所必须遵循的原则（Principles）以及所要采取的导则（Guidelines）。以此组成的城市设计方案"目标—行动"更加明确，为后期城市设计导则的提取提供明确的设计控制标准。

1. 总体城市设计与详细城市设计

依据城市规划编制办法，城市规划各阶段都有城市设计的任务，城市设计贯彻城市规划始终。本文依据城市规划中总体规划与详细规划两个技术层次，将城市设计划分为总体城市设计和详细城市设计。

2. 总体城市设计导则与详细城市设计导则

城市设计导则对应城市设计阶段的划分，与规划管理阶段相对应，可分为总体城市设计导则和详细城市设计导则两个类型。

总体城市设计导则与详细城市设计导则的共同点是两者都以"城市公共空间与建筑群体"为控制对象，都遵循"整体分析、系统控制"的工作方法，均可概括为四个基本工作步骤。图5-2-8但由于两者在不同规划阶段承担规划职能的差异，导致在控制内容、控制要素、控制方式等方面均有所不同。

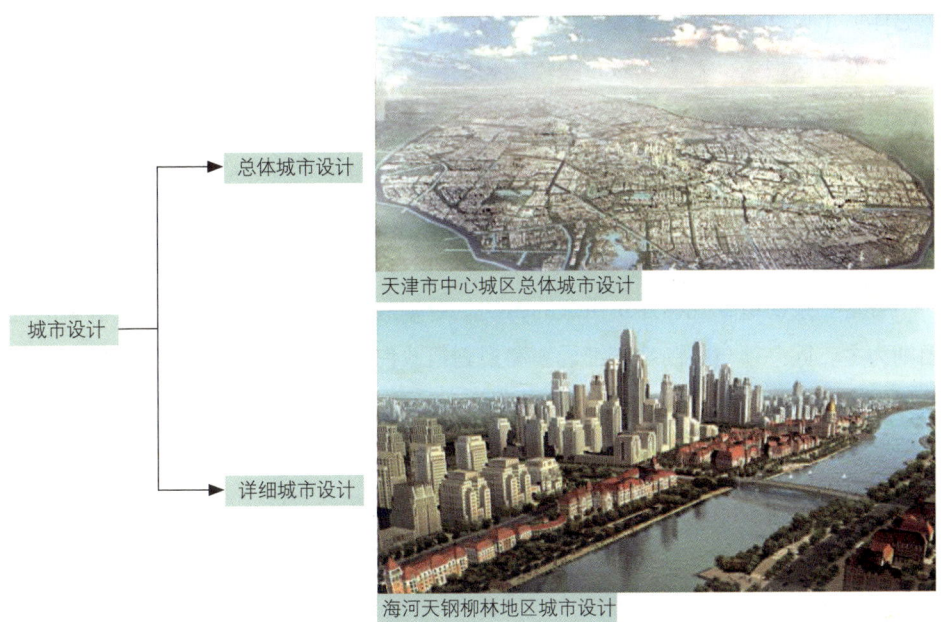

图5-2-6　城市设计的两个层次

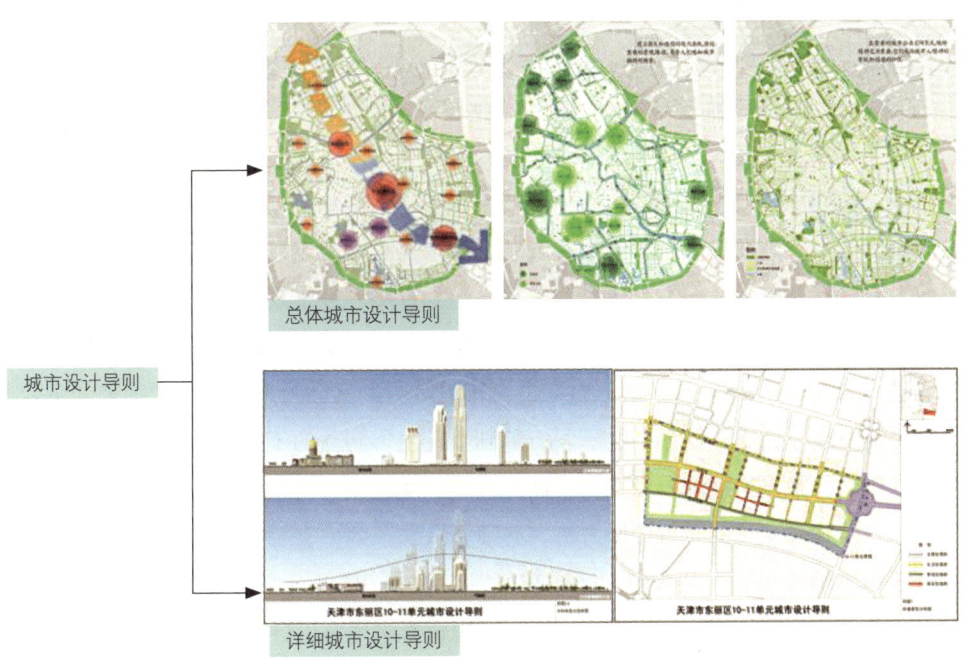

图5-2-7　总体城市设计导则与详细城市设计导则

　　总体城市设计导则是以建立具有特色的城市形象为总目标，在城市总体规划（分区规划）对应区域内，对影响城市整体结构的空间要素进行政策指引与系统整合。导则成果因其作为下一阶段导则的依据，不参与建设项目的规划行政许可程序，因此成果多为以目标、原则、对策为主体的政策指引文本；图纸多为表达各控制要素的系统分析图；不必涉及过于详细的控制指标。

　　详细城市设计导则指城市局部区段的城市设计指引，大可到城市的一个功能区域，小可是一条街道或几栋建筑组成的街坊。导则成果是以城市空间和建筑群体的控制图则为主。因必须与控制性详细规划和规划行政许可程序相衔接，故控制指标更加明确具体。

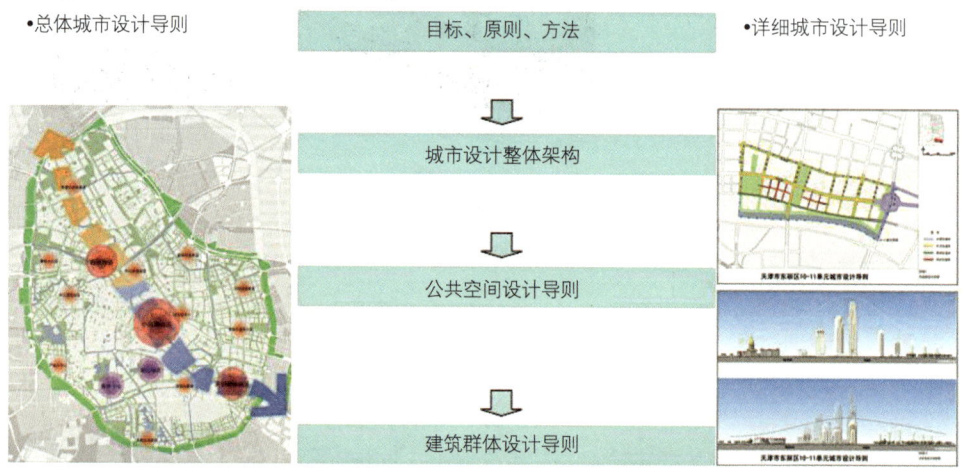

图5-2-8　总体城市设计导则与详细城市设计导则的相同点：四个基本工作步骤

（三）城市设计导则的管理研究

　　由于城市设计在中国并不是法定规划，如果要将城市设计方案付诸实践，常常需要通过将其转译成另外一种"语言"，"融入"到控制性详细规划层面上，作为控制性详细规划的补充或者参考，作为土地招拍挂程序中的法定出让条件的附件而存在。但是这种"融入"并不容易，"融入性"的城市设计导则又会带来一系列的偏差和失效。由于土地一级与二级开发意图的不同，编制委托主体利益的不同，解决城市问题的侧重点的不同，常常导致城市设计在转译过程中产生偏差，有所变质。事实上不难理解的是：一份较为系统的城市设计方案，必须具有自己的一套控制引导系统，在实际转译过程中的确难以完全融合到另外一套规划系统中。因此，"融入式"的城市设计很难真正落实其设计的控制引导目标，这一过程也影响城市设计的有效性。

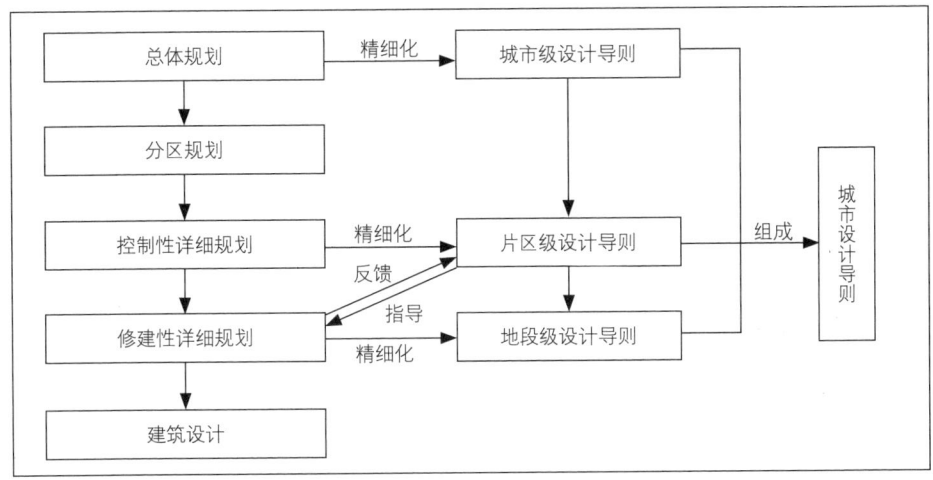

图5-2-9　设计导则与法定规划的衔接

1. 管理的主体

根据"天津市城乡规划条例"（2009年11月19日天津市第十五届人民代表大会常务委员会第十三次会议通过）"第三章　城乡规划的实施"中"第三十七条　市人民政府确定的重点地区、重点项目，由市城乡规划主管部门按照城乡规划和相关规定组织编制城市设计，制定城市设计导则。前款规定以外其他地区，由区县城乡规划主管部门组织编制城市设计，制定城市设计导则。"该项条例对组织编制城市设计导则在管理层面提供了基本的法律依据。

城市设计导则审批单位的确定分为两种情况：由市城乡规划主管部门组织编制的重点地区城市设计导则报市人民政府审批；由区县城乡规划主管部门组织编制的其他地区城市设计导则由市城乡规划主管部门审批。

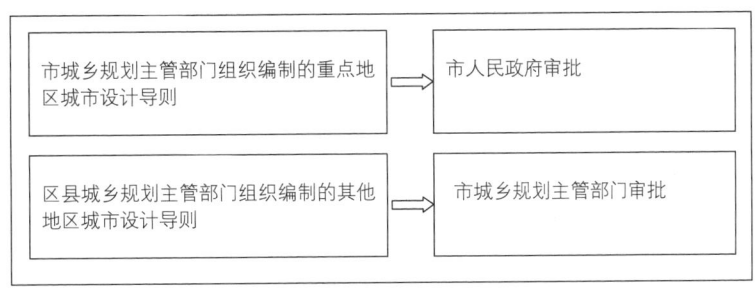

图5-2-10　城市设计导则编制单位与审批单位

2. 管理的程序和方法

完善的管理体系不仅仅是对导则成果的自身评价，还包括对城市设计导则涉及的各个工程建设项目的分级管理和对运行保障体系本身要素和运行状况的管理，具有一定的过程性。从项目审批程序上划分，可包括三个层面的审查与监督工作：

2.1 导则本身的审批

城市设计导则编制办法将导则成果表达标准化，城市设计导则管理办法针对编制完成的标准化的导则成果制定审批程序与评价标准，使导则的审批有章可循。

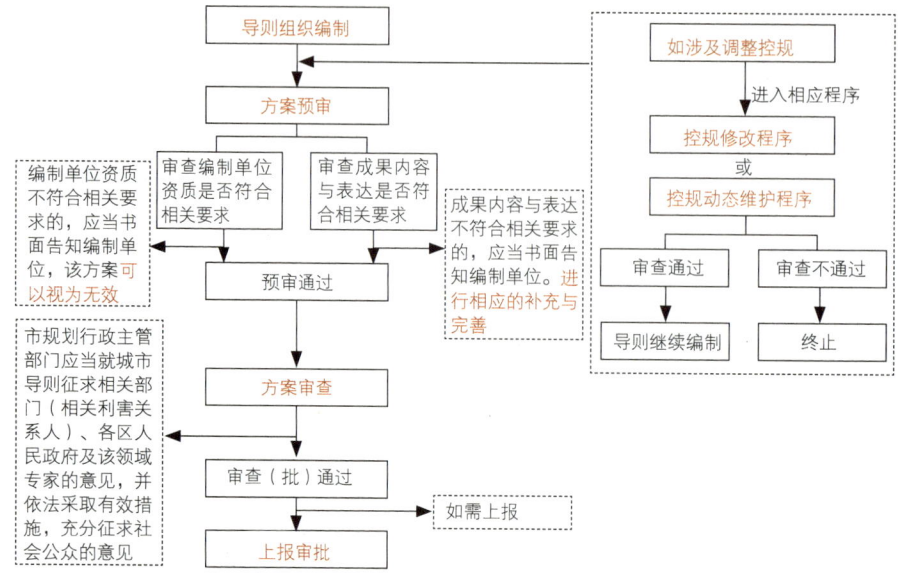

图5-2-11 导则本身的审批程序

2.2 导则涉及项目的方案审查

导则审批通过后，规划行政主管部门将进一步将其纳入行政许可，通过行政手段保障导则实施。同时，导则内容有较大的弹性特点，城市设计导则管理办法将制定具体的方案审查程序，从而保证导则在具体建设工程项目中予以落实。

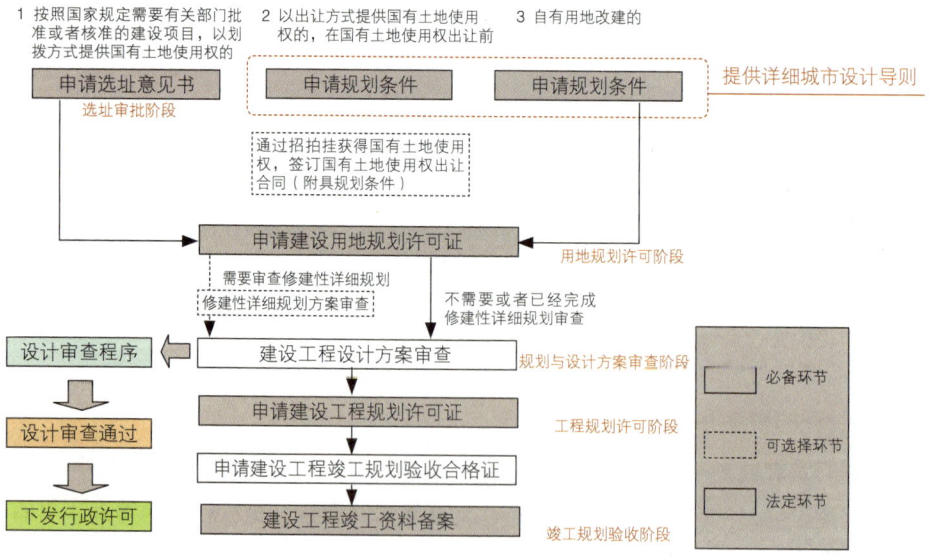

图5-2-12 导则涉及项目的方案审查程序

2.3 导则的监督与实施评估

监督与实施评估是对行政许可内容的实施具有重要的监督作用，城市设计导则管理办法将城市设计导则的实施监督情况作为一项重要内容，将在未来规划管理工作中予以进一步深化和落实，并建立严格的动态维护程序，这将对保障导则的实施具有重要意义。

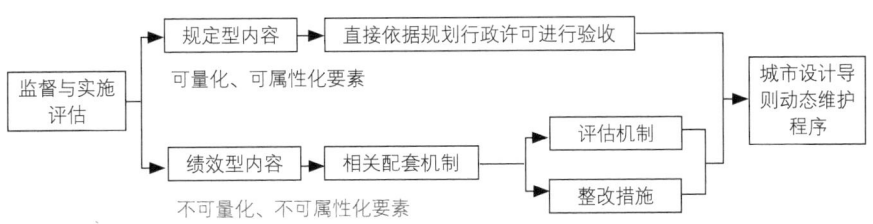

图5-2-13 导则的监督与实施评估

2.4 规划管理中城市设计导则与法定规划的互动

设计导则与法定规划之间在形式上存在着一种互动关系。新出台的《中华人民共和国城乡规划法》也继续强调了我国的城市规划编制体系仍然是建立在以总体规划和详细规划为主体的基本平台上，作为非法定规划范畴的设计导则编制需要被整合到法定规划的平台上，才具有实施操作的权威性。将设计导则与法定规划的编制进行衔接，有利于城市设计思想的贯彻落实，避免设计导则因缺乏系统的、规范的法定平台而不具有可操作性。

设计导则与法定规划在内容上也相互协调与反馈。首先，设计导则可作为规划已编和规划未编地区进行法定规划修改或编制的参考，即在满足规划强制性内容执行的基础上，加强规划引导性内容对城市建设的控制。城市设计作为一种有效的规划手段，更能在城市空间的引导和城市形象的塑造上发挥作用。其次，设计导则与法定规划也存在相互的反馈。在高度分区和指标体系的确定方面，设计导则结合GIS，对城市的历史保护因子、交通可达性因子、用地性质因子、土地价格因子、近期建设因子、高度强制性因子等方面进行科学分析，从而确定高度分区的结构，是规划理性思维和感性认识的紧密结合。在法定规划编制过程中，通过经济分析和技术交流，也将修改部分指标体系，使设计导则更具可操作性。最后，考虑到地块改造的复杂性，设计导则从更多角度分析问题，提出更具可操作性的规划控制手段。导则不同于法定规划的内容，其用更形象直观的方式表达，有利于规划管理的实施和公众参与。

（四）城市设计导则的天津实践

1. 天津市中心城区城市设计导则的编制层面

城市设计导则包括设计总则和设计分则两个层面。设计总则的编制层面与控制性详细规划的单元层面相对应，设计分则的编制层面与土地细分导则的地块层面相对应。

1.1 设计总则层面的控制要素

"设计总则"对单元层面的整体空间要素进行控制，以指导"设计分则"地块层面的要素控制。主要分为整体风格、空间意向、街道类型、开放空间、建筑和其他等控制要素。

1.1.1 整体风格：对本单元的街区特色、历史文脉、自然资源等进行总结提炼，在明确单元类型与主要用地功能的基础上，提出地区风貌特色塑造的整体要求。

1.1.2 空间意向：对本单元的空间形态和城市意象进行整体描述，指出重要的特色区域、地标节点、视线通廊等主要意象元素，并提出控制指引。

1.1.3 街道类型：充分考虑本单元的交通组织与使用功能，将街道类型划分为：交通型道路、景观型道路、商业型道路、生活型道路，应指出分属各类型道路的路名及其总体控制要求。

1.1.4 开放空间：充分考虑本单元内开放空间系统的整体组织和布局，标明各类开放空间（公共绿地、生产防护绿地、广场）的位置，提出总体控制要求。

1.1.5 建筑：根据设计地段的自然和人文环境特征，对建筑群体控制、高度、体量、建筑风格、外檐材料及色彩等提出控制与引导建议。

1.1.6 其他：根据商业街区的特征，对建筑首层通透度、建筑墙体广告与店招牌匾、建筑裙房和建筑骑楼提出控制与引导建议。在有围墙的地块提出对围墙风格、高度等的控制与引导建议。

1.2 设计分则层面的控制要素

"设计分则"将"设计总则"中单元层面的控制要求落实到地块层面。主要分为街道、开放空间、建筑、其他四大类，包括十项基本控制要素和五项特色控制要素。

街道的控制要素主要包括建筑退线、建筑贴线率、建筑主立面及入口门厅位置、机动车出入口位置。根据总则中对不同道路类型的划分，分别对城市道路的建筑退线提出控制和引导要求；对建筑贴线率提出控制和引导要求；对建筑主立面及入口门厅位置提出控制与引导要求；协调道路交通设施与建筑群体、公共空间关系的同时，对机动车出入口位置提出控制与引导要求。

开放空间的控制要素主要包括绿地（与土地细分导则G类用地相对应）和广场（与土地细分导则S2类用地相对应）。明确各类城市绿地和广场的性质，并提出规划控制要求。

建筑的控制要素主要包括建筑体量、建筑高度、建筑风格、建筑外檐材料及建筑色彩等。应分别对建筑的体量提出控制指引；对高度限制（限高及限低）、高度分布、重要（地标）建筑位置及天际线提出控制要求；提出建筑类型和风格意象；提出推荐及限制使用的建筑外檐材料；提出推荐及限制使用的建筑色彩。

其他控制要素包括前三类控制要素中未涵盖的其他内容或特殊要求。如在历史文化街区等有围墙的地块增加对"围墙"的控制要求；在重点地区的商业街区增加对"建筑首层通透度"、"建筑墙体广告"、"建筑裙房"、"建筑骑楼"的控制要求。

六、三者相关关系

通过控制性详细规划、土地细分导则、城市设计导则的有机结合、协同运作，提高控规的兼容性、弹性和适应性，有效化解控规编制工作滞后和管理的僵化，逐渐形成"一控规两导则"的控规编制和实施管理体系。

（一）"一控规"是实施规划管理的法定依据，是土地细分导则和城市设计导则的主要支撑

控制性详细规划以落实天津市城市总体规划为目标，主要对建设用地的主导性质、使用强度、绿地指标等进行控制，对公共设施、居住区级的配套公共服务设施、市政基础设施、城市安全设施的数量、规模和布局，以及道路交通系统和空间环境等提出控制要求。

（二）"两导则"是实施精细化规划管理的具体措施

"土地细分导则"是对城市用地最直接的规划管理依据，是在控规的框架下，对地块进行深化和细化，对具体地块用地性质、使用强度等规划指标进行控制，对各项公益性公共设施、市政道路基础设施、公共绿地等进行落位，作为城乡规划管理依据的行政措施。

"城市设计导则"是对城市空间形象进行统一塑造的管理通则，从建筑退线、建筑贴线率、建筑主立面及入口门厅位置、机动车出入口位置、开放空间、建筑体量、建筑高度、建筑风格、建筑外檐材料、建筑色彩等10个基本要素对街道、开放空间和建筑进行控制。对于历史文化街区，除对10个基本要素进行控制外，还要提出相应的历史文化保护与控制要求。涉及城市重点地区的单元除对10个基本要素进行控制外，还应增加对建筑首层通透度、建筑墙体广告与店招牌匾、建筑裙房、建筑骑楼等商业街区特色控制要素的控制要求与引导建议。通过制定与土地细分导则地块层面相对应的城市设计导则，为政府和规划管理提供长效的技术支持，引导土地合理利用，保障优良的空间环境品质，促进城市空间有序发展。

在控规的管理体系下，土地细分导则通过对使用强度、建筑密度等指标和各类控制线的规定，对用地进行二维控制；城市设计导则通过空间环境和建筑群体的控制，塑造城市的三维形象。城市设计成果以导则的形式纳入规划管理体系，使城市设计有效地纳入城市规划编制法定体系和城市建设管理法制体系。同时，纳入了城市设计导则的内容后，使控规和土地细分导则在开发强度和相关技术指标的控制方面更有说服力。

（三）"一控规两导则"体系逻辑关系

"一控规两导则"体系的理想设计存在一系列的逻辑关系，体现在以下几个方面：首先，在分工思路上，控制性详细规划是整体上进行总量和系统的控制；土地细分导则重点是从土地的使用强度上进行开发建设的控制；城市设计导则是从城市的三维形象上进行空间形态的引导。其次，在具体的内容上，控规是控制单元的主要功能和规模，并提出配套设施和空间环境的要求；土地细分导则是控制地块的使用性质、各项指标，以及配套设施；城市设计导则是对街道形态、开放空间和建筑外观等提出控制和引导要求。第三，在控制的重点上，控规强调土地的兼容性和设施的系统性；土地细分导则强调各项设施的定性、定量和定位的控制；城市设计导则强调城市空间环境品质的控制和提升。最后，在审批程序上，控规是由市政府审批，形成规划管理的法律依据；土地细分导则是由市政府授权市规划局审批，形成城市用地最直接的管理依据；城市设计导则由市政府授权市规划局审批，形成城市空间形态的引导依据。在"一控规两导则"体系的设计初衷上，"控规"粗化了传统控规的编制内容，将规划控制指标由具体地块的控制转化为单元整体的平衡。而在实际的编制中，是先编制导则后形成控规。两个导则同时编制，在成果应用上相互印证与融合，共同运作与完善，实行一体化管理。控规基于两个导则进行总量和设施的控制，并在导则的总量基础上再赋予一定的增量，公共服务和基础设施按增量后进行控制，因此避免了传统控规所面临的频繁修改。具体的修改将主要针对两个导则，对两个导则建立严格的动态维护程序，来应对实际建设中的规划管理。

第三节　控规系统建设的维护与管理

一、系统建设与维护

（一）系统维护的目标

系统建设主要依据住建部《城市、镇控制性详细规划编制审批办法》以及《天津市城乡规划条例》《天津市城市规划管理技术规定》等相关规定规程要求。根据规范土地细分导则和城市设计导则（以下简称"两导则"）维护论证报告编制的内容、深度，制定本要求。最终达到科学化编制、规范化管理天津市"一控规两导则"的系统建设维护目标。

（二）系统维护的内容

维护论证内容主要包括"两导则"维护、策划方案、公共服务设施核算、交通影响评价及停车场（库）核算、市政基础设施承载力核算、日照分析测算等六项内容。

其中，"两导则"维护和策划方案两项内容为论证必须包括内容。

1. 导则调整论证内容判定

公共服务设施核算、交通影响评价及停车场（库）核算、市政基础设施承载力核算、日照分析测算等四项内容，可根据申请维护内容的不同按照以下标准选择。

公共服务设施核算在具有下列情形之一的，应在"两导则"论证中进行：（1）各类用地调整为住宅用地的。（2）住宅用地容积率提高的。（3）公共服务设施位置在地块之间调整的。（4）规划主管部门认为需要在"两导则"维护论证阶段进行公共服务设施核算的其他情况。

交通核算应按照《天津市交通影响评价规划管理暂行办法》的相关规定核算。

当用地性质或建筑规模、建筑使用功能进行如下表规定的修改时，应在"两导则"维护论证中进行交通影响评价和市政基础设施承载力等工程核算：

1.1 用地性质修改，用地规模根据区位不同，满足下列条件的情况：

涉及用地性质修改的条件　　　　表5-3-1

项目位置	修改前用地性质	修改后用地性质	修改用地规模
中心城区及滨海新区核心区	工业用地、仓储用地	居住用地	≥3公顷
	工业用地、仓储用地	公共设施用地	≥1公顷
	居住用地	公共设施用地	≥1公顷
	公共设施用地	居住用地	≥3公顷
其他地区	工业用地、仓储用地	居住用地	≥5公顷
	工业用地、仓储用地	公共设施用地	≥2公顷
	居住用地	公共设施用地	≥2公顷
	公共设施用地	居住用地	≥5公顷

1.2 修改后的建筑增加量满足下列条件的情况：

涉及用地性质修改的条件　　　　表5-3-2

项目位置	各类建筑增加总量
中心城区及滨海新区核心区	≥3万平方米
其他地区	≥5万平方米

1.3 规划主管部门认为需要在"两导则"维护论证阶段进行交通影响核算或市政基础设施承载力核算的其他情况。在涉及用地性质或土地使用强度等方面的修改，使地块自身及周边的高层建筑遮挡住宅、敬老院、医院、疗养院、托幼、中小学等有日照要求的建筑等情况时，需进行日照分析测算。

2. "两导则"维护内容

2.1 土地细分导则维护主要包括以下情况：

2.1.1 公益性设施用地调整为经营性设施用地。

2.1.2 在单元规划建筑规模总量平衡的前提下，转移或增加地块规划建筑规模。

2.1.3 在单元规划绿地总量平衡的前提下，调整公共绿地或防护绿地的位置和布局。

2.1.4 在单元公益性公共设施、交通设施、市政工程设施和城市安全设施数量和规模不减少的前提下，其位置和布局结合专项规划和建设时序在单元内修改。

2.2 城市设计导则维护主要包括以下情况：

2.2.1 在控制性详细规划单元规划建筑规模总量平衡及与单元整体风格和空间意向统一协调的前提下，对建筑退线、建筑贴线率、建筑体量、建筑高度进行维护。

2.2.2 在与单元整体风格统一协调的前提下，为提升城市的商业街区特色，对建筑裙房、建筑骑楼进行维护。

3. 策划方案编制内容

3.1 现状：明确地块及周边用地的区域位置、用地性质、用地规模、权属情况、建筑条件、公共设施分布及市政、交通、公共安全等基础设施情况。明确地块核发规划行政许可的情况。

3.2 控制线：策划方案应优先落实公益性公共服务设施、配套公共服务设施、道路交通和市政设施、城市安全设施和绿地。明确各类规划用地界线和红线、绿线、蓝线、黑线、黄线等各类规划控制线。

3.3 方案布局和空间形态：应明确各类建筑的布局方式、层数、日照核算、地下设施范围、建筑高度、层数、体量、高度分布、建筑空间形式、与周边建筑的关系、开放空间布局等。

3.4 公共设施配置：根据可容纳居住人口规模确定公共服务设施的级别、内容、数量、规模及建设要求。

3.5 道路交通组织：明确道路等级、宽度、地块出入口位置、地面地下停车组织方式等，做好地块内部交通的流线组织和对外交通的有效衔接。

3.6 基础设施设置：明确地块内各类基础设施的用地、等级、规模。

3.7 指标测算：明确下列相关指标：

3.7.1 明确土地细分导则相关指标，包括规划用地性质、地块面积、容积率、建筑密度、绿地率、设施名称及建设规模。涉及居住用地修改的，应明确可容纳户数、人口数、建筑单体平面组织形式。

3.7.2 明确城市设计导则相关指标，包括建筑退线、建筑贴线率、建筑体量、建筑高度、建筑裙房、建筑骑楼等。

3.8　控制性详细规划内容核算：核算策划方案在单元功能规模、绿地、公共设施、交通、市政工程、城市安全等方面应审查是否突破原控制性详细规划的要求。突破控制性详细规划的，应提出相应修改内容和具体意见。

4.　公共服务设施核算

4.1　以调整地块所在单元为单位，核实原土地细分导则中公共服务设施的类型、数量、规模、建设方式和服务半径。

4.2　依据《天津市居住区公共服务设施配置标准》（DB29-7-2000）的规定，核算单元新增人口规模，并核算因人口增加引起的各类设施数量、规模、建设方式和服务半径是否满足要求。不满足要求的，提出具体修改方案和解决措施。

4.3　当调整后的规划居住人口规模界于组团和小区之间或小区和居住区之间时，除配建下一级应配建的项目外，还应根据所增人数及规划用地周围的设施条件，增配高一级的有关项目及增加有关指标。

4.4　因水系、铁路、交通性干道等设施阻隔形成相对独立的地区，应考虑设施配置的服务对象，适当增加设施。

4.5　因用地性质调整导致原设施取消或减少，经核算后可适当减少设施，原用地优先安排公益性设施。

4.6　以调整地块所在单元为单位，按照调整后的单元人口规模验算土地细分导则中公共服务设施的类型、数量、规模、建设方式和服务半径是否满足要求。

5.　交通影响与停车场（库）核算

5.1　明确地块周边涉及的道路、轨道、公共交通、交通设施的现状及规划情况。

5.2　根据修改内容对地块周边的背景交通和新生成交通进行预测，核算交通量分布和运行特征。

5.3　根据交通需求预测结果，预测地块周边路网及交通系统运行的影响程度。

5.4　判定"两导则"修改后交通系统是否能够满足需求，明确"两导则"修改对核算范围内交通系统的影响程度，并提出意见和建议。

5.5　停车场（库）核算应满足对交通影响核算结论可接受的"两导则"维护论证方案，应明确地块应配建的停车位数量，当地块配建停车位数量与《天津市建设项目配建停车场（库）标准》的要求不一致时，应提出相应措施。

6.　市政基础设施承载力核算

6.1　明确地块周边各项市政基础设施的现状及规划情况（给水、排水、再生水、电力、通信、燃气、供热）。

6.2　根据修改内容对地块各项市政基础设施负荷变化总量和相对量进行测算。

6.3　对地块各项市政基础设施的供给能力和承载力进行核算。

6.4　判定"两导则"修改后市政基础设施承载力是否能够满足需求，并提出意见和建议。

7. 日照分析测算

建设用地内参与日照分析建筑物的使用性质、层数、高度。日照分析结论，不满足日照时间规定建筑的编号、窗数和户数。根据日照分析结论提出策划方案修改及补偿建议。

（三）土地细分导则动态维护类型的专项研究

土地细分导则是指导规划建设的直接依据，相当于传统控规的地位，并且实际管理工作中，对于土地细分导则的变动数量最多，基于此，本小节按照调整内容的不同、结合天津动态维护的项目实践，针对土地细分导则动态维护进行了专门的类型学研究。

1. 划分原则

1.1 "三个不能少"、"一个不能变"、"一个不能高"的原则，即：保证基础设施、公共服务设施、公共安全设施的数量和规模不减少；保证公共绿地用地规模不变；中心城区快速路以内居住用地的容积率控制在2.5以内，快速路以外居住用地容积率控制在2.0以内。

1.2 鼓励经营性用地调整为公益性用地，调整程序适当简化。

1.3 在满足环境承载力和城市景观的前提下，鼓励都市型工业的适当发展，支持企事业利用现有用地改造建设。

1.4 因用地指标调整引起建设量增加，应满足周边交通、市政等基础设施承载力的要求，同时满足公共服务设施、日照等相关要求。

1.5 明确用地调整的变化量，当用地调整超过单元总用地的50%以上时，应重新编制本单元土地细分导则。

2. 类型研究

动态维护涉及的类型主要包括以下几个方面：

2.1 用地性质变更

用地改变的种类非常多，从居住调整为办公、从商业调整为居住、从工业调整为商业、从工业调整为居住等等。在调整的过程中，对公益性公共设施用地、交通市政基础设施用地，原则上不提倡调整用地性质，严格执行"土地细分导则"。特别是城市核心地区的行政办公、文化设施，教育科研设施、医疗卫生设施以及城市体育中心等用地没有特殊原因不建议改变土地使用性质。

2.2 开发强度变化

开发强度变化分为提高和降低，在实践中，以提高开发强度的居多。容积率作为控制性详细规划中的强制性内容，其合理确定是保证规划科学性和增强可操作性的重要基础。

2.3 调整道路、市政基础设施和综合防灾基础设施

这种类型主要包括调整道路的线位、场站设施的规模和位置等情况，多发生于道路定线和项目选址过程中，发现与土地细分导则中的不一致引起的调整。一般允许场站设施在单元内调整位置，但是一般不允许减少规模。另外交通、市政和综合防灾基础设施场站用地不允许改变用地性质，并应与地段的开发建设统一规划、同步实施；红线（道路）、绿线（公共绿地和生产防护绿地）、蓝线（河湖、水系）、紫线（保护）、黑线（铁路）、黄线（市政）严格控制，不得侵占；历史文化保护区保护与控制范围中的各类用地与道路红线控制，按历史文化保护区的保护规划执行。

2.4 涉及调整用地布局

这种类型多发生在建设项目报审阶段，根据修建性详细规划报审方案，与土地细分导则不一致，需要论证用地布局调整的合理性和影响。例如调整中小学、幼儿园位置，调整公建的位置，一般提出调整的理由都是从建设项目的可操作性和可实施性出发，不涉及单元内各类用地规模和开发强度的调整。

2.5 涉及多项调整

许多调整项目不止涉及一项调整，往往会调整多项内容。这类项目一般会涉及多个地块，以发生在土地收购整理阶段为主。例如，在调整用地性质的同时调整开发强度，调整用地布局的同时调整开发强度等指标。

3. 类型划分

控规修改内容涉及多个方面，按照调整的程序和变动的程度，大体可以分为三种类型，即深化完善、正向调整和论证调整三类项目。对这些项目进行类型划分，有助于按照分类分级管理的原则，对不同项目实施针对性管理。

3.1 深化完善类型

深化完善项目是对土地细分导则主动进行深化、调整和完善。这类项目主要包括以下几种情形：

3.1.1 总体规划修编必然会要求控规进行调整，这是顺应上位规划和符合法律规定的行为，同时总规的修改也必然会对下位规划产生重要影响；

3.1.2 一些涉及城市系统性设施的专项规划的编制，其中规定的各类设施布局、数量和规模进行了新增或者调整，必然导致对控规的调整；

3.1.3 一些重大基础设施和公益性设施搬迁后，新选址所在的一定区域的控规调整属于深化完善类型，原址根据实际情况纳入正向调整或论证调整项目；

3.1.4 道路定线引起地块范围发生变化，但周边用地性质、开发强度等重要指标未发生变化的情况，此外一些控规实施汇总的疏漏和误差的修正也纳入需要深化完善的项目。这类项目由于或者由于上位规划中已经进行了专题性的论证和有明确的要求，或者由于技术上的勘误，不需要经过严格的论证，而是按照相关的要求和规范区

执行规划，因此在管理上纳入较为简化的程序。

3.2 正向调整类型

正向调整是指在法律法规允许的情况下，为提升公共服务水平、增加公益性需求进行的调整。这类调整包括以下几种情形：

3.2.1 用地性质调整

（1）经营性用地（居住用地、商业性公共设施用地、工业用地、仓储用地）调整为非经营性用地（公益性公共设施用地、公共服务设施用地、道路广场用地、市政公用设施用地、绿地）。

（2）居住用地调整为商业金融业用地、工业用地、仓储用地。

（3）商业金融业用地调整为工业用地、仓储用地。

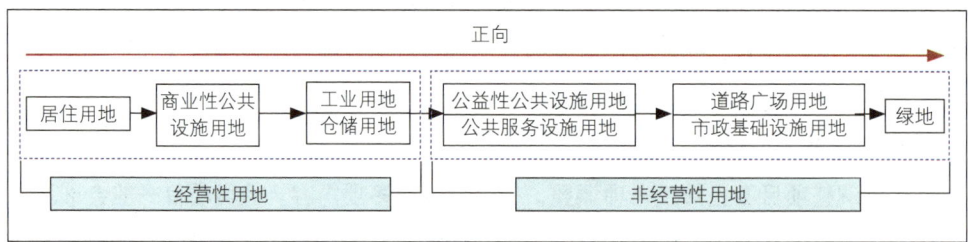

图5-3-1 "正向"调整方向示意图

（4）工业用地与仓储用地之间相互调整。

（5）其他性质用地调整为绿地。

3.2.2 用地指标调整

在满足国家地方政策和相关规范标准的基础上，容积率降低，其他指标不变。

3.2.3 支路调整

在城市主次干道路网不改变的前提下，在满足交通需求和相关技术标准的基础上增加支路或者局部加宽支路。

3.2.4 公共服务设施调整

在人口规模不增加的前提下，在原来控规的基础上增加设施的类型和数量或者同类设施提升等级。

3.3 论证调整类型

除上述深化完善和正向调整外的项目均为一般性需要论证调整项目，包括按照已经批准的重点地区城市设计进行控规修改的情况，因重点城市设计注重的是空间形态的效果，对现状和配套设施的关注相对缺乏，就需要对设计方案进行充分的论证和协调，达到既符合空间形态要求，又满足各类配套需求的目的。除此之外，这类项目中大多数是与市场行为紧密相连的，规划需要站在公平、公正的立场，对调整内容进行充分的论证。因此，对这类项目的控规调整，往往需要纳入严谨完全的管理程序之后，才能做出调整的许可决定。

4.小结

深化完善和正向调整项目立足于公众利益，属于允许和鼓励调整的范畴，因此在审批程序上进行简化，但同时也要注重整体利益，做好公示和专家评审工作，避免一厢情愿和不必要的调整。

二、管理程序规范化

（一）管理程序设计

管理程序的建立是为了规范"一控规两导则"体系的运行实施，保障实施管理过程的科学性、合理性。体系建立起来之后，对于体系运行的管理主要纳入动态维护机制。因此，管理程序的设计主要针对动态维护工作进行。为提高动态维护的针对性、避免僵化的管理方式，首先要按照对体系变动的内容和程度划分项目类型。

根据近两年来统计的动态维护项目信息，将这些项目划分为深化完善、正向调整、城市设计转化和一般调整项目四大类。其中，深化完善项目是指对控规和导致主动进行深化、调整和完善，以适应上位规划或专项规划的新变化、新要求，迎合重点基础设施变化带来的影响；正向调整是指在城市规划和法律法规的基础上，提升公共服务水平、满足公共利益需求而进行的调整，包括用地性质、指标、设施、道路等明显趋向公共利益变动的项目；城市设计转化项目是落实已审批的重点地区城市设计，将城市设计内容转化为管理导则的项目；其他一些调整需要经过相关论证，均纳入一般调整项目。

针对项目类型的不同，在动态维护工作中采取不同的程序，以适应实际需求，避免管理僵化。程序设计上主要包括一般程序和简化程序两类，一般调整项目纳入一般程序，其他类型项目纳入简化程序。程序流程如图所示。

一般程序包括申请、判定、论证、审查、审批和上网六个步骤，其中论证和审查是核心环节。程序要求对受理的申请案件首先进行类型判定，之后由专业技术部门按照相关技术要求进行论证，管理部门对论证结果进行审查，并根据需要召开专家评审，并同时进行社会公示等工作，随后由局长业务会集体决策，技术管理部门按照最终决策意见进行修改和数据上网维护的工作。简化程序在此基础上减省了判定和审查的环节，由于其所面对的项目能够按照技术要求进行类型划分，或者已经经过了更高层次的审查（如重点地区城市设计），因此，为保障项目的尽快推进或公共利益的尽快落实，实施管理程序的简化。

（二）管理程序的配套支撑

管理程序的运行需要相关的支撑，其中最终要的是配套法规体系的建立和规划技

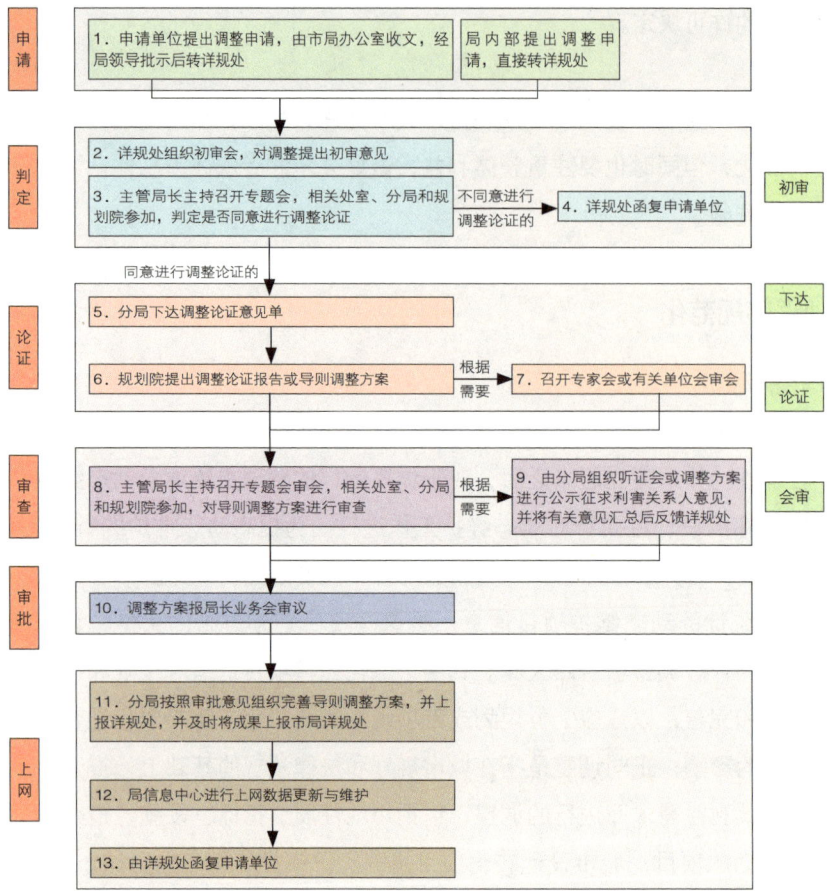

图5-3-2　动态维护一般程序

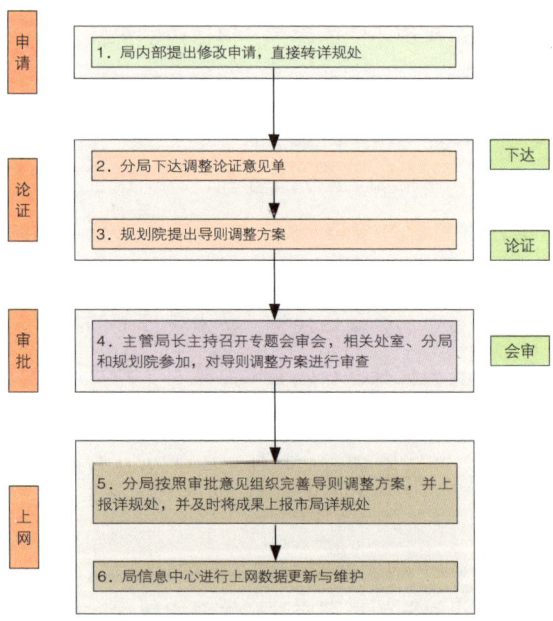

图5-3-3　动态维护简化程序

术力量的支撑。

首先，为落实和实施天津市"一控规两导则"的编制与管理，需要按照相关法律法规，包括住建部《城市、镇控制性详细规划编制审批办法》以及《天津市城乡规划条例》、《天津市城市规划管理技术规定》等相关要求，提出规划管理规定，以此形成管理规定，以规范动态维护的内容，保障动态维护程序的顺利实施；此外，由于市场的开放性和不确定性等原因，需要专门针对程序中间环节的"论证"部分制定技术要求，明确论证需要有哪些内容，以及深度甚至表现形式，为管理决策提供充分而明确的依据。

其次，鉴于"一控规两导则"体系编制的层级化和项目的复杂化，为保障动态维护的常态化管理，需要有专门的机构或部门，组织专业的技术力量进行这项工作。如上海的"上海市控规编管中心"、广州的"规划编制研究中心"等，都是在规划管理部门之下的组织，专门负责动态维护工作，我市应借鉴这一做法，组建专门机构，对"一控规两导则"实施定期评估、编制与管理规程的全程跟踪，在制度建设、专业技术力量、资金等方面保障动态维护的常态化管理。

（三）以滨海新区为例的相关管理程序探索

按照天津市中心城区调整程序的要求，结合滨海新区的规划总体定位和发展实际情况，滨海新区针对控制性详细规划，将调整分为重大调整、一般调整和局部调整三类。重大调整是因上位规划、重点建设项目、公益性公共设施和市政设施进行修改或发生重大变更，对街坊主导属性、开发强度有重大调整，公益性设施调整为非公益性设施的，特别提出居住用地提高容积率的情况，都属于重大调整类型。局部调整是在同一控规单元内，不改变城市结构的前提下，工业用地与仓储用地之间调整、地块拆分或合并、非公益性设施调整为公益性设施、公益性设施指标调整、城市支路线位调整等类型。除重大调整和局部调整外的类型属于一般调整。

针对三种调整类型，在审批程序设计上也有不同。重大调整项目应先提出调整申请，报区人民政府同意后，组织编制控规调整方案；各管委会组织对控规调整方案进行专家审查、部门审查、向社会公示，征得区规划国土局意见后，报区人民政府审批，并报市规划局备案。一般调整项目由各管委会规划管理部门组织编制控规调整论证报告和控规调整方案，经专家审查、部门审查、向社会公示、征求规划地段内利害关系人意见，并经管委会同意后，报区规划国土局批准，并在批准之日起15日内报区人民政府和市规划局备案。局部调整项目由各管委会规划管理部门组织编制控规调整方案，征求规划地段内利害关系人的意见后，报管委会批准，并在批准之日起15日内报区规划国土局备案。

三、管理应用与拓展

（一）动态维护项目实施评估

1. 含义

定期实施评估是以季报、年报的形式对用地结构、建设总量、配套设施等进行统计分析，对土地细分导则变化情况进行定期评估。

2. 总体情况

2.1 将阶段时间内导则动态维护的项目按照规划实施情况、专题研究等进行归类，分析造成这些调整的原因。

2.2 维护项目的数量、分布；涉及的维护类型；涉及维护的地块总量、建设总量等。

3. 用地结构变化情况

各类用地的变化量，较上一阶段变化的幅度，分析这些变化的原因，变化量是否合理，对城市功能是否起到优化作用。

4. 建设总量变化情况

各类用地建筑量的变化、开发强度的空间分布变化，分析建筑总量的变化是否对城市结构有较大影响，开发强度的转移是否符合城市发展的趋势。

5. 配套设施变化情况

分析单元内各类配套设施数量和规模的变化趋势。

6. 阶段分析总结

针对阶段时间内各类数据的变化情况，总结本阶段维护工作中的成功与不足，为下一阶段维护工作提出建议。

（二）控规体系的延伸与拓展

"一控规两导则"体系自身并不是封闭的，其架构具有开放性的特点，根据城市建设和规划管理的需求，将进一步丰富和拓展这一体系，形成更多的管理导则，实现对城市建设的精细化高效管理。

目前正在探索和部分实践的包括历史文化街区保护导则、生态城市导则、地下空间规划导则等。

1. 探索一：历史文化街区保护导则

天津作为国家公布的第二批历史文化名城，注重多角度全面保护历史街区，将历史文化资源融入城市特色之中。在中心城区划定14片历史文化街区，运用城市设计手法丰富控制内容，实行特色化管理，处理好继承与创新、协调与特色的关系，破解文化遗产保护和城市快速发展的矛盾。

对历史文化街区周边建筑高度进行控制，处于历史街道延长线上宽50米、长300

米的范围内应避免布置高层建筑，此范围内的建筑高度应比其他外围地区的建筑高度降低一半。重视处于历史街道延长线上的建筑高度和位置，历史文化保护区边界外的视线影响有效范围内需要提出进一步建筑高度控制要求。

例如，五大道历史文化街区周边建筑高度、建筑材料、色彩以及风貌街道的控制，形成相应的图则。又如对泰安道一号院历史街区严格把控新建与改造修缮项目的建设审批，为保证保护建筑修缮的原真性，制定建筑修缮设计、施工标准和规范，为保证设计导则实施落位，细化城市设计导则，制定建筑外檐施工指导书，实现特色化、精细化管理等，形成相应的控制导则指导历史街区保护工作。

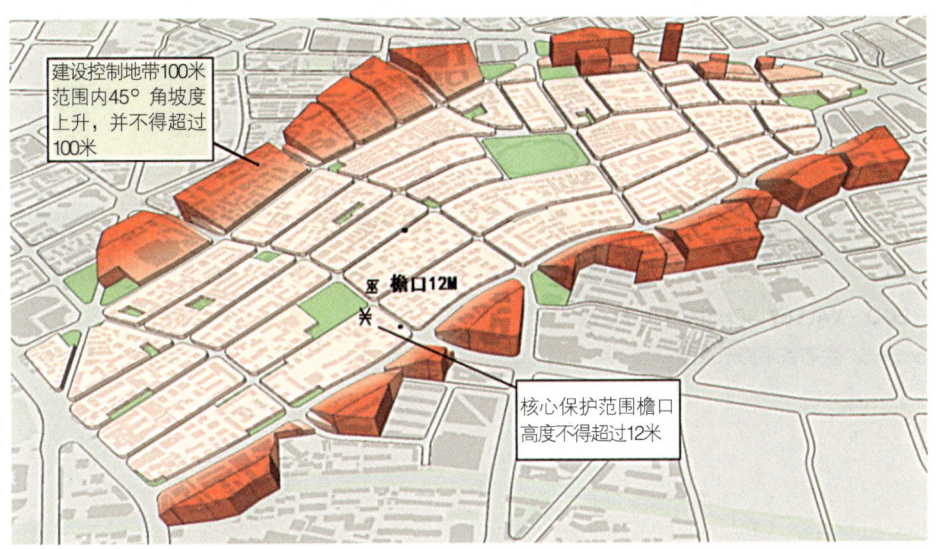

图5-3-4 历史文化街区建筑高度控制图

2. 探索二：生态城市导则

按照国家对天津的发展定位，天津正逐步迈向建设生态城市的目标，通过三年的市容环境综合整治，城市面貌焕然一新，规划中也更加注重生态技术的探索和应用，逐渐生态城市的建设导则。

例如，中新天津生态城按照"能复制、能实行、能推广"的原则形成生态指标体系，指导建设。通过控制导则的形式指导详规、建筑设计、景观设计阶段的生态理念，包括：道路断面设计、新型交通工具、绿色建筑、供水工程、雨水处理、能源循环利用、保温节能、新技术应用等。此外，对贯穿整个生态城市的核心地区——"生态谷"专门研究制定了相关生态技术应用的导则。

3. 探索三：地下空间规划导则

在一些重点发展地区首先开展地下空间规划导则的探索，如中心城区主中心小白楼地区的地下空间规划，针对地下人行系统、地铁站周边空间以及地下空间条件控制等进行研究，形成相应导则，控制和引导地下空间的开发建设。

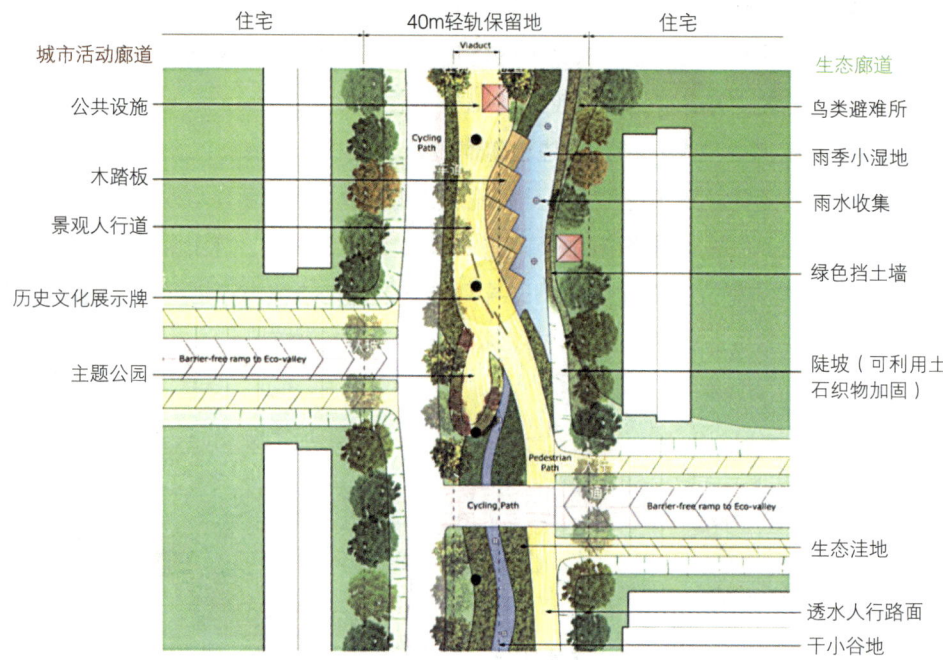

ECO - VALLEY SCHEMATIC PLAN

图5-3-5　生态谷平面示意图

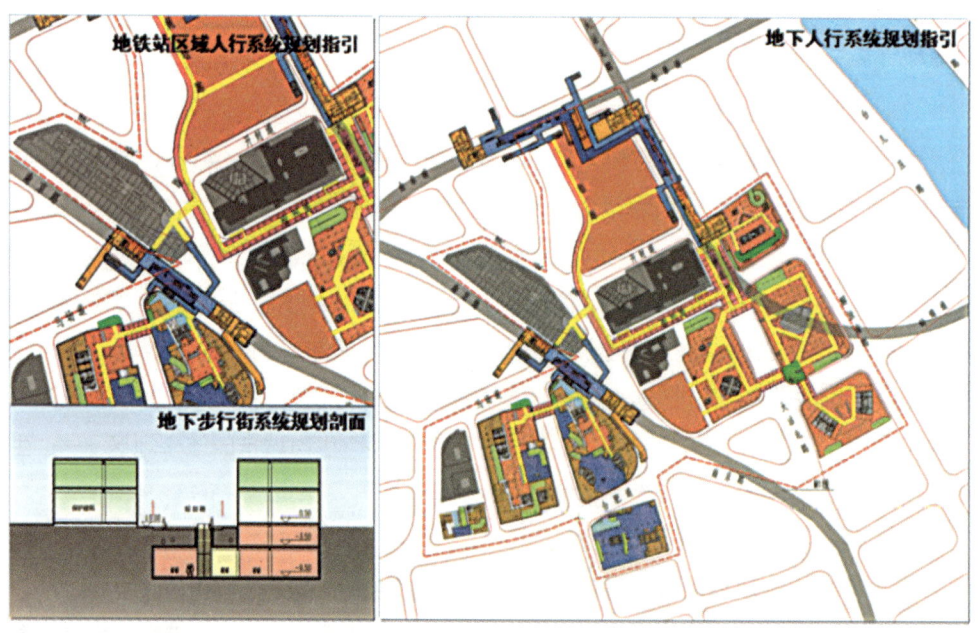

图5-3-6　小白楼地区地下空间规划设计导则

第四节　天津控规探索的总结提炼

自2004年以来，天津在传统控规编制、使用、运作的基础上，借鉴国内外其他城市经验，分析传统控规的不足和弊端，深入理解掌握控规的本质特性，与天津的城市建设和规划管理体制相契合，考虑控规编制管理的特色化、科学化、法制化特征进行了一系列系统性的改革与创新。

一、特色化

（一）城市设计先导并实现全覆盖，城市设计内容法定化

自2008年开始，陆续编制完成了区县新城总体城市设计、中心城区总体城市设计、各分区城市设计、重点地区城市设计。实现了中心城区及各区县各层次城市设计的全覆盖。通过开展各层级的城市设计，优化城市空间形态，提升城市品质，并作为地块开发规划的先导。随后，以编制完成的各层级城市设计成果为蓝本，通过"导则"的形式将城市设计内容转化为管理语言，纳入规划管理体系。

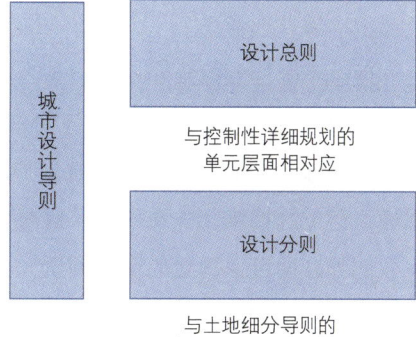

图5-4-1　城市设计导则层级体系

在转化过程中，根据城市设计层次的不同，对城市设计导则内容划分为两个层次：城市设计总则和城市设计分则。其中，城市设计总则与控规的单元层面相对应，并纳入控规的总体要求之中，城市设计总则的控制内容包括整体风格、空间意象、街道类型、开放空间、建筑等基本要素以及历史文化保护和商业街区特色要素等其他要素，图则内容包括城市设计总平面图、整体鸟瞰图、景观结构分析图、街道类型分析图、开放空间分析图、建筑高度分析图等。

城市设计分则（即"一控规两导则"体系中的导则之一）与土地细分导则的地块层面相对应，主要控制内容包括街道、开放空间、建筑和其他内容等四大类要素。

此外，在具体实施中，又对城市设计导则进行了进一步细化和深化，2009年，以总体城市设计为依托，开展了建筑专项控制导则的探索与实践，编制了《天津市规划建筑导则汇编》，从建筑特色、建筑色彩、建筑高度、建筑顶部、外檐材质、围墙设计、街道家具和广告牌牌匾等八个方面，对居住、商业、办公等各类建筑设计提出规划管理控制要求，并纳入建设项目审批程序。

（二）分层编制，实现控制内容的层级化和弹性化

控规体系分为"一控规"和"两导则"两个层次。

其中，控规以街坊为控制对象，实行总量控制，并预留20%的弹性余量。两个导则以地块为控制对象，分别从平面和立体角度细化落实强度指标提出空间控制和引导要求。

在控制内容上，控规内容包括12项要求：主导类型、主导功能、规模、开发强度、公共绿地、防护绿地、公共设施、交通设施、市政设施、安全设施、整体风格和空间意向，需要注意的是，控规中的开发强度是以街坊为单位的复合地块的平均开发强度，其中包含了20%的弹性余量；土地细分导则内容包括9项控制要素，归纳为以下几个方面：地块位置、用地性质、用地面积、开发强度和配套设施等；城市设计导则内容包括10项基本要素和5项其他要素，概括起来，主要针对街道、开放空间、建筑和围墙等其他要素。

通过不同控制对象和不同控制内容的划分，实现分层编制，不同层级所关注的内容深度有所差异，并且内容本身附加了一定的弹性，从而达到弹性控制的目的。同时，对于涉及公共利益的公益性设施，在各个层级自上而下、由大到小地进行数量、规模、落位的控制，体现刚性，从而实现刚性与弹性的兼顾与平衡。

此外，通过课题组的实地调研，分层编制的思路已经在北京、上海等大城市中实际应用，实际运行情况证明，这一思路能够满足规划管理的需要。

（三）优化建议

由于区位、交通、现状等条件的差异，不同区域间的用地开发方式也应当有所区别，这就要求在用地指标等方面要体现区域条件的差异化。课题建议开展区域分类评价的研究，建立评价路径，合理细化指标控制分区，推动精细化管理的深层次化，探索指标分区分类控制方法，包括弹性余量的差异化赋值等，对不同区域实行不同数值的弹性控制，而不是统一为20%。

此外，"一控规两导则"体系不应是封闭的系统，随着城市建设水平的提升和发展环境的变化以及城市管理经验的积累，应当将更多较为成熟的专题性研究转化为管理语言，形成"一控规多导则"的构架，关于体系拓展的探索将在下一章中予以阐述。

二、科学化

（一）开展专题研究，增强控制指标确定的科学性

通过开展《中心城区城市密度分区研究》《土地使用性质兼容性研究》《居住用地开发强度研究》《中心城区建筑高度控制研究》等基础性专题研究，为用地功能和开发强度的确定提供了重要的参考，增强了指标确定的科学性。

（二）落实各类专项规划，提高配套设施配置的合理性

编制过程中，深化落实了总体规划的要求，按计划陆续开展了22项专项规划，涵盖各项专业需求，包括居住环境方面的住房建设、园林绿地系统、雕塑专项规划，交通设施方面的客货运交通主枢纽、公交、停车场、加油（气）站、人行过街设施专项规划，市政设施方面的水系、供水、排水、电力、邮政、供热、燃气、环卫专项规划，公共服务方面的民政、医疗、体育、商业、菜市场专项规划，公共安全方面的消防、应急避难场所专项规划等，通过对大量专项规划的编制和成果转化，保障了各类设施的逐一落实，实现了设施类型和规模的合理配置。

（三）通过体系内三者的相互验证，强化编制内容的科学性

土地细分导则与城市设计导则同时编制、同时修改，在成果应用上相互印证与融合，实行一体化管理，保障用地指标确定和修改与城市空间形态的建立和完善同步进行；两导则变化后要纳入控规中核算，总量是否超过单元允许的20%弹性控制，整体空间形象、高度分布等是否与单元城市设计要求一致。

（四）通过全面充分的技术论证，确定指标调整的合理性

制定统一的技术标准，对涉及用地性质和指标调整的项目进行充分的技术论证，以保障指标调整的合理性和项目实施的可行性，论证内容包括：公共服务设施核算、交通影响评价及停车场（库）核算、市政基础设施承载力核算、日照分析测算等。

（五）优化建议

1. 实施对专项规划的定期评估与动态维护

随着社会公共服务水平的提高，城市中将会出现一些新的设施类别，原有的设施规模也将发生变化，因此有必要对各类设施的配置情况进行定期的评估和完善。各专项规划具有专业性和系统性的特点，对各类设施的数量、规模、等级等有较为全面的研究，因此规划中科借助专项规划的系统性和专业性平台，定期开展各类设施的规划评估，推动、修正和完善专项规划，保障设施落位和与用地控制的有效衔接。

2. 建立"一控规两导则"统一平台的"一张图"管理

以重点地区规划管理工作为试点，逐渐实现全市的控规和城市设计导则上网，与土地细分导则以统一平台开展管理工作，在一张图上表现控规和两个导则的控制要素，并逐步与空间

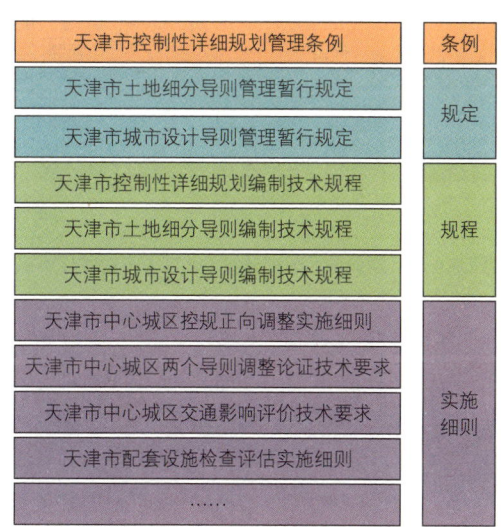

图5-4-2 天津市"一控规两导则"相关规定、规程

三维系统相衔接，进一步推进立体化、精细化管理。

三、法制化

（一）完善配套法规体系，规范规划管理工作

在法规体系框架内，为支撑和规范控规编管体系的编制和管理工作，制定了一系列规程、技术标准和行政文件，使控规内容向公共政策转变，使控规管理走向法制化。逐渐形成了"1—2—3+X"的配套法规体系，即1个控规管理条例，2个导则管理规定，3个编制规程和若干实施细则或技术文件。

（二）细化管理内容，融入行政许可

在原有业务规程的基础上，制定更加精细化的管理规程，将一控规两导则的要求纳入规划条件、规划方案和建筑方案等各审批阶段，明确审查审批要求。

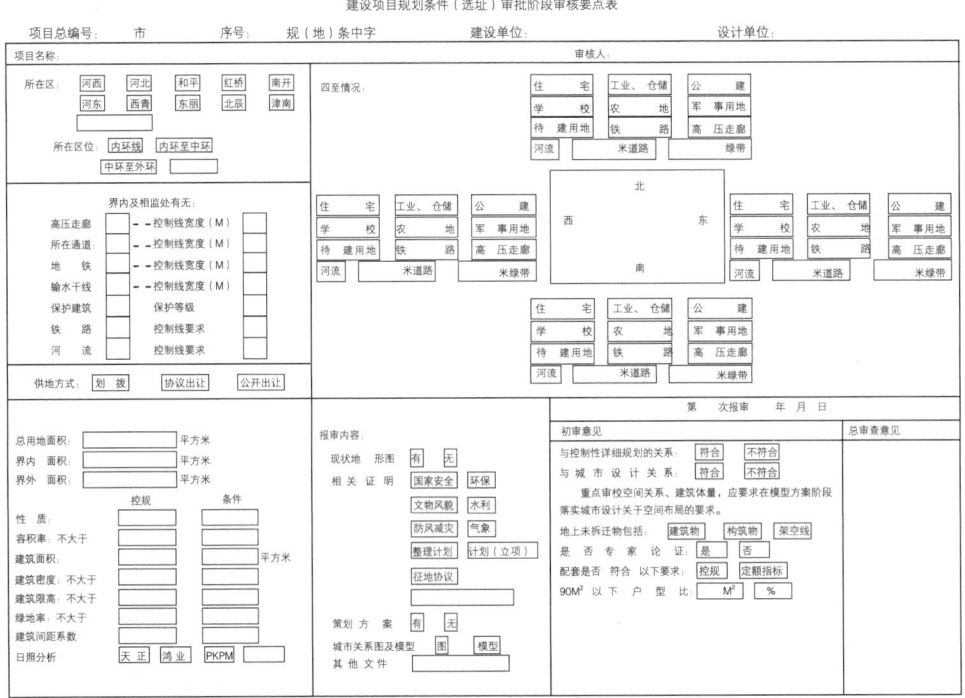

图5-4-3　建设项目规划条件（选址）审批阶段审核要点表

（三）优化建议

学习借鉴北京、上海等地相关经验，在规划编制和管理的各个环节引入监察机制，包括内部监察、行政监察、社会监督、人大监察等，强化规划管理的公正性与法制化。

第五节　天津控规探索的案例分析

一、天津探索案例总述

"一控规两导则"规划编制管理体系在天津的城市建设中应用于实践并在实践中不断探索，形成以控规法定图则为骨架，土地细分导则和城市设计导则相配合的控规编制与管理体系。其中控规作为法定图则，具有法律效力，为实现规划的灵活性与法律的严肃性的平衡，控规图则进行了"粗化"，将总体规划的指标分配到控规单元，但出于公共资源集约利用的考虑，规划的精细化程度不是很高，道路系统与配套设施并未具体落位，总体采用较为宽泛式的管理模式；土地细分导则在控规图则的基础上对街坊进行更为细致地划分和交通组织，将配套设施具体落位，保障公共利益的实现，并且解决了控规地块划分过大的情况，为土地出让提供便利；城市设计导则依据天津本地的历史文化、建筑风貌特色等，针对不同类型的地区提出了不同程度、不同内容的建筑形态控制要求，实践以城市设计引导用地规划、合理确定指标和空间形态，将城市设计导则作为传统控规的有益补充和规划控制与管理的重要依据。

在技术内容科学合理的基础上，"一控规两导则"体系建立了一套较为完备且稳定的制度支撑。城市规划管理与法律、公共政策及政府行政有着密切联系。作为法定规划的控规和作为行政措施的两个导则必须通过必要的外部支撑来实现其作用，这些支撑主要包括：法定体系的支撑、完善的公众参与制度和科学合理的管理程序。

1. 建立配套法规体系

天津在规划编管模式创新探索的过程中，在《城乡规划法》《天津市城乡规划条例》等国家和地方法律法规的指导下，先后出台了一些管理规定和技术要求，逐渐形成了"1-2-3+X"的配套法规体系，即1个控规管理条例，2个导则管理规定，3个编制规程和若干实施细则或技术文件。

这些规定性文件为以文化中心周边地区规划为例的重大建设项目提供了较为完备的法律保障，形成了一个既从属又相互关联的法规体系，既对规划编制工作提出了具体的技术要求和操作规程，也对规划管理工作提出了规范性的要求，从而推进规划管理工作的法制化建设进程。

2. 引导鼓励公众参与

在西方发达国家，早就有了公众参与城市规划的制度，城市规划的内容和结果直接体现公众的利益。首先，城市规划必须满足公众的物质、精神生活需求，必须是大多数人的价值观体现。其次，城市规划必须对一些资源，尤其是稀缺资源进行合理的分配，如果没有城市居民的参与，以政府意志为代表的规划可能会有不公平的个人观念存在，很容易导致片面和短期行为，而分配的不公也会引起政府与公众之间的冲突和矛盾。最后，城市的未来发展中，公众是最有发言权的。因为，他们在城市中生活的时间很长，有的甚至世代居住在那里，对整个生态环境和历史文化足迹有详细的了解，知道该地区的实际情况，可以为城市的未来发展提供更好的建议，规划的实施与管理有赖于公众的监督和建言献策。

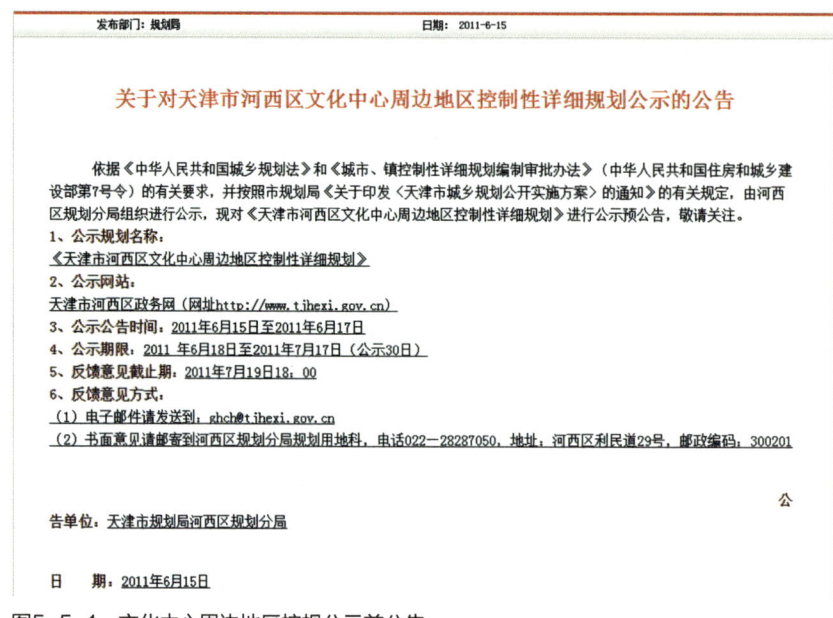

图5-5-1　文化中心周边地区控规公示前公告

图5-5-2　文化中心周边地区控规公示

2011年6月，天津市河西区人民政府网站先后登出文化中心周边地区控规草案公示的预公告和公告，公示时间为30日，并公布天津市规划局河西区分局接受意见反馈的电话和电子邮箱。在文化中心周边地区的控规编制中不仅严格遵照《城乡规划法》及国家、天津市相关的规定进行公示，并积极鼓励市民对规划方案的参与，回答市民的各种问题。

3. 严格规划管理程序

近年来，天津在实践中借鉴其他城市的经验，并结合自身实际探索，建立了动态维护的管理程序。动态维护程序依据"审批分类分级、管理程序严谨、技术论证充分"的原则建立，整个流程中每个阶段都有具体的行事主体并形成每个环节的文字记录作为项目审查痕迹和备忘录，同时项目必须自下而上进行审查，层层把关，以保障审查的严谨和论证的充分，此外，申请文件最初收文和最终函复均由办公室负责，保障行政窗口的一致性。

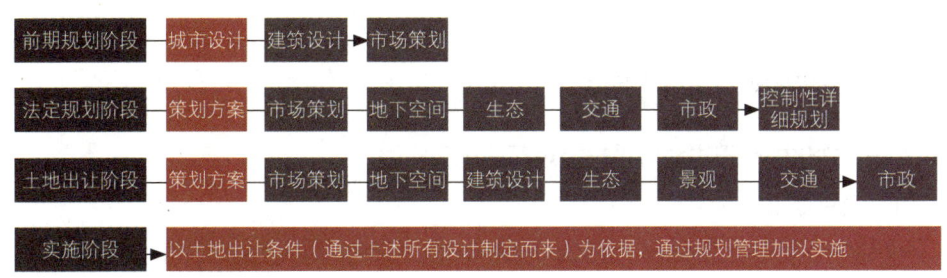

图5-5-3　控规编制管理程序

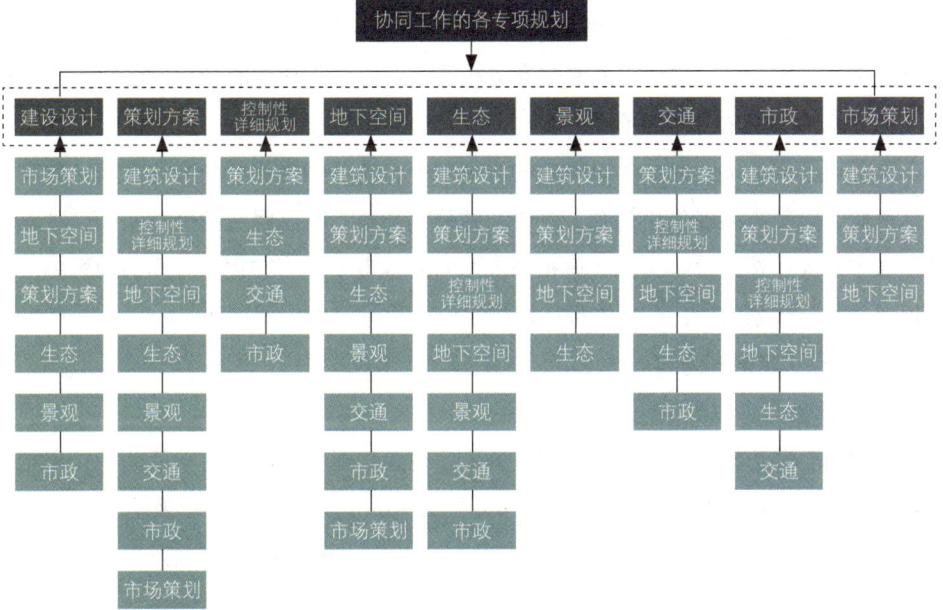

图5-5-4　控规与各专项规划的协同关系

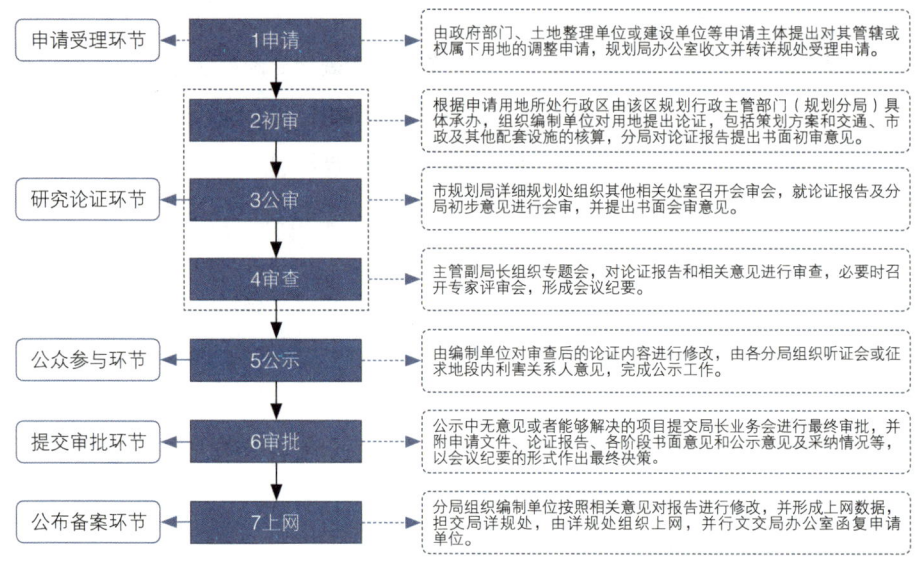

| 申请受理环节 | 1申请 | 由政府部门、土地整理单位或建设单位等申请主体提出对其管辖或权属下用地的调整申请，规划局办公室收文并转详规处受理申请。 |

图5-5-5 控规动态维护的标准程序

二、天津控规探索案例详解

（一）文化中心周边地区"一控规两导则"实践

1. 项目概况

文化中心周边地区位于河西区，环绕天津文化商务中心区的北、东、南侧，其四至范围为：东至解放南路，南至黑牛城道，西至友谊路，北至围堤道（中环线）、大沽南路，现状用地主要为包含八大里在内的居住用地。天津市小白楼地区为城市现有的主中心，文化中心及其周边地区将与小白楼商业商务核心区共同组成城市主中心，使之成为一个国际性、现代化的文化商务核心区。由于文化中心建设的契机，文化中心周边地区有机会在市中心创造一个金融、商业与文化相融合，面向国际的城市中心。文化中心周边地区在文化中心建设的基础上，充分体现深厚的文化底蕴，独特的自然风貌，大都市的现代化气息，以便利的公共交通，系统组织的公共空间，独具一格的城市形象打造出具有文化底蕴和都市活力的城市中心。文化中心周边地区的"一控规两导则"体系应用，是该体系在城市中心区建设中的应用范例。

2. 控规法定图则内容

2.1 用地与人口规模预测

文化中心周边地区用地性质以商务办公、商业功能为主，居住功能为辅；用地规模约241公顷，规划总建筑面积约776.4万平方米，其中：商务办公及商业建筑面积约624万平方米，住宅建筑面积144万平方米，公共服务设施约8.4万平方米；规划居住人口约4.1万人。

2.2　公共服务设施

根据本地区居住人口规模，按规范要求，以千人指标计算公共服务设施规模，满足每项设施的服务半径。配置了中学、小学、幼儿园、医疗设施、文化体育设施、社区服务设施、行政管理设施、商业金融设施以及交通、市政设施等公共服务设施。

2.3　公共绿地

依托现有的红光公园，规划东西长约1000米，南北宽约60米，最宽处达250米的中央绿轴。依托中央绿轴，增加向南北延伸的绿化，形成"十"字绿化系统。

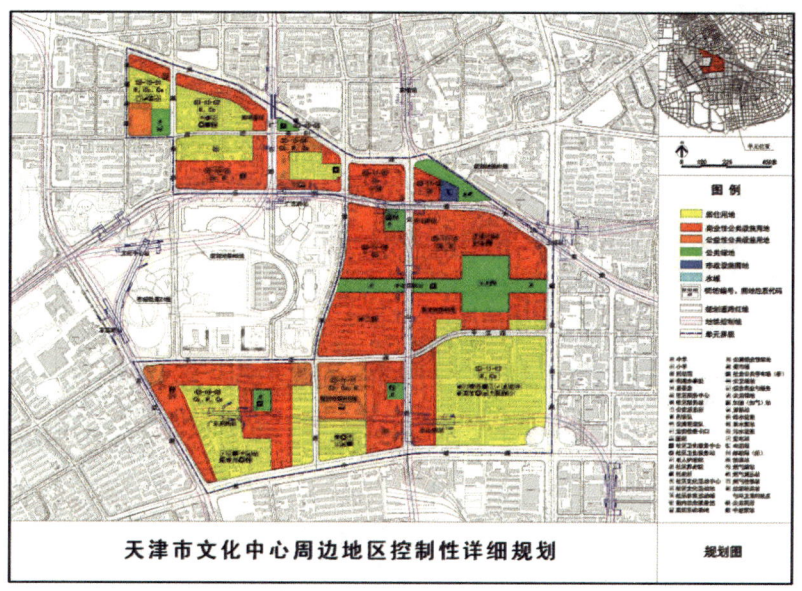

图5-5-6　天津市文化中心周边地区控制性详细规划图

图5-5-7　文化中心周边地区土地细分导则图

3. 城市设计导则详解

由于文化中心周边地区位于城市中心区，而城市中心区是城市结构的核心组成部分，对城市的经济、政治、文化、景观环境等具有重要影响，并在空间特征上有别于城市其他地区。因此，天津在城市建设实践中将本地区划为城市重点地区进行规划控制与管理，尤其在城市设计导则方面，规划控制力度强于城市一般地区。

文化中心周边地区城市设计导则，从总体层面、片区层面、地块层面三个层次逐层深入：

3.1 总体层面的城市设计导则

在总体层面的城市设计导则中，确定了文化商务中心区的发展愿景和规划布局，并从建筑体量、街道特征和开放空间等三个方面，提出总体控制要求。在建筑体量方面，对整体空间形态、天际线趋势及高层塔楼的位置、外形和分布提出引导要求。在街道特征方面，划分了6种不同类型的街墙，并通过限定街墙高度、建筑贴线率、建筑退线等指标的方式，赋予了各类街道不同的性格特征。在开放空间方面，通过建立一个互相联系的开放空间网络，在扩展的城市中心形成强大而连续的公园系统。

图5-5-8 塔楼类型分布计划

3.2 片区层面的城市设计导则

片区层面的城市设计导则在将文化商务中心区以文化中心和规划绿轴为界划分为文化中心北区、文化中心南区、尖山北区和尖山南区四大片区的基础上，从开发地

街墙-定义
STREET WALL - DEFINITIONS

XXXXXXXXXXXXXXXXXXXXXXXXXXXXXXXXXXXXXXXXXXXXXXX
XXXXXXXXX

General Intent

"Defining the Public Spaces"

The concept of streetwalls is important to understand and enforce. Successful street environments are created by buildings that house active uses that open to the street in addition. It is important that buildings build up to the sidewalk, defining and activating the urban open space and creating a close relationship between activities in each building. This is a traditional pattern of development in South China and should continue. The random setback of many recent buildings indicates how this pattern can reduce the importance of the street and create inactive urban areas that discourage pedestrian activity.

Random street setbacks will not be permitted on the streets identified by have continuous streetwalls.

All buildings within the district are encouraged to build out to the extents of each parcel. To strengthen the urban character of the district, specific building frontages are required to build to a mandatory streetwall, equal to the redline for that parcel.

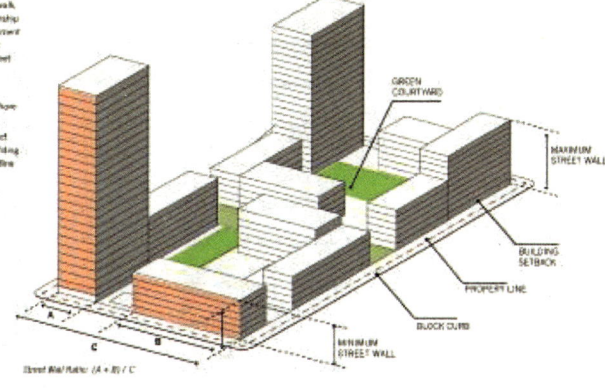

Street Wall Ratio: (A + B) / C

图5-5-9 街墙的定义

街墙类型4-尖山路
STREET WALL TYPE 04
JIANSHAN ROAD

XXXXXXXX

Jianshuan Road is the most active main commercial street of the masterplan area. This street space is defined by tall buildings on both sides and the major land mark towers of the area are located along this route.

The vibrancy and activity of this street is reflected in variation of building base height and expression.

Shopfronts can be recessed and vary in height. Upper level projections should be avoided in order to provide coherent and continuous building frontages but recesses (loggias) can be integrated.

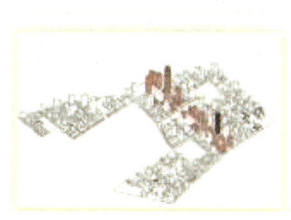

图5-5-10 尖山路街墙控制导则

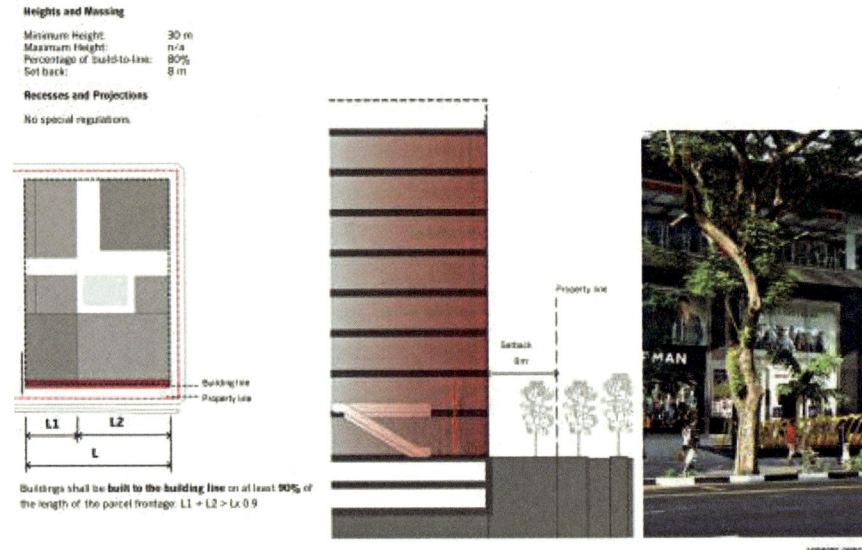

街墙类型4-尖山路
STREET WALL TYPE 04
JIANSHAN ROAD

STREET WALL CONTROLS

Heights and Massing

Minimum Height: 30 m
Maximum Height: n/a
Percentage of build-to-line: 80%
Set back: 8 m

Recesses and Projections

No special regulations.

Buildings shall be built to the building line on at least 90% of
the length of the parcel frontage: L1 + L2 > L x 0.9

图5-5-11　尖山路街墙控制导则

区域特征
NORTH CULTURAL CENTRE DISTRICT (NC):
DISTRICT CHARACTER

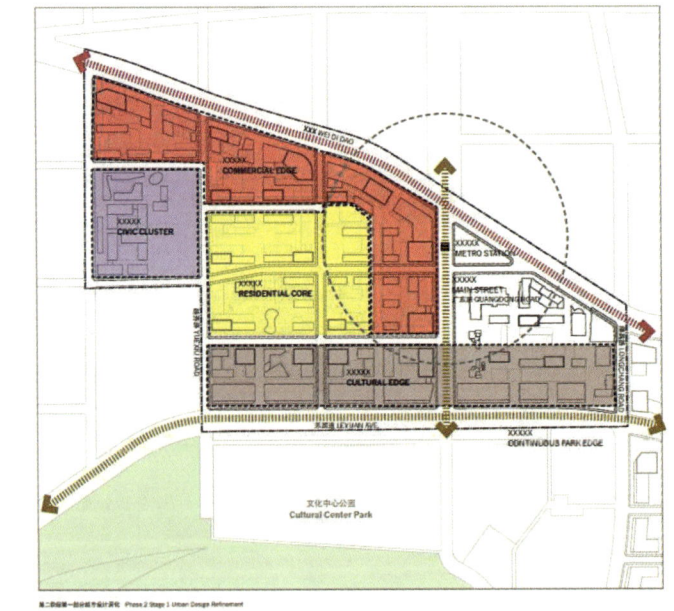

图5-5-12　文化中心北区区域特征引导

块划分、区域特征、土地使用、地面层用途、街道层级、公共交通、自行车路线、行人网络、开放空间、塔楼的位置和高度、塔楼及出入口、停车场及服务通道、体量原则、视野、高度等方面，对每个片区提出中观层面的控制要求。

3.3 地块层面的城市设计导则

地块层面的城市设计导则是规划管理的切实依据，它以图则的形式，将总体层面和片区层面的城市设计导则落实到地块层面，规定了地块容积率、总建筑面积、主要用地性质、其他用地性质、最大建筑高度、最小绿地覆盖率、红线退界等规划控制指标。

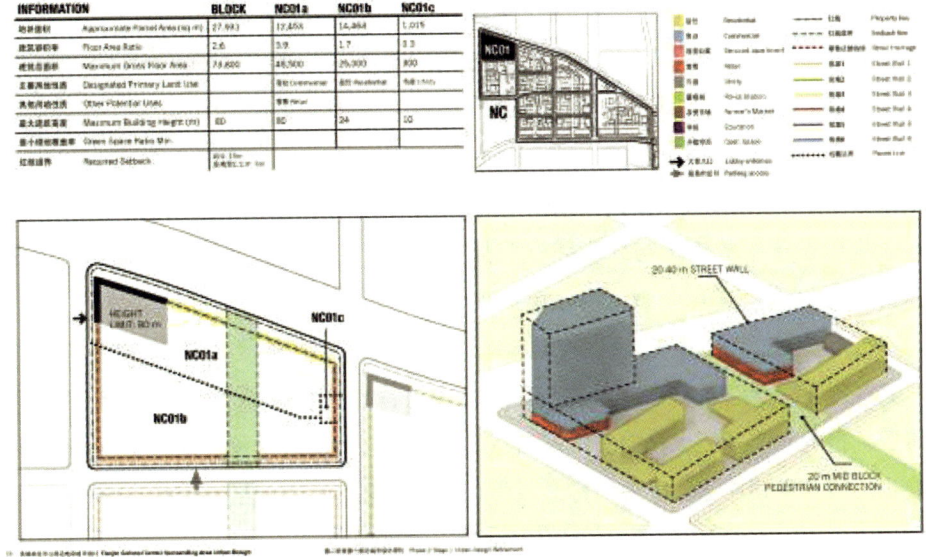

图5-5-13　文化商务中心区NC01地块规划控制管理图则

（二）解放南路周边地区的城市设计导则实践

1. 项目概况

解放南路周边地区位于天津中心城区南部，规划范围北至海河，南至外环线，西至解放南路，东至微山路，规划总用地16.29平方公里，总建筑面积1700.37万平方米，居住建筑面积760.91万平方米。解放南路周边地区分为5大地块，包括解放南路起步区东区、西区、01单元、02单元和03单元，在沿街公共建筑风格上，各大地块将体现其区域性、历史性、文化性特征，传承百年解放路的历史文脉，展现天津发展的城市空间轨迹，将解放南路打造成典雅大气、清新活力的迎宾大道街区。

解放南路起步区西区位于解放南路周边地区南部，津南区的西北部，西青区的东北部,其四至范围:东至洞庭路、南至外环南路、西至解放南路、北至浯水道,建筑总量控制在398.9万平方米以内;控规单元可容纳人口约6.6万人。起步区东区位于解放南路周边地区南部,其四至范围:东至微山路、南至外环南路、西至洞庭路、北至浯水道,总用地面积231.89公顷,可容纳人口约6.3万人。解放南路01单元位于解放南路周边地区北部,海河的南岸,其四至范围:东至微山路、南至黑牛城道、西至解放南路、北至海河。02单元位于解放南路周边地区中部,其四至范围:东至微山路、南至珠江道、西至解放南路、北至黑牛城道;03单元位于解放南路周边地区中部,其四至范围:东至微山路、南至浯水道、西至解放南路、北至珠江道。

该地区位于解放南路与外环线交汇处的东北角,周边有文化中心、梅江会展中

图5-5-14 解放南路地区控制性详细规划图

心、梅江与梅江南居住区、天钢柳林城市副中心等重要功能区,具有良好的区位条件,它的开发为天津的经济发展提供了新的动力,为中心城区添加了一抹新的绿色,为本已拥挤的城市开拓了一处舒缓、自然的居住空间,同时保留了地区工业特色的历史痕迹。解放南路周边地区规划打造成为园林型的迎宾大道、生态型的生活社区、创意型的办公街区、专业型的商贸园区。

2. 城市设计导则详解

解放南路地区作为城市新区,在其建设之初就要对其空间形态进行精细化引导设计,该地区的城市设计导则划分为三个层级,实现了对该地区从整体到地块的、有特色的城市形态控制,包括:总体规划控制导则、重点地区控制导则、地块类型及建筑控制导则。总体规划控制导则是整个解放南路地区城市设计的通则,其中包括整体容积率控制、建筑体量控制、街墙控制以及工业遗产保护的内容,是城市设计导则的最基本内容和结构框架;重点地区控制导则规划了该地区的空间结构,划定了核心片区和重要发展轴带作为该地区城市建设发展的重点地区,针对上述重点地区提出了更为严格的建筑体量控制和街墙控制,并对自然景观轴带提出了天际线的控制要求;地块类型及建筑控制导则针对不同使用性质的地块分门别类地提出了具体的要求,包括主入口位置、绿化率等,并对公建和住宅的建筑风貌、色彩、材质、体量以及建筑顶部

分别提出控制要求，将城市设计导则对城市空间形态的控制细化到具体的、可操作的层面。

2.1 总体规划控制导则

2.1.1 解放南路地区城市设计导则制定了以下六大原则：

（1）商住混合——多样化的各种土地使用功能彼此临近，将创建一个高度混合各种建筑类型与建筑式样的，充满活力的城市结构。沿解放南路、洞庭路纵向布置商业界面，体现解放南路作为迎宾道路的形象，并沿洞庭路形成TOD发展模式，沿海河、黑牛城道、复兴河、珠江道、浯水道、渌水道横向布置集中的产业式公园，为地区提供商业机会和就业机会。

（2）大气舒适——通过对地区现代典雅的整体风貌控制，体现天津的城市风貌特色。

（3）新的经济增长点——承接天津市城市重心南移的发展趋势，为文化中心周边区域外溢的产业功能和居住需求提供容纳对接场所。

（4）积极、健康、充满活力的生活——区域的开发将致力于提供高品质的生活环境。适于步行的邻里小区将为小区居民提供便捷的生活和工作环境，充分考虑了学校、公园、购物场所以及交通设施的易达性。小区的生活品质将成为吸引人们前来的重要特征。

（5）城市开放空间——通过规划不同级别的开放空间，为整个区域创造了一个完善的绿色网络。开放空间、街道景观、慢行系统相互连接，创造地区整体的绿色形象。

（6）高效便捷的交通系统——通过规划地面车行、地面公交、地面步行、地面轨道、地下铁路等交通系统，并使之串联，为本地区提供多方式、高效率的出行方式。

2.1.2 整体容积率控制

主要技术指标表		表5-5-1
项目	数值	单位
规划总用地	1629.34	公顷
新增建筑面积	1700.37	万平方米
其中 住宅	760.91	万平方米
其中 公寓	37.08	万平方米
其中 公建	902.38	
容积率	1.04	—
建筑密度	25	％
绿地率	30	％
停车位	155400	个

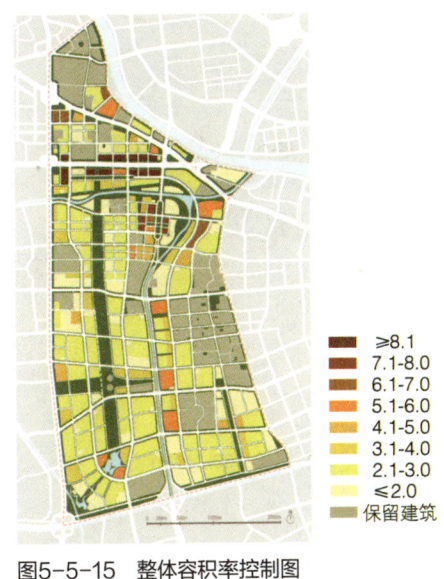

≥8.1
7.1-8.0
6.1-7.0
5.1-6.0
4.1-5.0
3.1-4.0
2.1-3.0
≤2.0
保留建筑

图5-5-15 整体容积率控制图

2.1.3 建筑体量控制

（1）整体建筑高度控制

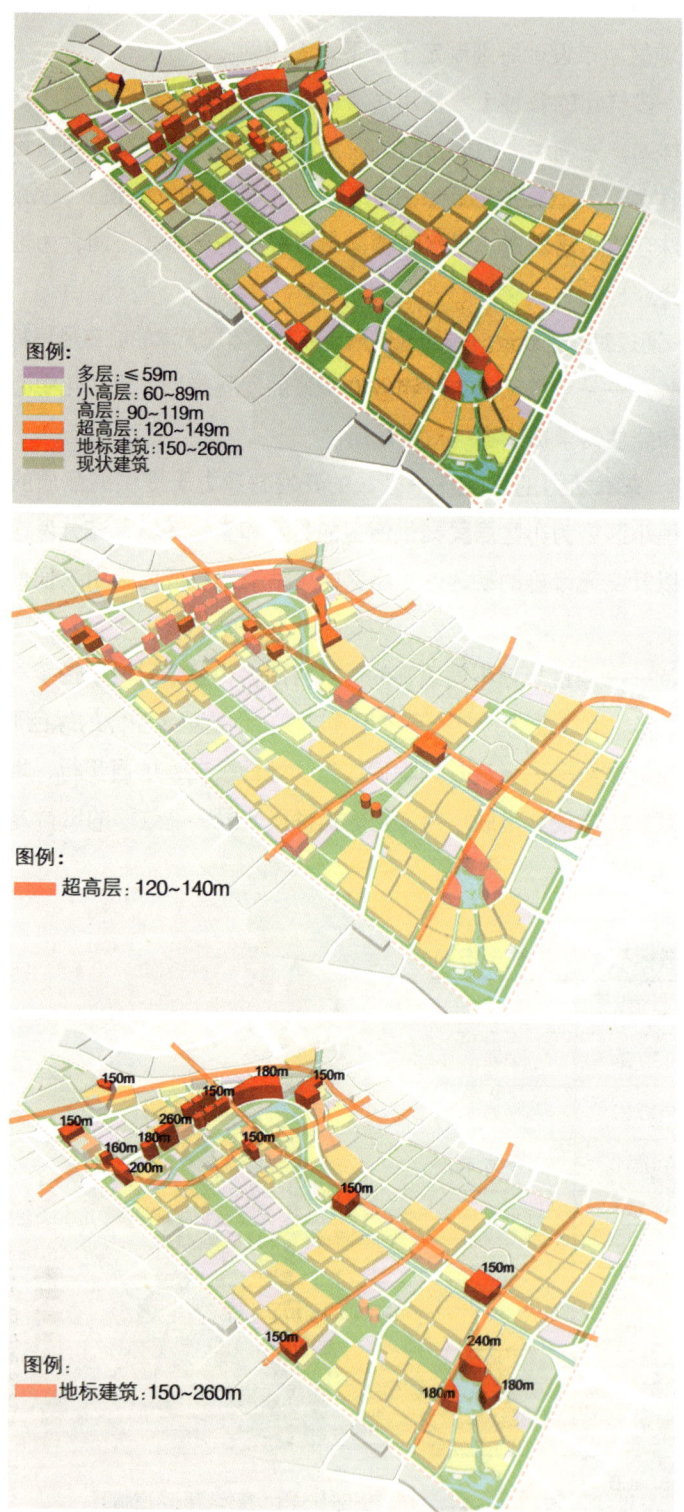

图例：
- 多层：≤59m
- 小高层：60~89m
- 高层：90~119m
- 超高层：120~149m
- 地标建筑：150~260m
- 现状建筑

图例：
- 超高层：120~140m

图例：
- 地标建筑：150~260m

图5-5-16 整体建筑高度控制图

（2）整体形态与体量控制

整体形态与体量控制	表5-5-2
	主要的高层塔楼群集中在"两核"、黑牛城道两侧；建筑高度从地标塔楼向周边的开放空间、居住地块及现有保留建筑地块依次递减
	洞庭路两侧形成建筑街墙；高密的建筑组群集中在几个地铁上盖的地块
	活跃的商业建筑集中在迎宾大道（解放南路、黑牛城道）、"三带"（设计创意公园带、家居生活公园带、汽车文化公园带）和沿线地铁上盖地块内

（3）空间对景关系

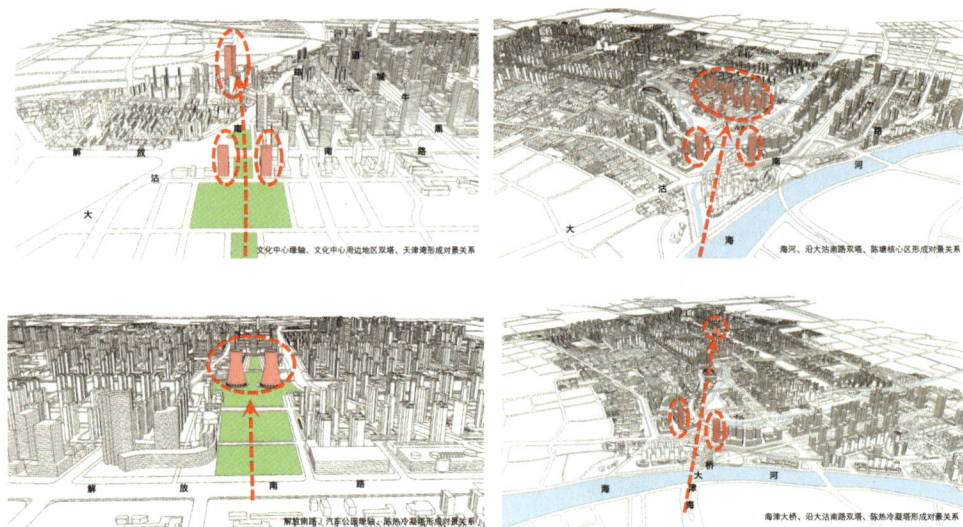

图5-5-17 空间对景关系图

2.1.4 街墙控制

（1）街墙控制原则

①道路等级决定建筑退线

②建筑性质决定裙房高度

③沿街业态决定连续性

（2）街墙设计主要控制内容

①"三高·一退"——建筑首层檐口线高度控制、裙房沿街面高度控制、高层沿街面高度控制、建筑退线控制

各类型建筑的街墙控制	表5-5-3

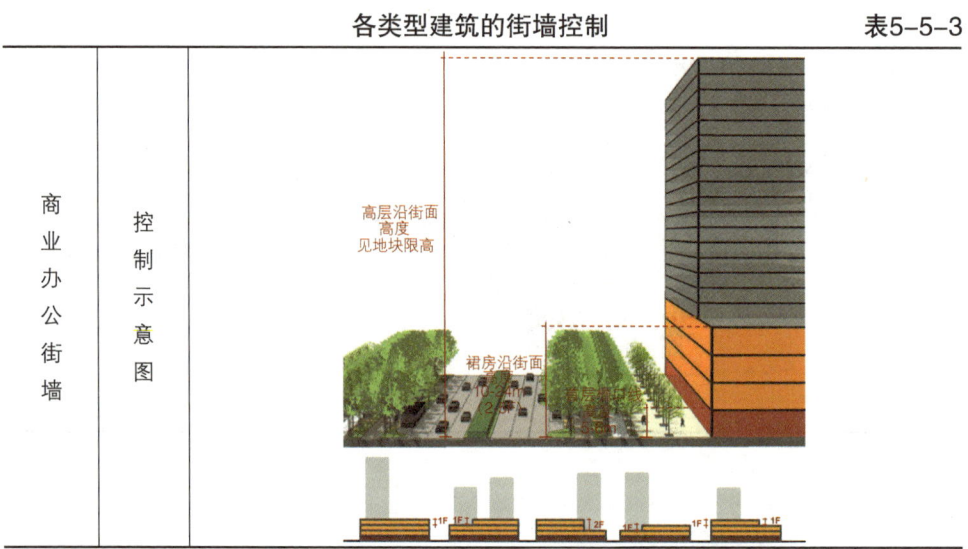

商业办公街墙	控制要求	建筑首层檐口线高度：5~6米； 裙房沿街面高度：10~24米（2~5F）； 高层沿街面高度：见地块限高； 2~5层的变化原则：相邻地块变化不超过一层，地块内变化不超过两层
住宅带底商的街墙	控制示意图	 高层沿街面高度 见地块限高 裙房沿街面 (2~3F)
	控制要求	建筑首层檐口线高度：4~5米； 裙房沿街面高度：8~12米（2~3F）； 高层沿街面高度：见地块限高
住宅不带底商的街墙	控制示意图	 高层沿街面高度 见地块限高 建议围墙景观化 （人行道）（宅旁绿地）
	控制要求	建筑首层檐口线高度：无； 裙房沿街面高度：无； 高层沿街面高度：见地块限高
学校与公共设施的街墙	控制示意图	 （人行道）（学校场地）
	控制要求	建筑首层檐口线高度：4~5米； 裙房沿街面高度：无； 建筑沿街面高度：12~24米（3~5F）

建筑退线控制		表5-5-4
 （退线空间可作为商业建筑室外活动空间使用）建筑退线10m		快速路和主干道界面——建筑退线10米，退线空间可作为商业建筑室外活动空间使用
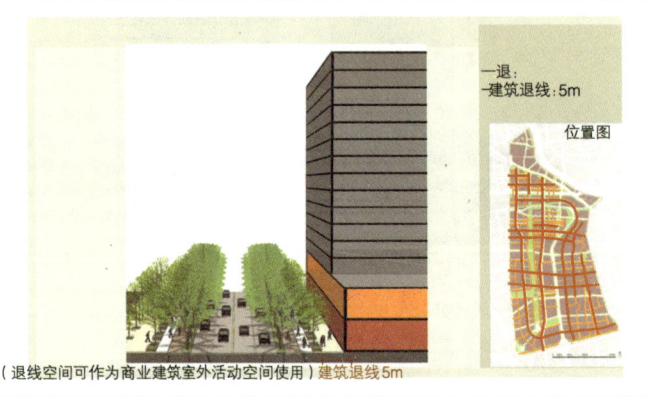 （退线空间可作为商业建筑室外活动空间使用）建筑退线5m		次干道与支路界面——建筑退线5米，退线空间可作为商业建筑室外活动空间使用

②街墙的连续性

街墙的连续性控制		表5-5-5
类型	商业型街墙	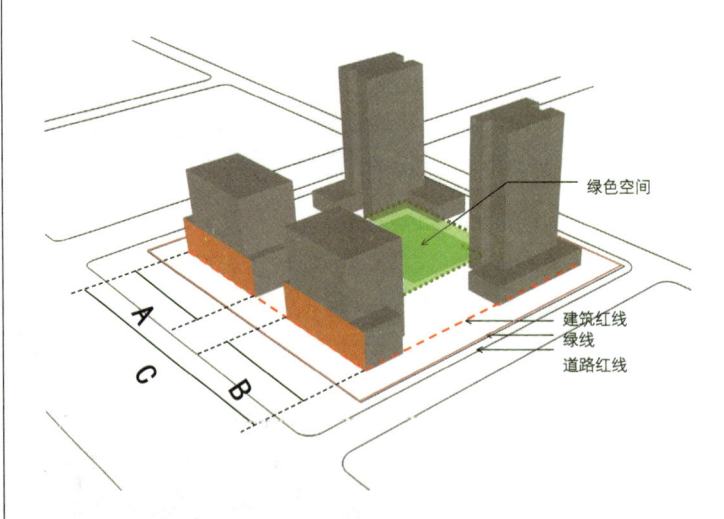
	控制原则（强调街墙感）：街墙连续性大于70% $A+B>C×70\%$	

类型		
	住宅带底商街墙	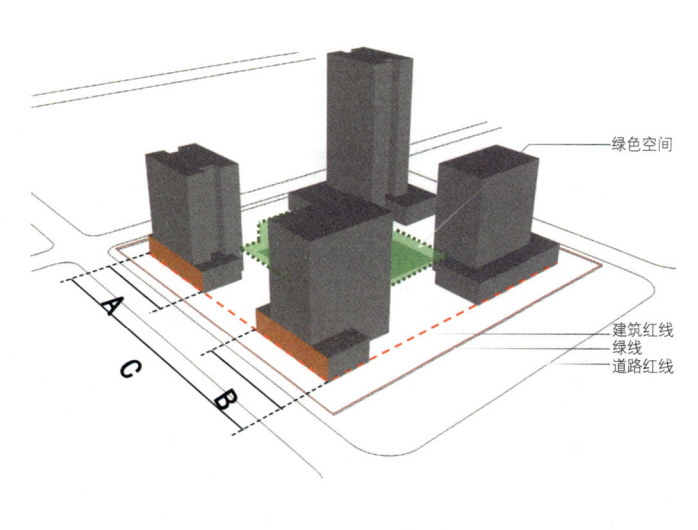
		控制原则（强调段落感）：街墙连续性大于50% A+B>C×50%
	住宅街墙	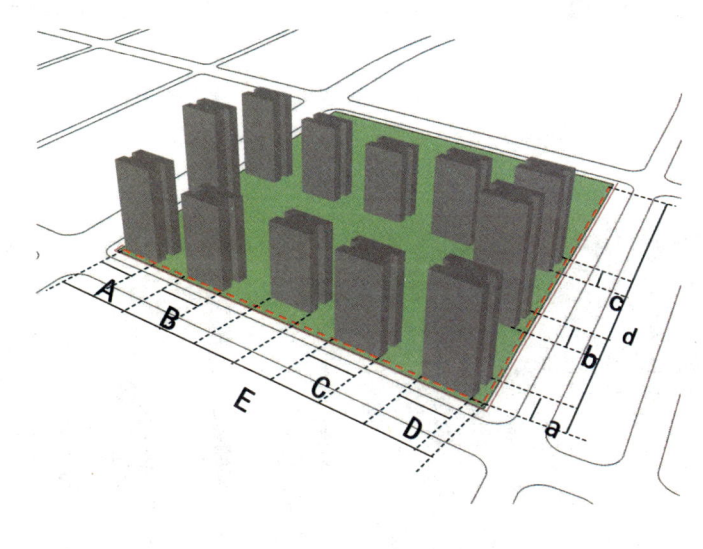
		东西向控制原则（强调绿化渗透）： 临街面贴线率大于50%； 南北向控制原则（强调绿化渗透）： 临街面贴线率大于20% A+B+C+D>E×50% a+b+c>d×20%

③首层檐口线控制

首层檐口线控制　　　　　　　　　　　　　　　　表5-5-6

顶棚
从店面或者建筑大厅延伸出来的顶棚不仅可以作为挡雨遮阳的顶盖，并且可以更好地定义人行道

招牌
建筑的招牌或者店面的招牌都可以定义人行道的尺度

续表

立面修饰 当店铺立面或者玻璃幕墙提升高度时，拱肩或者其他建筑立面的组成部分可以用作定义人行道尺度	街道立面后退 建筑从屋檐线往后退2~3米，从而形成人行道的顶盖，并提供了从私密空间到公共空间的过渡

材料的改变 采用不同的材料能够更好地定义屋檐的边界。材料的混合运用应该提高对街道层面的透明度	实体/透明分割 建筑的立面可以从街道层面的透明过渡到屋檐线以上的较为实体的立面

④沿街面的裙房控制

沿街面裙房控制　　　　　　　　　　　　　　　表5-5-7

高层建筑退让裙房一定距离	裙房立面采用与高层不同的色彩、材质、肌理等处理手法

2.1.5 工业遗产保护

规划本着"修旧如旧、尊重历史"的原则，保留老厂房的生态原貌和工业元素，主要通过对原有厂房的修复和翻新予以保留。保护现状建筑原则：

（1）保留建筑本体的真实性，保持其外立面原貌，同时兼顾对建筑环境的保护。

（2）在新建、扩建、改建工程时，必须在高度、体量、立面、材料、色彩等方面与建筑相协调。不得影响建筑的使用或者破坏建筑的空间环境。

（3）改变建筑的使用功能时，应当注意保持建筑本身的风貌，并与周围环境相协调。

图5-5-18 工业遗产分布图

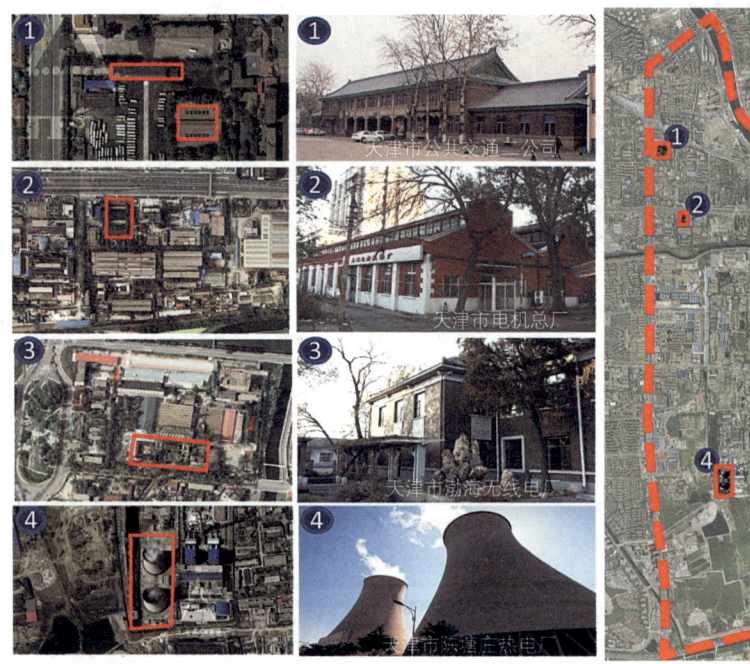

图5-5-19 工业遗产现状图

2.2 重点地区控制导则

2.2.1 重点地区界定

解放南路周边地区规划设计为"两核、三轴、四带"的空间结构，其中"两核"指片区地标和片区门户，"三轴"指迎宾大道、中央绿洲和滨河走廊，"四带"指汽车文化公园、家居生活公园、设计创意公园和海河风情公园。以上"两核、三轴、四带"包括了本地区的城市形象展示、文化创意展示、绿地景观展示以及迎宾大道主界面等内容，是本地区作为城市新区的外在形象与内在文化的集中表现，因而作为规划设计中的重点地区提出更为严格的控制要求。

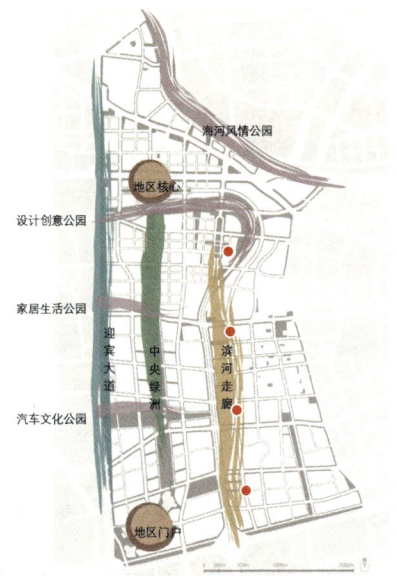

图5-5-20　重点地区界定图

图5-5-21　重点地区结构分析图

2.2.2　重点控制界面

图5-5-22　重点界面

道路两侧——解放南路、黑牛城道、洞庭路

河道两侧——海河、复兴河、长泰河

绿轴两侧——中央绿洲

2.2.3　重点地区导则示例

重点地区控制导则比较 表5-5-8

两核—核心地区	 		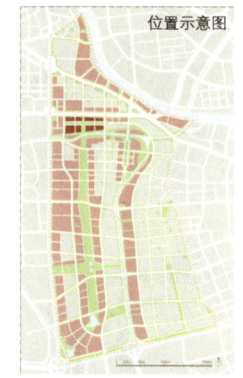 位置示意图

建筑体量控制原则：

·建筑高度向开放空间逐层跌落。

·第一层建筑高度控制在55~60m；第二层建筑高度控制在75~80米；第三层以一组建筑形成整个规划区的地标建筑群，制高点260米

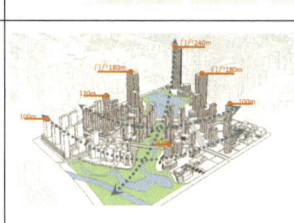
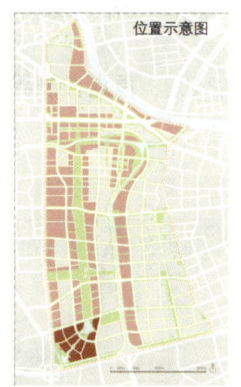

两核—门户地区

建筑体量控制原则：

·核心建筑群制高点240米，形成地区门户。

·建筑高度向开放空间逐层跌落

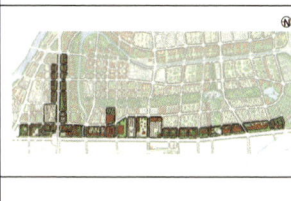
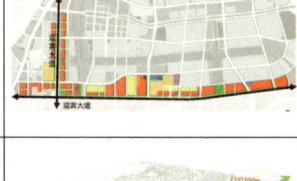

三轴—迎宾大道

三轴——迎宾大道	建筑体量控制原则： · 沿解放南路一侧的塔楼天际线形成两个层次，沿道路界面分为几个段落，高度控制在50~120米。 · 沿黑牛城道两侧的塔楼体量较大、高度较高，形成街墙

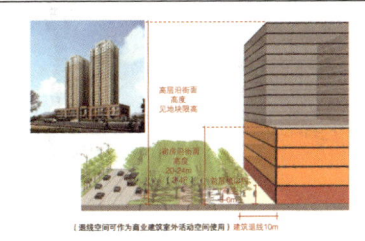 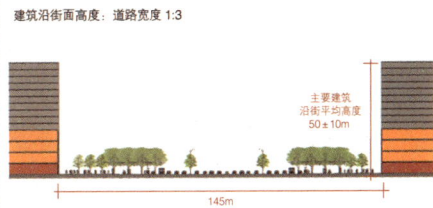

街墙控制

 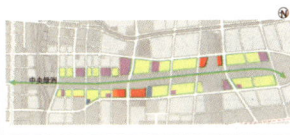 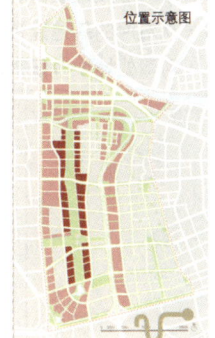

 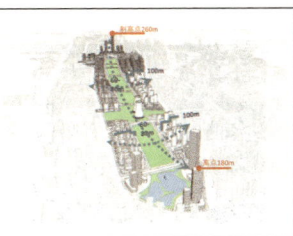

三轴——中央绿轴	建筑体量控制原则： · 建筑高度向开放空间逐层跌落。 · 紧邻中央绿洲的建筑高度控制在60~80米，减少对开放空间压迫感。 · 外一层的建筑高度控制在100米左右

有底商

无底商

通透性控制（无底商建筑）
东西向景观视线通廊宽度占地块全部宽度的百分比
$\sum A > B \times 40\%$

街墙控制

续表

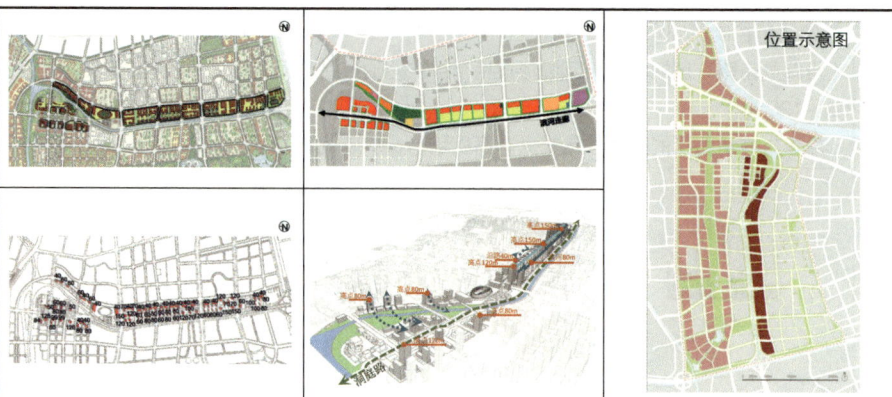

建筑体量控制原则：

· 沿河形成连续街墙，主要开发密度集中在地铁上盖周边。

· 从沿河的新建建筑过渡到外围的现状多层建筑，高度逐层跌落。

· 河湾处地块做低密度开发，周边建筑面向开放空间，高度逐层跌落

三轴——滨河走廊

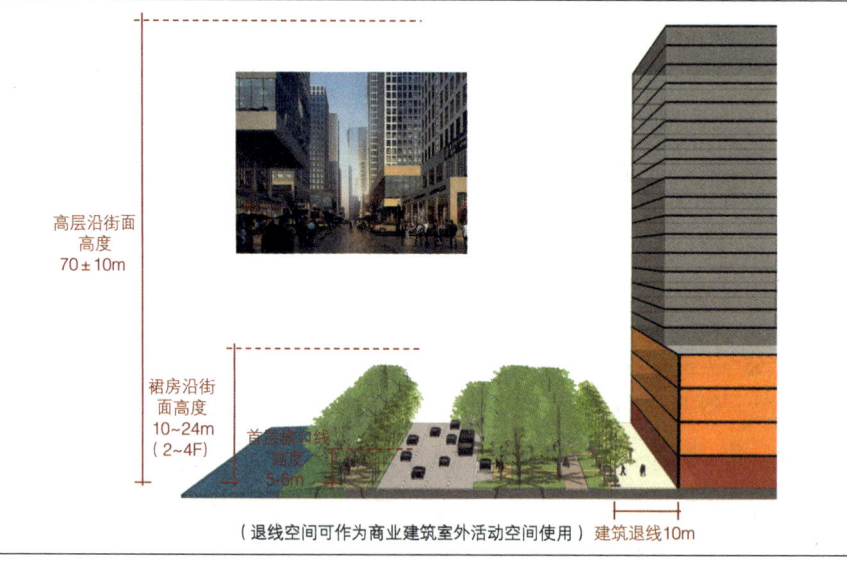

街墙控制

四带——海河风情公园

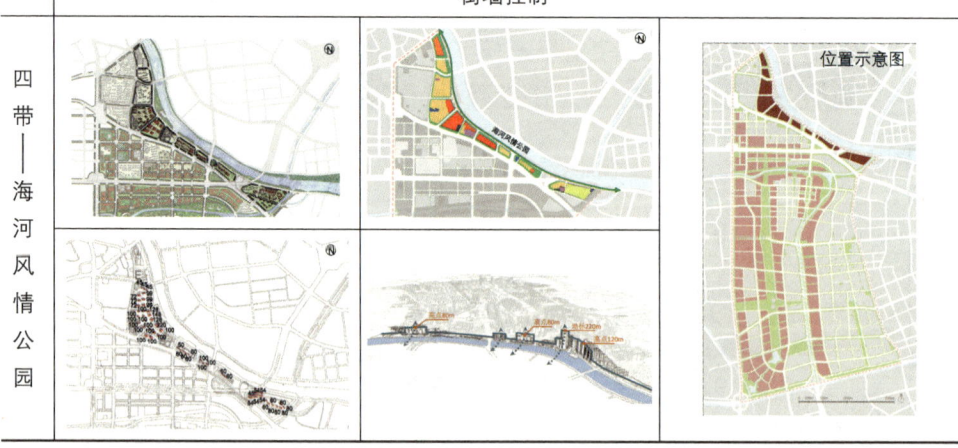

续表

| 四带——海河风情公园 | 建筑体量控制原则：
· 河湾处设置一组地标型高层。
· 建筑高度向开放空间逐层跌落。
· 滨河建筑均面向海河，获取良好景观效果

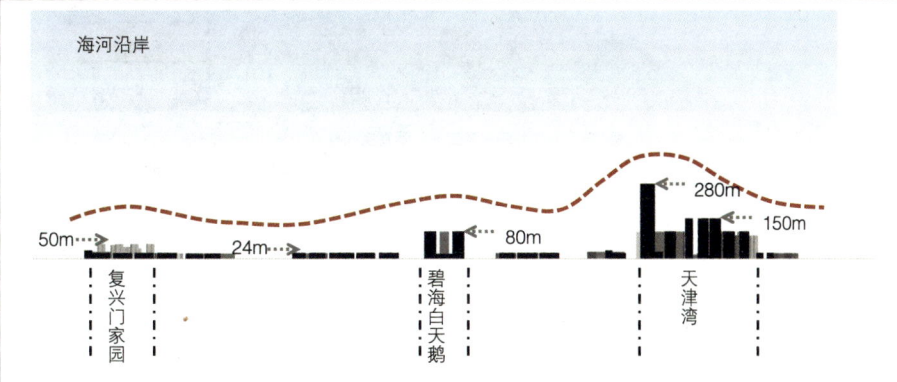
<center>海河沿线量控制</center>

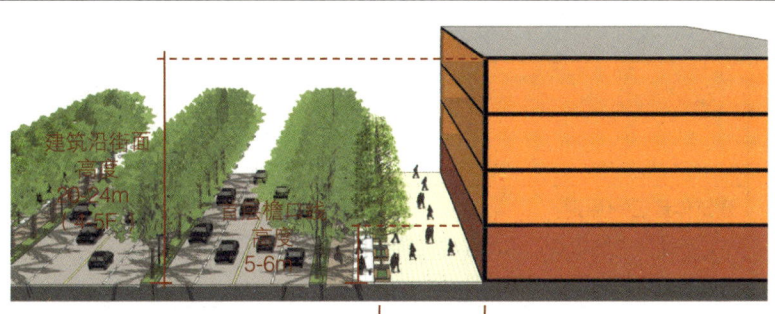
（退线空间可作为商业建筑室外活动空间使用）建筑退线10m
<center>街墙控制</center> |
| 四带——创意设计公园 | 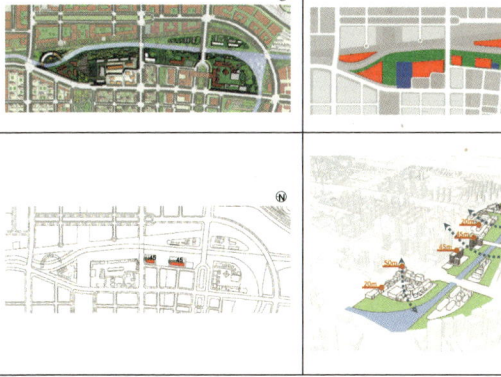 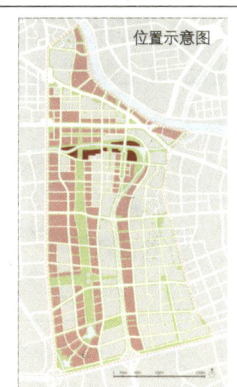

建筑体量控制原则：
· 滨河绿带内地块低密度开发。
· 建筑体量较小，高度控制在50米以下 |

续表

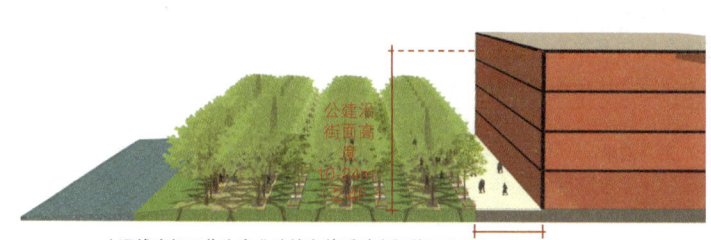

（退线空间可作为商业建筑室外活动空间使用）建筑退线10m

街墙控制

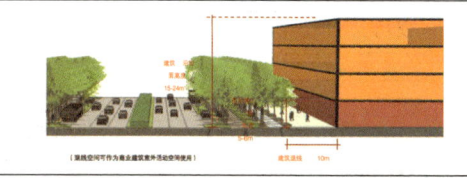

位置示意图

建筑体量控制原则：

· 城市绿带中的地块低密度开发，营造公园化的疏朗空间。

· 地块内建筑高度不超过60米

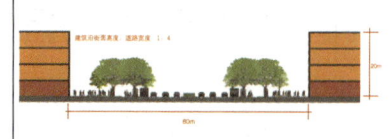

街墙控制

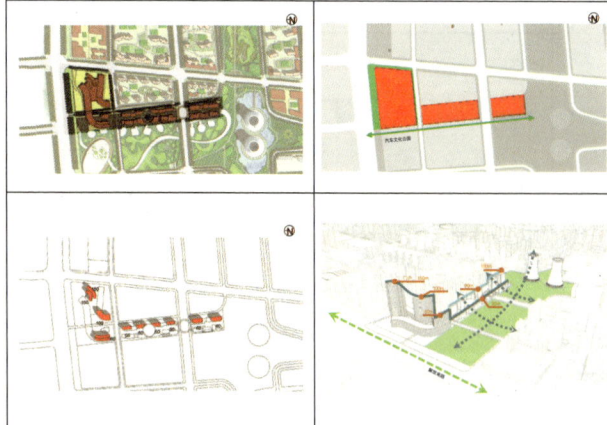

位置示意图

四带——创意设计公园

续表

四带—创意设计公园	**建筑体量控制原则：** · 街角门户建筑高度150米。 · 建筑高度向开放空间逐层跌落 
	街墙控制

2.3　地块类型及建筑控制导则

2.3.1　城市地块原则

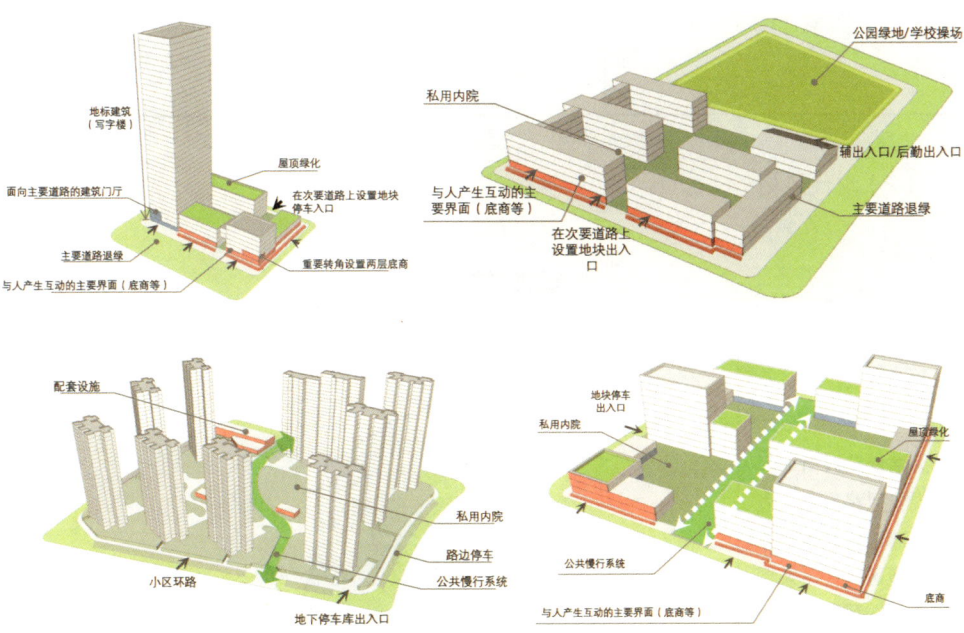

图5-5-23　地块控制原则

2.3.2 建筑风貌控制

（1）地域古典风格

地域古典风格控制		表5-5-9
大沽南路以北地区采用地域古典风格，延续海河上下游的既有建筑风格和空间尺度，体现天津地域特色	公建控制——作为津城重要的发源地，海河沿岸的公共建筑是城市亲水建筑文化的最佳代表，公建应集中体现历史性与地域性，在天津市海河规划的总框架下最终形成底蕴厚重、特色凸显的公共建筑形象	
	住宅控制——为了延续周边地区的建筑风貌，建筑风格应体现历史性、地域性，最终形成有艺术感、大气典雅的居住建筑形象	

（2）现代风格

现代风格控制	表5-5-10
大沽南路以南地区以现代风格为主，表现天津时代风貌、体现新建区特色，兼顾天津传统风貌	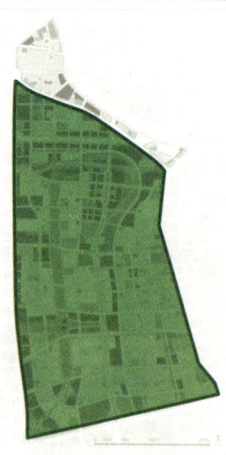

两核区域——为地标性核心区域，建筑风格应在现代风格的基础上，可适当突破常规做法，体现建筑的个性及标志性		
	公建控制——以高层、超高层、大体量建筑为主，应力求塑造现代时尚，具完整体量感的建筑形象，有力表达时代特征和区域特色	住宅控制——建筑风格要求简约大气，建筑体量简单完整，避免大量出挑构件，公建化的建筑形象体现时尚与现代
迎宾大道、黑牛城道及滨河走廊沿线——此三条道路为重要的迎宾及入市道路，应在体现现代建筑功能性的同时，反应天津典雅大气的地域特征		
	公建控制——在体现现代建筑功能实用性的同时，应反映一定的地域性特征，塑造稳重、典雅、大气的建筑形象	住宅控制——建筑风格宜体现功能性、地域性特征，以便更好地与相邻公建融合，创造出典雅大气的居住建筑形象
设计公园、家居公园、汽车公园——此三处公园为解放南路地区重要的产业区域，建筑风格应在现代风格的基础上，体现地区的时尚与活力		
	公建控制——建筑风格表现为现代简约，同时不失活力	住宅控制——建筑风格简约大气，建筑形象在注重时尚现代的同时，亦应体现居住建筑的细致与亲切

续表

中央绿洲两侧——结合中央绿洲大尺度的开放空间，两侧建筑风格应在现代风格的基础上，体现田园风貌，以突出本区域生态宜居的特色		
	公建控制——典雅田园风格的公共建筑，以异域坡顶形式为重要的表现形式，适中的建筑体量和淡雅的色彩赋予了建筑最大的亲切感，也使其与居住建筑的配合相得益彰	住宅控制——典雅田园风格的居住建筑以坡顶的形式为主，体现居住建筑的亲切感，创造出亲切宜人的居住建筑形象

2.3.3 建筑色彩控制

解放南路地区的新建或改建建筑应从推荐色中选择颜色，并不所在区域整体环境相协调。并遵循"统一中求变化，变化中求统一"的原则，创建出和谐的城市色彩。

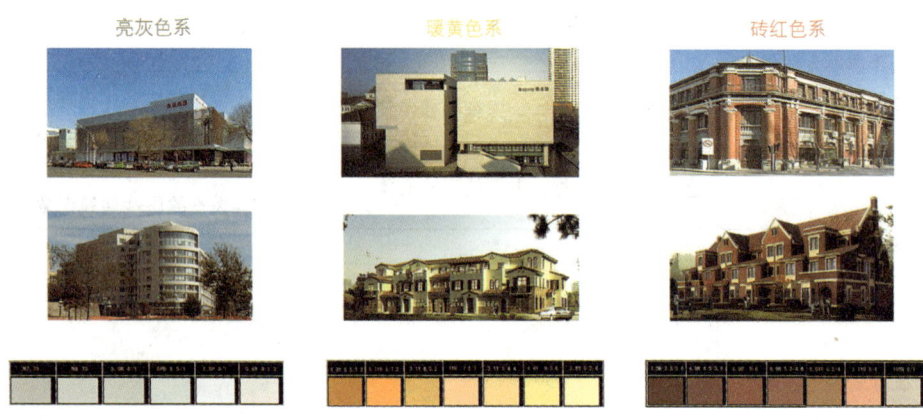

图5-5-24 建筑色彩推荐色

（1）公建控制

①现代（活力）风格：适当放松对建筑色彩配色数量的要求，打造混合搭配、活力现代的公共建筑形象。

②其他风格：即地域古典风格、典雅田园风格、现代（典雅）风格、现代（标志）风格。建筑色彩以一至两种主色调进行控制，单栋建筑不宜用色过多，做到与周边环境协调，统一中求层次，协调中求变化。

（2）住宅控制

居住建筑墙体所占比例较大，其色彩表现主要通过墙面颜色来体现。同时由于居住建筑空间布局大多呈群组出现，所以墙体颜色同时决定区域内的主导色彩，因此，居住建筑色彩应注重住区整体区域的协调统一。

基本色：以高明度、低彩度的暖色系为主。

灰色系列

暖色系列

砖红系列

图5-5-25　居住建筑基本色

辅助色：在基本色基础上适当增加高明度、中等彩度的暖色调或冷灰色调。

点缀色：增加色彩的变化，可以适当提高彩度，但高彩度的色彩不宜过多。

对于建筑单体的色彩控制：居住建筑风格及色彩应当从城市整体环境出发，对建筑色彩进行组合变化，既要强调整体性、连续性、层次性和多样性，努力创造丰富多彩的城市空间。色彩搭配形式应选用横向搭配、竖向搭配、混合搭配、色彩统一等四种形式。

横向搭配　　　　　竖向搭配　　　　　　混合搭配　　　　　色彩统一

图5-5-26　居住建筑单体色彩搭配形式

对于建筑群族的色彩控制：一个街坊内的居住建筑色彩宜有所变化，但整体色彩风格应统一。多街坊单元之间建筑色彩必须有所变化。地区两核、三轴、四带周边的各街坊单元建筑色彩风格应统一，地块内宜有所区别变化。

2.3.4　建筑材质控制

外墙材料的组合既要求高质量，又应考虑环保因素。低层区域的外墙主要使用浅色石料或砖块，在入口和特殊部位可采用有对比的材料，街墙立面上部的外墙可使用任何材料，但必须对建筑的整体起补充作用，而且能维持与周围建筑之间的关系。石料和水泥材料应采用淡色，如暖白、粉红、浅灰、淡黄沙色等，不许建造黑色、深红、深灰等深颜色的建筑。建筑立面的许多部位可以使用多种装饰材料，如栏杆、挑檐、灯具、百叶窗、雨篷、屋面、特殊设计部位等，装饰材料在各工程不尽相同，但应控制过头或单调的设计。低层上面的外墙可使用金属装饰板，但不要使用表面反光的材料。不提倡使用奇异的建筑材料，除非建筑立面在对比、形式及立体上的设计恰如其分。

鼓励开发者使用高品质立面材料，允许使用以下立面材质：

天然石材：大理石、花岗岩、水磨石、石灰石；金属铝板、波纹钢；真石漆及涂料；面砖–劈开砖、石材砖、玻化砖。不允许使用以下立面材质：纯色之外的塑料板、合成树脂墙面、大面积素色墙体、大面积深色木板、大面积玻璃幕墙。

（1）公建控制

公共建筑外檐材料应选用安全、美观、环保的高品质建筑材料，并支持和鼓励新型绿色环保材料的应用。不应选用可能排放有害物质或对环境造成负面影响的建筑材料。外檐材料宜选用：石材、铝板、真石漆，适量使用玻璃幕墙，少量使用面砖和涂料。

玻璃幕墙控制原则（根据天津市中心城区高层建筑玻璃幕墙导则）：

①建筑高度24~50米，玻璃幕墙在外立面所占比例不宜大于50%；

②建筑高度50~100米，玻璃幕墙在外立面所占比例不宜大于60%；

③建筑高度100~250米，玻璃幕墙在外立面所占比例不宜大于70%；

④建筑高度超过250米，玻璃幕墙在外立面所占比例不宜大于80%，特殊地标性建筑应由专家论证特例特批。

（2）住宅控制

高层居住建筑外檐材料应选用安全、美观、环保的高品质建筑材料，并支持和鼓励新型绿色环保材料的应用。不应选用可能排放有害物质或对环境造成负面影响的建筑材料。外檐材料宜选用：涂料、轻质装饰材料，底层可选用涂料或石材饰面。坡屋顶材料宜选用：S瓦、板瓦。

2.3.5　建筑体量控制

（1）公建控制

高层公共建筑是构成城市天际轮廓线的重要组成部分，应以点式为主，不应出现过宽的形体，高宽比不宜过大。多层公共建筑的体量控制以形成统一而完整的连续界面为主要目的，高宽比可适当放松。

（2）住宅控制

①建筑单体体量设计建议遵循如下原则：

住宅建筑单体体量设计原则

表5-5-11

建筑主体高度	高宽比	宽厚比
80m < H ≤ 100m	不小于2.7∶1	不大于1.3∶1
	 H≥2.7d	 d≤1.3D
50m < H ≤ 80m	不小于2.0∶1	不大于2.0∶1
	 H≥2.0d	 d≤2.0D
32m < H ≤ 50m	不小于1.3∶1	不大于3.2∶1
	 H≥1.3d	 d≤3.2D
24m < H ≤ 32m	不小于0.8∶1	不大于3.2∶1
	 H≥0.8d	 d≤3.2D

②建筑双拼体量设计建议遵循如下原则：

建筑双拼单元前后错不小于3米，并保证最小搭接面不小于较大一侧界面长度的1/3，同时还应充分考虑景观视线的通透性。在建筑组群中，双拼建筑成角度进行拼接时，相互之间的夹角应不小于90度，以不小于120度为宜，并应满足日照、通风以及户型和结构要求。当双拼建筑高度有高低错落时，应满足如下要求：较高一侧为18层以下时，较低一侧与之差不小于3层；较高一侧为18层以上（含18层）100米以下时，较低一侧与之差不小于4层；较高一侧为100米以上时，较低一侧与之差不小于6层，并应符合城市设计要求。

住宅建筑双拼体量设计原则   表5-5-12

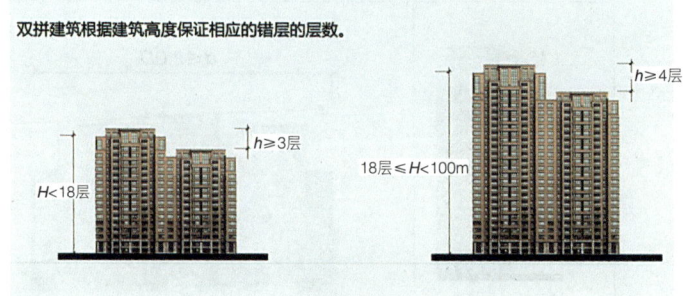

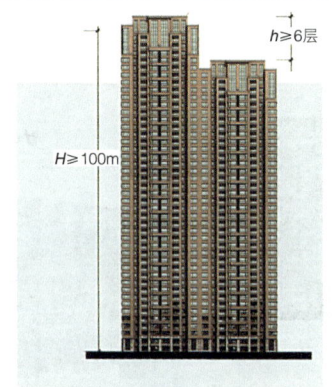

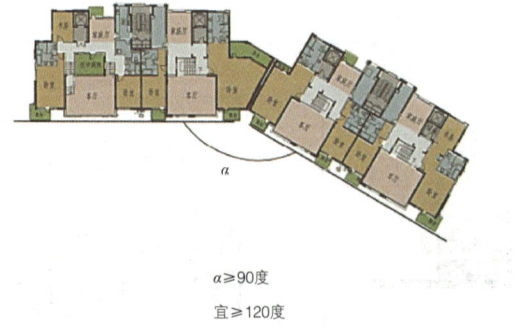

续表

③建筑群组体量控制

一个街坊居住片区：一个街坊内的居住建筑高度必须高低变化，内高外低，错落有致。要强调整体性、连续性、层次性和多样性。"两核、三轴、四带"周边的居住建筑应前低后高、突出层次。

多个街坊居住社区：各街坊单元之间建筑体量必须有所变化，要注重近景、中景、远景的丰富协调，努力创造丰富多彩的城市空间。"两核、三轴、四带"周边的居住建筑应前低后高、突出层次。

2.3.6　建筑顶部控制

（1）公建控制

公共建筑顶部处理应简洁大方，并通过群体的有机组合，形成富有韵律的天际轮廓线，美化城市形象，应遵循以下原则：

①整体统一，环境协调。

②高层建筑顶部适度收，尺度比例得当。

③安全耐久，避免夸张浪费。

（2）住宅控制

①建筑单体控制

居住建筑顶部处理应简洁大方，主要应选用上下统一、适度收分、坡屋顶等三种形式，并应遵循如下原则：

a. 采用上下统一的处理手法，但应与建筑整体风格相协调。

b. 采用适度收分的处理手法，尺度比例处理得当。

c. 采用坡屋顶，屋顶形式及颜色应与建筑周边环境及建筑主体协调。

②建筑群组控制

各街坊单元之间，居住建筑顶部必须有所变化；一个街坊内的居住建筑顶部宜有所变化，但顶部风格形式应统一。"两核、三轴、四带"周边的各街坊单元建筑顶部风格应统一，地块内宜有所变化。

2.3.7 配套公建控制

（1）沿街型

此类型配套公建多为住宅裙房，建筑布局利用居住用地沿街面一字展开，形成带状沿街商业界面。配套公建风格定位应与本小区内住宅整体风格相协调。建筑高度一般为2-3层，减少建筑对街道的压迫感。并且建议首层采用骑楼等建筑形式，增加建筑亲切感。

（2）集中型

配套设施集中设置于居住区内一点，该类型配套用地相对独立。配套公建风格定位应与本小区内住宅整体风格相协调，并且应处理好建筑细部，增加建筑亲切感、尺度感。

（3）配套商业广告牌匾设计原则

①广告设置不应影响建筑功能。

②店招牌匾设置宜采用耐久、便于维护的新材料，广告应避免采用不锈钢、钛金版等高亮材料。

③不应采用大面积单一且艳丽的色彩。背景宜采用米黄、浅灰、白色等淡雅色彩；字体宜采用橘黄、暗红、深绿、深蓝等低明度的稳重色彩或白色背景与字体颜色应协调。

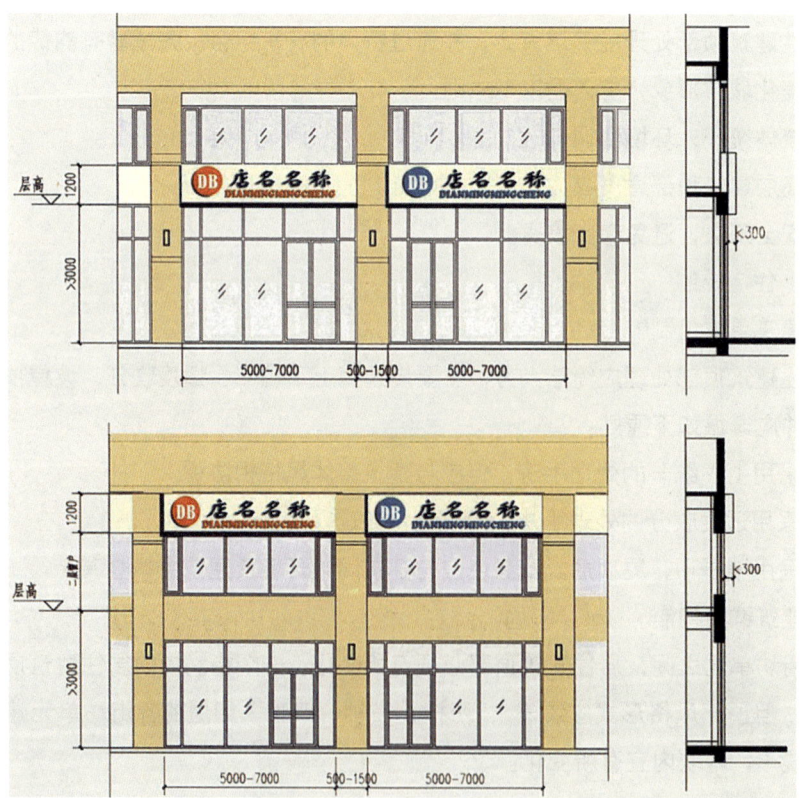

图5-5-27 广告牌匾设计示例

④广告牌匾的色彩应与所在街区、所附建筑物协调，不应出现高彩度、高对比度的色彩。日间效果和夜间效果应进行统筹考虑，统一设计。

3. 重点项目案例

3.1 规划条件

项目名称：新八大里地区第三里；规划范围：东至规划内江路，南至沐江道，西至洪泽南路，北至黑牛城道；项目位置：河西区黑牛城道与洪泽南路交口东南侧；项目范围：东至规划内江路，南至沐江道，西至洪泽南路，北至黑牛城道。总用地面积138695.10平方米，界内使用面积85811.10平方米，界外处理面积平方米，可建设用地面积69082.20平方米。

规划用地条件　表5-5-13

规划用地性质	用地面积（m²）	容积率	绿地率（%）	建筑密度（%）	建筑限高（m）	建筑面积（m²）	备注
广场用地	5500						
商业金融业用地	26593.90		≥5	≤55	200	196800	包含城市型公寓建筑面积81800m²，居住建筑面积35700m²及部分配套设施
居住用地	36988.30		≥15	≤45	70	121000	包含商业建筑面积39100m²及部分配套设施
地下空间使用性质	停车I设备I商业I附属用房		水平投影最大范围（m²）			85811.1	
修建性详细规划阶段编制交通影响评价报告			■是			□否	

3.2 规划设计要求

3.2.1 停车泊位要求

（1）满足该地区交通专项规划要求。

（2）居住按照《天津市建设项目配建停车场（库）标准》（DB/T29-6-2010）配建停车位。

（3）城市型公寓配建停车位1辆/套。

（4）除城市型公寓外的其他公共建筑按照该地区相关规定配建停车位。

（5）公建和城市型公寓可设置不大于其停车总量30%机械式停车位。

3.2.2　建筑退线要求：拟建建筑退可建设用地界线应大于等于5米。

3.2.3　公共设施配置要求

（1）配建内容包括：

①小区级公共服务设施含托老所（含老年人活动站，结合设置，建筑面积800平方米），老年人活动中心（结合设置，建筑面积100平方米），社区商业服务网点（结合设置，建筑面积3000平方米），储蓄所（结合设置，建筑面积80平方米）环卫清扫班点（结合设置，建筑面积35平方米），居民活动场地（独立设置，用地面积不小于800平方米），小区中心绿地（独立设置，用地面积不小于5000平方米）。

②组团级公共服务设施含社区卫生服务站（结合设置，总建筑面积90平方米），文化活动室（结合设置，总建筑面积642平方米），社区服务点（结合设置，总建筑面积600平方米），物业管理用房（结合设置，总建筑面积720平方米），居委会（结合设置，总建筑面积210平方米），社区警务室（结合设置，总建筑面积36平方米），公厕（结合设置，总建筑面积120平方米），快餐店（结合设置，总建筑面积600平方米），便利店（结合设置，总建筑面积600平方米），洗衣店（结合设置，总建筑面积150平方米），文化用品（结合设置，总建筑面积300平方米），理发店（结合设置，总建筑面积150平方米），居民健身场地（独立设置，总占地面积不小于480平方米），组团绿地（独立设置，总用地面积不小于2000平方米）。

（2）本条件未作要求的应按照《天津市居住区公共服务设施配建标准》（DB29-7-2008）、《市规划局关于居住区部分公共设施分配细化的若干意见（试行）》等要求建设配套设施。

（3）公共服务配套设置必须与该项目同步建设、同步验收。

（4）非经营性公共服务设施由摘牌单位负责实施建设，建成后无条件移交相关部门。

3.2.4　其他要求

（1）该项目规划平面布局、空间形态、建筑高度等参考《新八大里地区第三里规划策划方案》（附件）（以下简称策划方案），沿黑牛城道、复兴河两侧的建筑风格、外檐形式及环境景观应符合策划方案。地块西北角地标建筑及地块西南角建筑须进行建筑设计方案国际征集。如确需对局部进行调整的，不得影响总体规划布局及空间形态，并且以规划局最终审定的《建设工程规划许可证》为准。

（2）界内用地包括可建设用地和道路用地，道路用地不在本次出让范围内；可建设用地面积包括居住用地、商业金融业用地和广场用地面积。

（3）该项目须设置的公共设施配套建筑面积不小于8233平方米。可分别设置于居住和商业金融业用地内。

（4）该项目包含城市型公寓，规划用地性质为商业金融业用地，城市型公寓套型建筑面积不小于100平方米，其他要求符合我市关于城市型公寓的相关规定。

（5）界内及界外处理用地内现状建筑物、构筑物均按照该区域征收进度予以拆除，界外处理范围除进出道路外不得占用。

（6）景观要求：

①必须符合该地区景观系统专项规划要求。

②现状保留及移植树木必须按照该地区景观规划方案实施。

③在地块西南角应设置不小于5500平方米的广场，必须与该项目同步建设、同步验收。

④商业金融业用地内的绿地应集中设置。

（7）地下空间要求：

①地下空间设计须符合该地区地下空间设计导则要求。

②地下空间原则为两层，允许在不增加开挖深度的基础上设置夹层，主要功能是配套停车和设备用房、人防等。在满足自身停车设置要求的前提下，可设置地下商业建筑面积5600平方米。

③地下空间需与同步实施的M11地铁站做好对接，地下一层地面与站厅层平接，满足地铁建设的要求，地下一层东北角地下隧道与7里下沉广场连接，必须满足互联互通和开发建设的统一要求。

④地下商业以及地上建筑需与地铁出入口、风亭、冷却机组、室外空调设备等地铁设施结合设置，统筹规划及建设。

⑤地下空间建设和使用期内均不得影响地铁的结构安全和使用。

（8）生态要求：

①绿色建筑要求：超高层地标建筑应满足3星级绿色建筑标准。住宅（地上总层数在12层及以下且主要朝向为南北向）、采用区域能源站集中供冷供热的商业和办公建筑不低于2星级绿色建筑标准。其他建筑均为1星级绿色建筑标准。

②该项目规划、建筑设计还需符合《解放南路地区生态系统专项规划》。

（9）能源要求：该地块内办公、商业等大型公建（不含城市型公寓）须按照区域能源规划采用区域能源站集中供冷、供热。

（10）市政要求：必须符合该地区市政工程专项规划。

（11）除满足本规划条件外，还必须满足我市关于日照、消防、配套、绿化、环保、人防、国家安全、微波通道、气象及建筑管理技术规定，并必须配合我市道路、地铁、桥梁、河流等基础设施建设的要求。

（12）该宗地内建筑物之间的间距、该宗地与周边建筑的间距须符合《天津市城市规划管理技术规定》相关要求。

（13）居住建筑规模中应包括阳台、阁楼等建筑面积。

（14）建设单位和设计单位必须在报审规划方案和建筑设计方案时，地上建筑物、构筑物的设计方案需要报审日景、夜景、灯光效果、广告标识设置方案并在效果图或彩色立面图上明确标注建筑外檐材料的材质及色彩。

（15）本规划条件自核发之日起有效期一年。

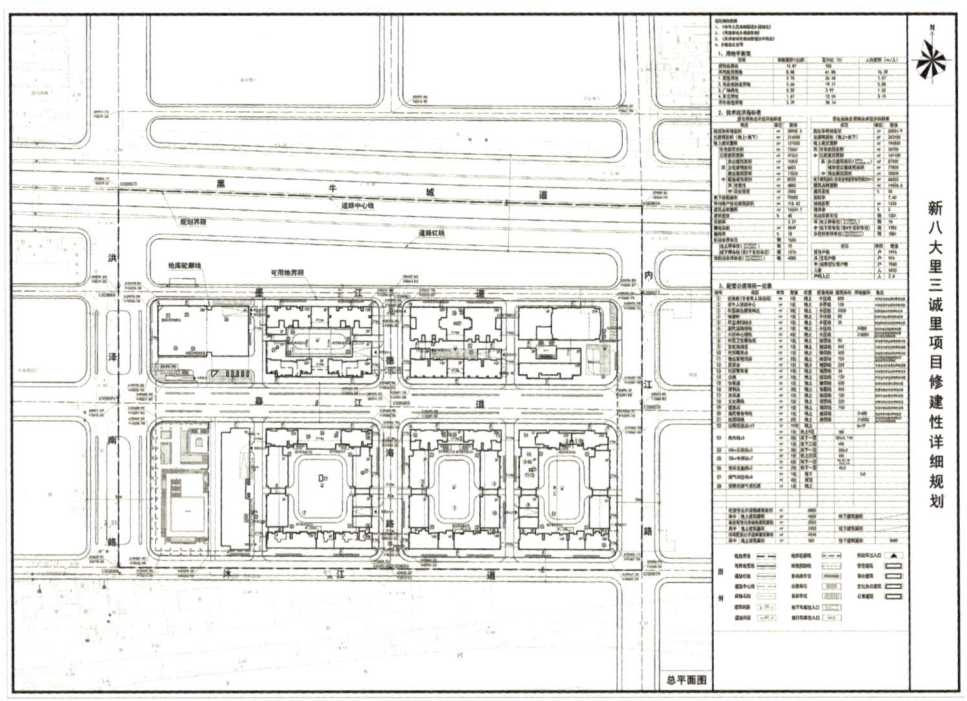

图5-5-28　规划总平面图

图5-5-29　规划效果图

（三）五大道地区的历史文化街区保护实践

1. 项目概况

五大道历史文化街区坐落在天津市历史城区范围内，于1901年开始兴建，占地面积191.7公顷，是天津市总体规划确定的十四片历史文化街区之一。其完整性、真实性、故事性、神秘感以及温和演进的过程显示出独一无二的历史文化特征，具有很高的历史文化价值。

　　五大道历史文化街区原为英租界内的高级住宅区，采用当时先进的规划思想建设而成，配套设施完善，今日亦能基本满足当代生活需要。在十余年前的"旧城改造"风潮中，五大道因其幽雅的特质，在数版规划控制下得以幸存，成为目前国内整体尺度保存得最好、规模最大的历史文化街区。

图5-5-30　五大道现状照片

　　2.　"一控规两导则"体系的应用

　　历版规划通过严格的指标限定为五大道的完整性做出了突出贡献，在高度控制、改善民生等方面成绩斐然。然而面对今日强化街区特色及精细化管理等需求，渐显力不从心。现有单纯的退线规定使新建筑失去了主立面并与历史建筑脱离，缺乏入口和通道方面的规定导致街巷封闭，缺乏建筑细部研究等。五大道特有的文化特征和建筑美感正被慢慢吞噬。因此，如何以整体保护为目标，在有机更新中不断强化街区特色、增强地区活力，是以五大道为代表的历史文化街区所共同面对的考验。

　　2.1　规划构思

　　2.1.1　整体保护

　　对空间格局、建筑特色、环境氛围以及历史文化进行整体保护，与周边地区相互促进，协调发展。完善基础设施，改善居民生活环境。

2.1.2 突出特色

尊重历史原真性，继承并延续街区原有的建筑、肌理、空间格局、街巷尺度、绿化等真实的历史遗存和信息，不断强化街区特色。

2.1.3 发展利用

完善功能及布局，优化地区环境品质和空间景观，提高历史建筑的使用价值，形成历史文化遗产保护与城市发展平衡、有序、和谐的可持续发展的模式。

2.2 主要内容

重点强调了现状分析及历史文化价值研究，仅前期调研评估工作就历时一年之久。在对街区进行现状调研、专题研究及历史文化价值分析的基础上，提出了街区整体保护等四项基本保护原则，尊重历史原真性。拓展保护对象的范围，在建筑、街巷保护的基础上，进一步强调环境氛围、空间尺度的延续，并保护街区特有的历史文化、社会生活和社会结构等无形文化遗产，延续街区历史文脉。

形成了以下5个方面的保护策略：

2.2.1 整体保护策略

对街区的整体环境进行保护，使其体现出历史的风貌。划定核心保护范围面积达1.2平方公里，制定了建筑檐口高度不得高于12米等严格控制规定。分别明确核心保护范围与建设控制地带的保护要求。

依据现状及历史文化价值评估结论，确定建筑保护与更新方式。建筑按保护与更新类别确定为五类，分别制定保护与更新措施。划定三类历史街道，提出分类保护要求，保护历史街巷格局，保护道路走向、宽度及历史景观特征，连通富有趣味的街巷向行人开放。严格保护睦南公园等公共空间和古树名木等环境要素。围墙风格形式与主体建筑、院落以及周边环境相协调；街道家具和地面铺装与建筑的特征和周边环境相吻合。

2.2.2 有机更新策略

在保护的同时使历史文化街区与城市共同发展。循序渐进地更新和强化街区功能，尽量减小改造的规模，分期分批量力而行，精细化操作，使之成为街区和城市整体演化进程中的有机环节，促进街区的自我良性发展。

2.2.3 功能提升策略

在保护的基础上，进一步了提出激发地区活力的措施，制定符合五大道安静幽雅特质的业态指引。以两个具有场所意义的开放空间和五个特色鲜明的入口门户为载体，提升完善街区功能。

"两个核心"：以民园体育场和睦南公园为代表的两个具有场所意义的开放空间，由政府主导实现更新。

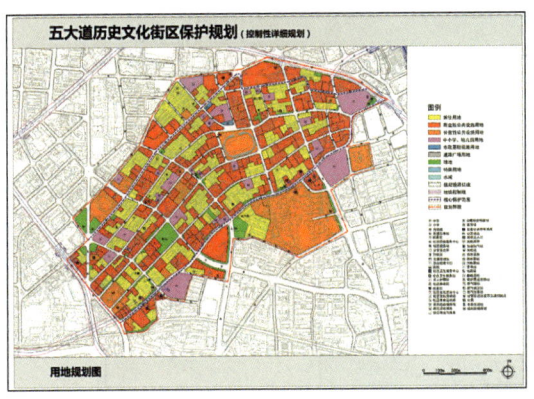

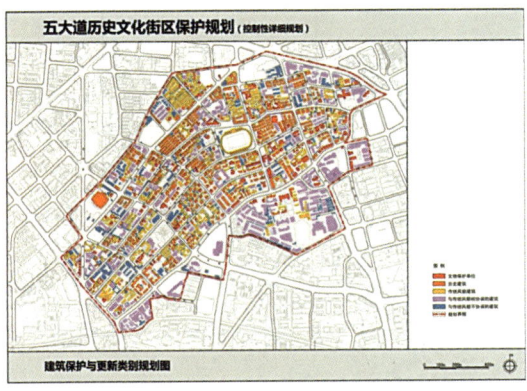

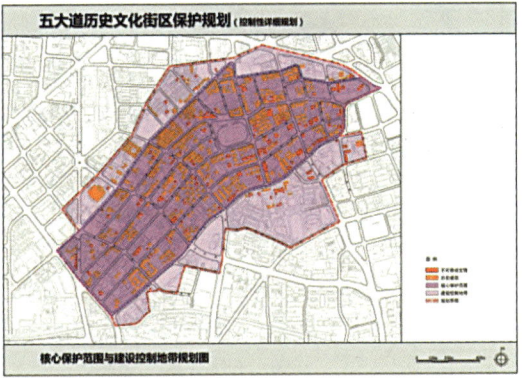

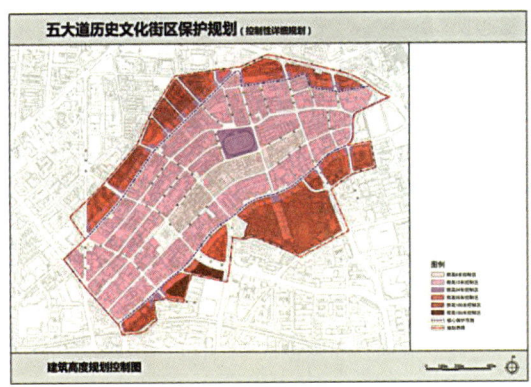

图5-5-31 五大道历史文化街区保护规划图

图5-5-32　五大道历史文化街区结构分析图

图5-5-33　五大道历史文化街区结构示意图

"五个节点"：由黄家花园等五个方向进入五大道地区的门户节点，在政府的支持引导下，鼓励用户自主更新。

"一条线路"：通过重庆道等四条道路串连两个核心与五个节点，形成展示五大道历史风貌特征的特色线路。

"街巷连通"：连通一系列富有趣味的街巷向行人开放，促进地区持续更新。

2.2.4 交通改善策略

倡导符合传统道路系统和街巷肌理的绿色交通方式。维持地区整体道路尺度，理清道路功能并对不同功能道路空间进行合理利用。组织单行路系统，发挥路网运行效率。倡导绿色交通，提倡公共交通、鼓励慢行交通。控制区域静态交通设施供给水平，制定合理收费价格，提高停车泊位使用效率。

2.2.5 市政基础设施改善策略

探索适合历史街区发展的市政基础设施改造方法，保证低收入居民也能更加舒适地生活在五大道。

结合地块更新，完善供热系统；管线敷设方式与历史街巷保护相结合；配套设施的设置应与建筑结合或在地下设置；提高清洁能源利用率。

2.3 体系应用的特色

2.3.1 首次采用城市形态学、建筑类型学的方法分析研究五大道，强化空间特色。

本规划从学术研究角度抽取典型开发地块和建筑原型，提炼出建筑空间组合的内在逻辑，使之成为指导建筑更新的依据。在规划控制中突出建筑类型本身的特质，根据环境恰当选型，延续建筑划分，并贡献街坊内部的联系通道。

通过对街区内部空间秩序的深入分析，规划挖掘了城市形态下隐含的、特定的社会关系结构，使保护规划在强化空间特色的同时，反映真实的生活需求。

2.3.2 突破以平面和指标控制为主的规划手段，首次在名城保护规划领域运用城市设计方法，平衡保护与

门院式平面　　　　　　　　门院式基本模式

院落式平面　　　　　　　　院落式基本模式

里弄式平面　　　　　　　　里弄式基本模式

图5-5-34　院落空间设计意向图

发展关系，激发地区活力。

将五大道地区保护与发展的关系放到高一层次的空间背景中去审视，使核心保护范围相对稳定、安静，在建设控制地带制定积极的市场策略，与街区周边商业节点和谐互动、相辅相成。

通过城市设计分析，确定近期有机更新热点，带动区域发展：以改造两个具有场所意义的开放空间和五个特色鲜明的"入口门户"为载体，提升完善街区功能。

对于新建建筑，强调与整体环境相协调，通过城市设计分析，深入推敲建筑方案细节，制定了建筑体量的控制导则、建筑元素与细节控制图则、建筑材料及色彩控制导则、历史街道控制导则等技术要求，为街区有机更新提供合理依据。

2.3.3 强化规划法定性，将成果以控制性详细规划的形式融入现行规划管理体系，保障规划实施。全区56个街坊均编制了详细的规划管理图则，将保护及更新要求落实到每一幢建筑、每一条街巷、每一处空间。首次为五大道2514幢建筑建立了三

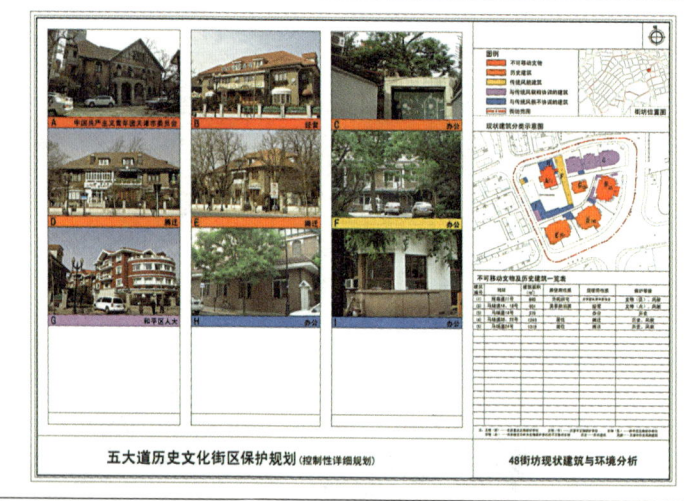

街坊现状建筑与环境分析图则——确定现状建筑保护等级，如不可移动文物、与传统风貌相协调建筑、与传统风貌不协调建筑等

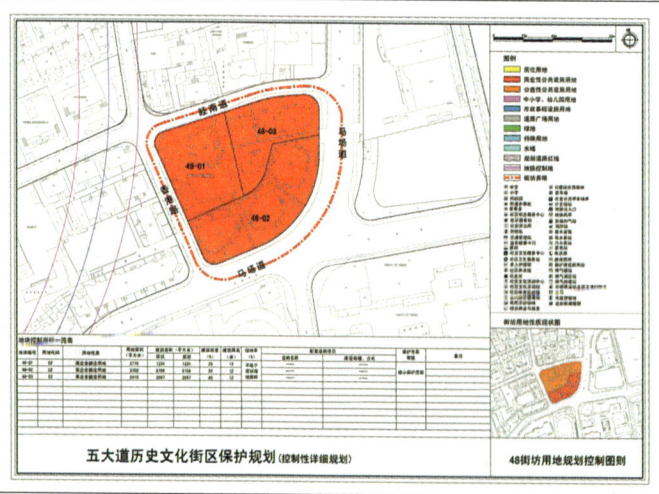

街坊用地规划控制图则——将控制要求细化到地块深度，明确各地块的用地性质及建设规模、建筑高度、建筑密度、绿地率规划控制指标，将规划设施具体落点

图5-5-35 街坊控制图则（一）

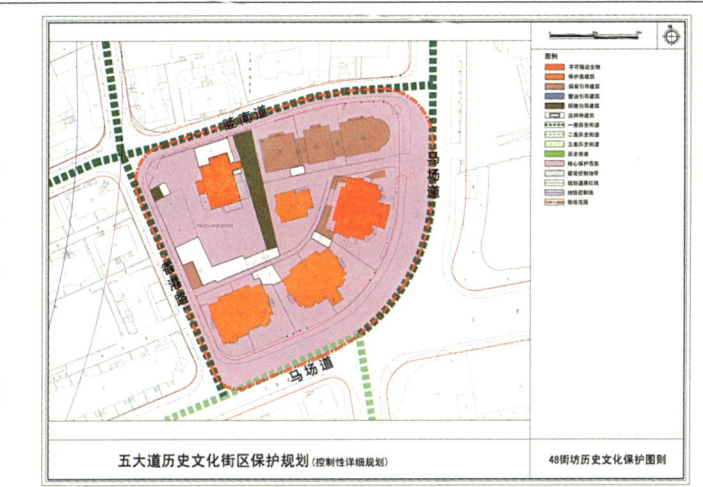

街坊历史文化保护图则——确定建筑保护与更新方式，如保护、保留、整治、拆除等，划定历史街道和街巷

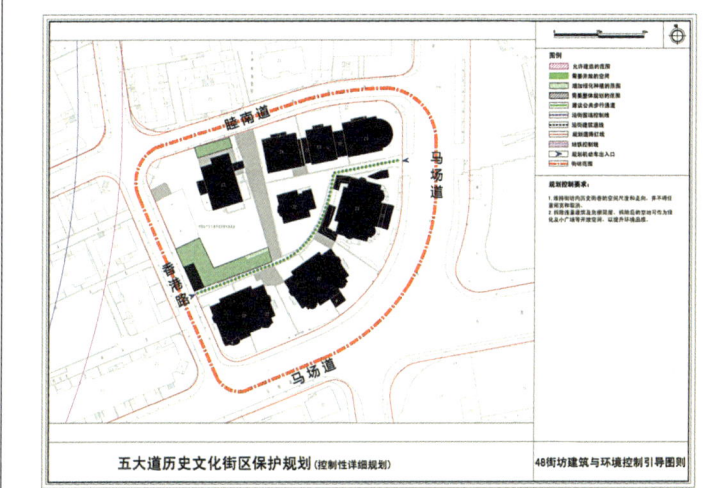

街坊建筑与环境控制引导图则——对建设项目提出详细控制要求。将抽象的规划指标通过城市设计予以示意和引导，对建筑风格色彩材质等难以指标化的规划要求予以具体化

图5-5-35　街坊控制图则（二）

图5-5-36　规划效果图

维数字模型，对建设项目进行三维空间审核并动态更新，为全方位、立体化、精细化的规划管理提供强有力的技术支持。

2.4 历史片区的"一控规两导则"体系应用

城市传统的历史文化街区、地段是"一控规两导则"体系应用的特殊案例，通过控规指标控制与城市设计手段的结合，改进以往历史街区保护中对建筑高度、风格、色彩等控制要素难以量化控制或量化控制效果不好的情况，以强制性的控制要求和引导性的城市设计共同保护历史建筑及其周边环境，以控规的法律效力保障保护规划的实施。

3. 重点项目案例

以"入口门户"之一的先农大院的规划控制为例：

先农大院始建于1925年，为先农公司职员居住使用。作为天津成立最早、规模最大的以房地产为主的企业，先农公司可谓是近代外商在天津经营房地产的一个缩影。受当时西方建筑思潮的影响，街区建筑形成了折中主义西式洋房、英式联排住宅、英式独栋别墅、Art deco中式别墅及现代风格建筑等多种建筑风格。原先农大院红瓦双坡顶与清水红砖墙面，形成了朴实温馨的风格。原孟氏旧居红色陶瓦屋顶，外檐清水砖墙，建筑风格简洁庄重。街区每幢建筑自成一格又彼此和谐共生，置身其中，恍若昔日重现。自2006年起，先农大院整修项目启动，规划建筑面积2.54万平方米。整修过程秉承"保护优先、合理利用、修旧如故、安全适用"的施工理念，通过细致的历史调查和现场踏勘，明确历史街区和历史风貌建筑保护的历史价值、人文价值、城市景观价值和建筑特征价值，并据此细化、明确街区历史肌理、每一幢历史风貌建筑保护的内容，确定整修方案并加以实施，实现了建筑保护、功能提升以及高新科技的和谐统一。

该街坊位于核心保护范围内，街坊内的建筑布局类型兼有门院式、院落式与里弄式。规划为商业性公共设施用地。规划确定地块四周道路为一类历史街道，保护历史街巷，保留历史建筑及与历史风貌相协调的建筑，对部分与历史风貌不相协调的建筑进行整治改造，拆除加建建筑。对街坊内建筑与环境的控制引导，以保留现状建筑为主，新建一栋低层建筑，新增两处需要开放的空间及三处需要增加绿化种植的区域，打通公共步行通道。

改造后的先农大院，作为五大道之上的公共艺术广场，架起了艺术家与观众之间的桥梁，让鲜活的街区成为会呼吸的公共艺术空间，让文化和艺术融入城市生活之中。公共艺术属于城市，随城市而生，为城市而存，先农大院承载着城市的历史，也传承着城市的文化根脉。街区通过雕塑、装置、摄影、书画等艺术展览和文化沙龙、艺术展演等丰富的活动形式，展现了控规在历史文化街区的保护更新中所传播的文化开放、共享、交流的精神与价值，设计用艺术点亮城市生活。

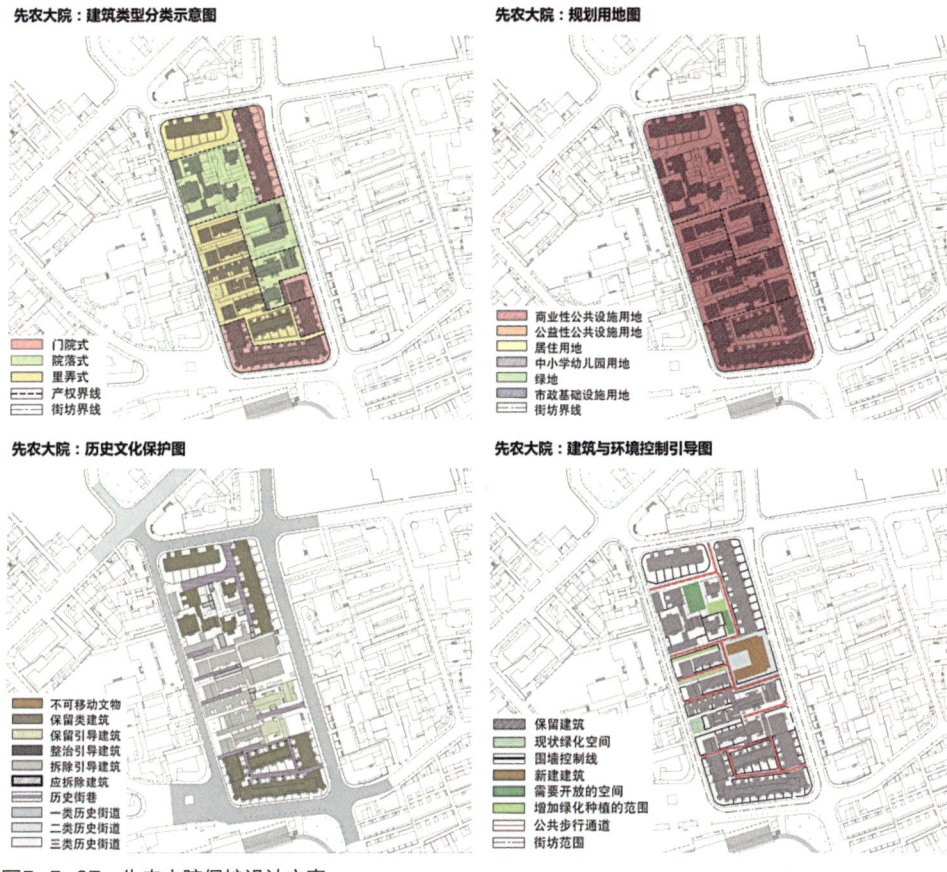

图5-5-37　先农大院保护设计方案

图5-5-38　先农大院改造后照片

（四）"一控规两导则"体系应用总结与改进思路

1. "一控规两导则"体系的应用案例总结

以上所选取的天津市"一控规两导则"体系创新探索实践的三个案例包括了城市中心区、城市新区和历史文化街区三种不同类型地区的实践应用成果，"一控规两导则"体系针对不同地区的不同特征和突出问题，提出了灵活而具有针对性的控制内容。在"一控规两导则"体系中，控规主要承担承上启下的作用，对总量进行大致的疏解，采用有一定宽容度的较为粗略的通则式管理，并且控规的法律属性是该体系实施的有力保障；土地细分导则是对土地的进一步细化，制定了关于建筑布局、地块大小和道路设施的标准，将总量分解到街坊、地块层面，在结合用地性质和现实可行性的基础上，将公共设施与基础设施具体落实定位，总体而言是对地块和建筑在平面上的控制；城市设计导则充分发挥了城市设计方法在指导城市建设中的作用，从三维空间的层面考虑城市的形象，其控制要素和指标的控制作用更为精细有效，并且城市设计导则的控制内容与控制程度体现了对不同类型地区的控制的差异性。

2. "一控规两导则"体系现存的问题和改进思路

"一控规两导则"体系自2009年提出，于2011年底因控规得到市政府批复而真正形成完整体系。在此期间，该体系的管理应用取得了一定的成效，但还存在不少问题，甚至在某些方面处于困局之中。

2.1 控规的问题和改进思路

2.1.1 控规的问题：整体控制作用不明显

控制作用的不明显主要表现在三个方面：一是管理单位不适宜。管理单位按相关规定为"单元"，要在单元层面进行总量控制，但实际上单元当初是作为规划编制的单位，每个单元的平均用地规模在2平方公里左右，有的单元规模超大达到五六个平方公里，如果要在此规模上来进行总量控制和规划管理的话，显然是控制不住的。而且单元的划分尚存在问题，如有的单元跨越主干道甚至快速路，有的单元跨越了不同的街道辖区，等等，这种单元显然也无法实现真正的规划管理。二是指标的控制对象不适宜。在体系设计中，作为需要相对稳定的控规，其指标的赋值对象是需要相对稳定的，需要其能够适应一定的变化，而在现行体系的设计中，指标的控制对象是"街坊"和"大地块"，"街坊"以主次干路为界，用地规模一般为10~15公顷，街坊内重要的设施、绿地形成独立"大地块"。"街坊"的边界相对来说是稳定的，而街坊的用地性质尤其是各项指标却有可能随着开发建设的要求而进行相应的调整，至于"大地块"，其边界都有可能是不定的，因此更容易面临调整的需求。三是控制内容不明确。在体系的设计要求中，控规"控制单元的主导功能、规模，提出配套设施、空间环境要求"，具体的控制则又是按街坊和大地块给出具体的指标，与其并不完全对应。

2.1.2 "控规"的改进思路：进一步明确控制作用，更好地突出整体控制和系统控制

（1）重新明确控规的编制单位、管理单位、指标赋值单位，并理清这三者的关系。

首先，将现有的控规编制单元进行优化。主要考虑以下因素：主导功能的独立性，即每一个规划单元应是一个相对独立的功能组团；行政界限，即单元划分界限应与街道界限、居委会界限等统筹，便于编制时候的资料收集分析和规划实施中的管理运用；天然地理界限，即河流水系等；重要廊道，即高快速路、公路、铁路、高压走廊等市政廊道和生态廊道；已有的规划管理单元边界和控规编制区边界，即应结合已审批的控规、重点地区等界限；交通大、中、小区的边界，即结合天津市交通出行调查中划定的交通大、中、小区，便于数据共享和居住人口、岗位数量的合理分布；市政社会服务设施的系统性，即应强化本单元内公共设施功能和服务级别等系统性的控制；其他因素，如城市土地地价分区的影响等。在以上因素综合统筹的基础上，对现有的控规编制单元进行优化调整。

其次，在控规编制单元内划分规划管理单元。考虑控规编制单元的延续性，现有的划分和规模均不宜做过大的调整，因此建议在现有单元基础上进一步划分控规的规划管理单元。该片区一般要比控规编制单元的功能相对单一，规模小，参考现行居住区管理体制，居住功能的管理单元一般可控制在20公顷左右（约相当于居住小区规模，或主次干道所围合的街坊规模），商业区的单元规模可缩小，工业区的可加大，重点地区的单元规模应缩小，外围地区的可适当加大。规划管理单元的界线要相对简单清晰，主要在功能区和街道办事处管辖范围内参考城市自然界限、主次干道、大型基础设施服务范围等因素进行细分。细分管理单元后，对各个单元的现状进行调研，并对现存各类规划成果进行整合和完善，以形成一套内容详尽统一、能够指导城市规划管理顺利进行的规划成果，即城市规划管理部门实施管理的一个内控图则，作为规划管理中总量控制的切实依据。

最后，在规划管理单元内，结合现有的控规管理规定和编制规程，以"大地块"作为指标赋值单位。大地块包括用地功能相对单一的小街坊（主次干道和支路所围合）、面积不小于一公顷的公共绿地、重要的三大设施用地，等。在建成区，指标赋值单位的界线应充分结合用地权属界线，并应对权属界线调整的必要性和可能性进行一定的分析论证，没有必要调整或调整难度大的应本着规划服从现状的原则进行规划。在新建区，指标赋值单位的界线也应充分考虑规划管理和用地开发和使用上的可行性、合理性和便利性，不可单纯从方案构图需要的角度划分地块和街坊。

如此，控规形成编制单位（单元）——管理单位（街坊）——赋值单位（地块）三个层级的管理对象。其中，单元为编制单位，在控规的编制中落实上位规划，体现整体性和系统性控制；街坊为管理单位，实行控规的总量控制管理；地块为赋值单

位，对应控规编审办法，实行四项指标、三大设施和四线控制。

（2）对应控规编审办法，明确控规控制内容和方式，兼顾控规的控制作用和适应性。

首先是明确控规的内容，对应控规编审办法中的四项基本内容来制定控规，即一是土地使用性质及其兼容性等用地功能控制要求，二是容积率、建筑高度、建筑密度、绿地率等用地指标，三是基础设施、公共服务、公共安全三类设施和地下管线控制要求，四是黄线、绿线、紫线、蓝线等"四线"控制要求。针对现行的"控规"编制规程，重点优化如下方面：在土地使用性质方面，进一步优化为地块的主导功能（或者提出用地面积比例），重点还要结合兼容性通则来进行用地功能的控制和弹性；在指标方面，尽量简化、明确和弹性，容积率、建筑密度和绿地率为地块内的平均值，并赋以一定的弹性容量，建筑高度为地块内的最高值，根据城市设计、机场限高等要求，并结合一定的弹性来制定；在三类设施和地下管线方面，确定市、区级的三类设施和其他重要的设施位置和规模，必要的可确定边界，确定居住区级及其以下级别的设施的数量和规模，地下管线控制内容结合市政要求确定。在"四线"控制方面，红线控制次干道及其以上道路，黄线控制市、区级的三类设施和其他重要的设施，以及需要单独明确的或其他重要的地下管线，绿线控制一公顷以上的重要的公共绿地，以及重要的防护绿地，蓝线控制一二级以上河道，紫线和黑线按相关要求控制。

其次是明确控规的控制方式，达到控规体系的设计初衷，即保持控规总量控制功能的同时，维护其相对稳定性。空间的控制提出实线控制和虚线控制两种方式，主次干道红线、市级和区级三类设施中的重要设施以及其他的重要设施、一公顷以上的重要的公共绿地和重要的防护绿地、需要单独明确的重要的地下管线、一二级河道控制线、划定的紫线、黑线实行实线控制，为强制性内容。其他实行虚线控制，实行虚线控制的设施的数量和规模为强制性内容，具体位置和边界可调整。指标的控制提出总量控制和上限控制，容积率、建筑密度、绿地率实行总量控制，在具体指标上表现为平均值，建筑高度实行上限控制，确定地块内最高点的限高值，特殊情况如限低等，可在土地细分导则中进行控制。

2.2 土地细分导则的问题和改进思路

2.2.1 "土地细分导则"的问题：灵活性不足

灵活性不足主要表现在两个方面：一是地块划分不适宜。现行土地细分导则以细分后的地块为单位，提出指标的控制，相当于传统控规的做法，控制很细很确定，这就要求所划分的地块权属相对单一，便于规划管理和建设实施。但实际情况是，由于编制时间的限制、编制方法的禁锢，以及编制人员的水平问题，细分地块往往不尊重用地权属，不考虑分期实施。此外，现行版的土地细分导则以城市设计为先导，比较直接和简单地落实城市设计成果，甚至单纯的构图图案。而后续的规划实施中，细分地块是土地出让的基本单位，这就带来管理上的问题：一方面是地块边界涉及多家权属单位，一个地块的出让凭空增加了大量的协调环节，有些甚至经过多方的长时间的协调，也落实无果，在阻碍开发建设的同时，也大大降低了规划的严肃性和科学性；另一方面是地块边界不合理，使后续的建设开发、管线设置凭空增加了难度和代价，或者浪费了本该充分合理利用的土地，如该走直线的道路做成了曲线，该规整的地块做成了异形。二是控制内容不灵活。指标过于刚性，在后续的规划实施中容易引发动态维护，而在动态维护中指标的变动与控规的总量控制缺乏紧密的衔接，容易使规划实施和动态维护与控规和土地细分导则编制时的思路脱节。

2.2.2　"土地细分导则"的改进思路：有效减少规划实施中的调整需求，更好地发挥规划管理的"直接依据"作用

（1）改进细分地块的边界划定模式，综合考虑用地权属和实施需求。

首先，土地细分导则的地块细分应以详尽的现状地块属性调研为基础，切实按照规程规定的要求进行现状调研，包括现状人口特征和分布、500平方米及其以上面积的地块的现状产权及其他各项属性、建筑质量及其产权等属性。在此基础上，结合规划要求的功能布局和各项设施要求进行地块的细分，包括各级道路的设置。在地块细分过程中，所考虑的属性应遵循以下排序：现状土地权属界限、规划实施的合理性和可行性、规划布局的合理性、城市设计的美化要求。即，第一步是对现状土地权属界限进行判断，对其调整的必要性和可行性进行论证，对于现状权属界限相对规整、与规划意图矛盾不大的，应尽量予以保留，对于犬牙交错且与规划布局有明显冲突而规划布局经过论证又确实没有合适的替代方案的，可以认为其土地权属界限有必要调整，在此基础上还应对其调整的可行性进行分析论证，并经过必要的征求意见和协调相关权属人意见的程序，可行的或远期有可能性的可按规划将其调整，不可行的则应调整规划，不宜强行规划而留下规划实施的隐患。

其次，土地细分导则的地块细分还应以规划实施的可行性为目标。这就要求规划编制人员充分了解规划管理和建设实施中的相关程序和要求，如规划设计条件的要求、土地出让的要求等等。如果以城市设计为先导编制土地细分导则，那么城市设计方案也应充分考虑如上因素，方可落实、转化成土地细分导则，否则，应将城市设计方案进行调整优化。

（2）改进指标控制的形式，加强其与控规的动态化衔接。

控规的总量控制是土地细分导则各地块的总和控制，但目前的土地细分导则指标数值为单一值，编制的时候，各地块数值之和与控规控制的总量是一致的，是落实了控规的，且其编制土地细分导则当时的意图也体现在了各地块的指标设定值当中，但这仅是一种理想状态，当土地细分导则在规划实施中某个地块或几个地块的指标调整后，容易导致以下问题：编制当时的理想设计状态被打破，当初的各项配比、各系统

的关系也被改变；另外，如果所调整的地块规模与单元规模之间的差距较大的话，单元内率先调整的地块将基本不受单元总量控制的影响，从而形成先调先得益且没有规划上的限制的局面，而且这样对于整个单元的系统控制将形成冲击，使整个单元的均衡不复存在。

基于上述问题，土地细分导则中对于细分地块的指标建议确定一个幅度，而不是仅仅一个定值，这个幅度包括三个数据，即基准值、最高值、最低值，在规划实施中不符合基准值的需严格论证，属动态维护。最高值的总和对应控规总量控制的最高值，同理，最低值的总和对应控规总量控制的最低值，在弹性引导的同时实现控规的整体控制要求。如此可以实现几个意图：在后续的规划实施和动态维护中贯彻土地细分导则编制中的整体设计思路，使各地块的调整都在编制当初的系统设计允许幅度内，持续保持整个单元的相对理想状态；同时，可以节约动态维护中对于同一单元的反复校核工作，因为只要是细分地块的调整还在编制土地细分导则时设定的幅度内，便不会引起控规单元总量的突破；此外，最高值和最低值的设定将来还可以结合控规的开发权转移规定，为控规的容积率走向规范化、通则化管理预留接口。

2.3 城市设计导则的问题和改进思路

2.3.1 "城市设计导则"的问题：作用体现在哪里？

城市设计导则作为"一控规两导则"中的一个导则，本应起到与土地细分导则相应的作用，形成体系的两条腿之一，但在实际的规划管理应用中，城市设计导则所发挥的作用相对有限。主要原因在于城市设计导则对比土地细分导则而言，是一个相对新生的事物，自身的思路、内容以及管理控制方式都有待完善。就目前的局面而言，城市设计导则主要存在两方面的问题：一是其控制对象不明确，导则包括总则和分则，总则对应控规，分则对应土地细分导则，这就与体系的层级设计相冲突。城市设计导则应与土地细分导则对应，不应再单独形成总则去与控规对应，何况总则本身在规划实施中如何管理也不好操作。另外，对应土地细分导则的分则部分也存在问题，主要是其控制的对象内容与土地细分导则存在较多的重复。如地块的建筑限高，在土地细分导则的指标中有所控制。又如大型绿地开敞空间的位置和规模，在土地细分导则的地块划分和用地性质规定中有所控制，等等。二是其自身的控制内容太重复，过于追求其作为两导则之一的相对完整性和独立性，要求编制对象上的全覆盖，要求所有地块指标上的全覆盖，结果造成地块控制要求过于定性化和形式化，各地块控制内容大量重复，大大削弱了其实用性和针对性。

2.3.2 城市设计导则的改进思路：真正配合土地细分导则，实现城市空间三维形象上的引导作用。

一是改进城市设计导则的控制对象，对于整体单元的高度分配、开敞空间设置、街道类型等内容分别融入控规和土地细分导则，并在控规和土地细分导则中附鸟瞰图示意即可。单独编制的城市设计导则明确为以地块为控制对象，并与土地细分导则相对应，不再分为总则和分则。

二是改进城市设计导则的控制内容和其表达方式。首先，简化其编制对象，一般地区的规划编制单元，除了有必要加强三维空间形象控制的重点地段之外，不再编制单独的城市设计导则，而将城市设计的内容和要求融入控规和土地细分导则中。只有重点地区和其他必要的单元才编制整个单元的城市设计导则。其次是简化其控制内容，一般地块以通则形式引导，归并同类项以减少重复，精简导则的篇幅，加强其针对性和实用性。重点和特殊地块在编制城市设计导则中也应对其内容和方式进行改进，应着眼于地块内部的控制，如规定在该地块内：制高点（区）的高度和位置，集中绿地开敞空间的位置、规模与形式，地块各类出入口位置，建筑贴线率等。建筑主立面及入口门厅位置，建筑体量、风格、色彩、外檐材料，建筑首层开放区和通透度，建筑墙体广告等内容宜在建筑管理通则、重点地区城市设计、修建性详细规划中进行控制，不再纳入城市设计导则的控制内容之中，以避免与后续层级规划管理上的重复甚至矛盾。

第六节　控规指标体系的扩展探索

一、控制指标的关联深化

随着社会经济发展以及形势政策的调整，城市建设的基础条件和需求发生了广泛而深刻的变化。作为指导城市建设的重要依据，控规如何进行调整、控制指标与哪些方面有所关联、在哪些内容上需要进一步深化，成为控规自身发展面临的重要议题。以天津为例，"一控规两导则"规划编管体系是通则式的管理，适用于任何地区，针对不同地区的不同特色，一方面是在城市设计导则中采用不同的控制内容和控制强度，另一方面是在"一控规两导则"体系中关联其具有特殊性的内容，附加其他导则，如历史文化保护导则、生态导则、岸线导则等，使控制指标具有灵活性、开放性和特色性。本节以生态导则的扩展为例，探讨控规指标体系的关联深化与重构。

（一）规划遇到的生态环境问题

当前，水体污染、水资源减少、大气环境质量恶化、土地荒漠化、物种消失、全球气候变暖、城市热岛效应日益显著等生态环境问题越来越多地出现在地球上的各个地区。天津也不例外，其中的环境污染、水资源短缺、土壤盐碱化、生物多样性降低、城市热岛效应等问题尤为突出。城市规划在融入生态环境保护、资源能源集约利用的理念和对相关编制内容进行丰富后，可以在城市建设的不同层面对生态环保、节能减排加以引导和源头控制，从而在一定程度上减缓以上生态环境问题。同时，同一空间上生态环境面临的种种问题也有赖于不同层次规划的分级保护与预防和分解、细化。通常，在总规层面涉及的相关规划内容较多也较全面，但是偏于宏观和原则性指导，如果没有下层次规划和相关专项规划的具体落实作支撑，则缺乏操作性而降低了实施效果。

（二）控规关联的生态环境问题

1. 控规涉及的生态环境问题

在控规层面遇到的生态环境问题是类似的，但在这个尺度上可解决的问题则是相对有限的，只有生态环境保护措施的全面、共同实施才能发挥出显著成效。减缓、避免水体污染，水资源短缺，大气污染，城市热岛效应等生态环境问题的规划举措以控规层面的空间落位、具体地块的管制落实和指标约束条件的法定意义而变得更具有可操作性和实施性。

2. 控制指标环境友好转型的意义

低碳、生态、环境友好、绿色……是在可持续发展要求下对城市在不同时期、不同侧重面所提出的目标要求，它们都是对生态技术的体现。当前控规在编制过程中及指标体系中关于生态、环境方面的指标更多的是考虑人的日常生活需求和便利性以及居住环境的舒适性，要更好地体现"以人为本"，需要在景观营造的层面之外，以保护生态环境，提升生态功能和环境品质来实现城市规划、建设的生态化。如何将生态化目标分解到开发建设的各地块中的指标里，是指导城镇土地开发生态化发展的重要内容。

3. 控规可解决的生态环境问题

控规层面可解决的生态环境问题归纳起来主要有以下三个方面：地块内资源能源的节约利用，包括土地资源、水资源、能源的节约利用；环境容量的有效利用，主要指大气、水、土地有限的环境容量；绿地系统的建设与管理，包括平面绿地系统和立体绿化两大类。这三方面生态环境问题一是可通过控规原有指标优化加以解决，一是可通过新增指标加以解决。

4. 生态控规

近年来，规划和生态方面的相关学者及技术人员提出了生态控规的思想与技术，并在实践中进行了探索应用。生态控规一般面临具体地段或者近期建设项目，要求有针对性地解决特殊地区的具体问题。因而对于生态环境的保护具有直接影响。

生态控规以物质形态规划为主。总体规划的生态规划多带有政策性和指令性并以城市宏观结构调控为主要目标，而生态控规通过对建设地区用地性质和规划指标的确定通过对道路和工程管线控制性位置和铺设方法的确定以及对空间环境的定量指标控制等措施处理资源、能源、生态环境保护的方法框架同时为社会文明进步提供良好的规划条件。

（三）生态环境优先的控制指标体系

该部分研究内容以可操作性为原则，探索如何将生态化目标分解到开发建设地块的指标中，指导城镇土地开发利用的生态化发展。

1. 环境友好型的控制指标类型

控制指标具有规定性和引导性两大类基本划分，根据指标含义单一或丰富的特点，将生态优先思想指导下的生态环境友好要求融入控规编制指标体系，以修正的控制指标和单列或增加的特征指标形式在一般控制区的地块开发利用中加以体现。

生态控规的重点是将环境容量控制因素纳入到控制指标体系中。环境容量控制即是为了保证良好的城市环境质量，对建设用地能够容纳的建设量和人口聚集量做出合理规定。城市环境容量主要分为城市自然环境容量和城市人工环境容量两方面。城市自然环境容量主要表现在日照、通风、绿化等方面。建筑密度、容积率过高、绿化率过低，建筑物过密过挤，容易造成日照不足、通风不畅、绿地过少、视线干扰等问题，超出城市自然环境容量，使城市的自然环境质量下降。而适当调整规划的控制指标，控制开发建设强度，对于解决上述问题，改善城市自然环境较为有利。

城市人工环境容量主要表现在市政基础设施和公共服务设施的负荷状态上。伴随着城市的高密度聚集而来的往往是人口密度和城市活动强度的提高，给市政基础设施和公共服务设施带来沉重的负担，各种设施超负荷运转，服务质量下降，城市人工环境受到不利的影响。目前我国控规中仍主要使用建筑密度、容积率和绿地率这三个指标来进行环境容量控制，因此完全可以纳入道路、开放空间、湿地等因素到控规中的环境容量指标体系中进行综合控制。

2. 生态化修正指标

生态化修正的控制指标体系表　　　　　　　　表5-6-1

序号	类别	指标名称
1	规定性	容积率
2		地块年用水总量
3		污水集中处理率
4		地块年再生水用量
5		管网漏损率
6		垃圾分类收集处理率
7		绿地率
8	引导性	建筑密度
9		人口容量
10		开放空间用地控制率
11		地面渗透率
12		人均生活用水量
13		人均办公用水量
14		可再生能源利用率
15		公共安全设施配备率

3. 生态环境保护与建设的控制指标

生态环境保护与建设的控制指标体系表　　　　　表5-6-2

序号	类别	指标名称
1	规定性	清洁能源使用率
2		慢行交通系统配建率
3		非传统水源利用率
4		中水管线普及率
5		雨水收集利用率
6		绿地率
7		地下水禁采率
8		透水铺装面积比例
9		公共交通、人行、自行车出行占总出行比例
10	引导性	空地率
11		生态住宅小区达标率
12		绿色建筑比例
13		立体绿化率
14		节水器具普及率
15		屋顶太阳能集热器和光电板面积覆盖率
16		本地植物指数
17		人均城市环境基础设施建设完成投资额

4. 不同功能区的生态控制指标

生态控规在不同的地理位置和不同的城市用地环境中具有特殊性。结合地域特征和功能特征进行规划是生态规划的重要原则也是生态思想的体现。具体到城市的不同功能区，控制指标体系应有所调整，有针对性地体现其生态内涵。

依城市的主要功能，生态控制指标体系可具体细分为以下五类：历史文化保护街区、城市滨水区、工业区、居住区和商业区。对其需要调整或加强的指标说明如下，具体指标体系在相应章节中详述。

对于历史文化保护街区，在指标内容里环境容量与土地使用强度中增加街巷尺度、街区环境等控制内容的规定性指标，在建筑形态与城市设计中加强建筑风格、重要空间界面等控制内容的规定性指标要求。

对于城市滨水区，在指标内容里环境容量与土地使用强度中对建筑密度控制内容的规定性指标细分为塔楼密度和裙楼密度两类，在建筑形态与城市设计中加强斜线控制的建筑高度、滨水塔楼总面宽与地块面宽比、景观视廊、公共步行通道等控制内容的规定性指标要求，并对建筑体量、风格和色彩加以指导性指标约束。

对于居住区，在指标内容里环境容量与土地使用强度中增加住宅建筑套密度、住宅面积精密度、套型结构比例等控制内容的规定性指标，在建筑形态与城市设计中对建筑形式、体量、风格和色彩进行指导性指标约束。

对于工业区，在指标内容里环境容量与土地使用强度中增加投资强度下限、建筑系数下限、建筑密度商下限等控制内容的规定性指标，在设施配置中对办公生活设施用地比例上限、其他公共/市政设施等进行规定性指标约束。在设施配置中对停车泊位、其他公共/市政设施等规定性指标加以限定。

对于商业区，在指标内容里建筑形态与城市设计中加强重要空间界面、公共步行通道等控制内容的规定性指标要求，并对建筑形式、体量、风格和色彩进行指导性指标约束。在设施配置中对停车泊位、其他公共/市政设施等规定性指标加以限定。

（四）生态控规的重要实践

生态控规是城市生态总体规划到修建性详细规划和城市生态住区和生态建筑设计的重要环节，是城市战略思想得以实现的保证，也是从公共政策向工程设计过渡的理论基础。生态控规与建筑设计的结合则可更有效地实现节地、节水、节材的生态理念。典型案例介绍如下，其中生态控规与建筑设计结合的内容可供借鉴。

1. 案例一：上海世博会

上海世博会在规划设计当中以就地集水、就地采能、就地取材、循环利用的技术对节地、节水、节材的绿色要求加以落实。采用"正生态"城市理念，制定重要建筑设计导则，实践生态优先的规划。

控规层面的重要实践内容包括对每个地块内的建筑进行墙面绿化、保温隔热。运用水、绿、风等综合手段，降低气温，形成夏季凉岛Cooling Island Effect，同时实验采集城市能源Energy Saving & Collection，大规模的实现了降耗节能。将地面留给自然，结合立体绿化大大增加绿量Creating Green。以合理利用并净化水体Water Purification实现水资源生态效应的合理利用。

重要建筑设计导则对各个场馆在安全保障目标、游客容量目标、集散交通目标、功能运行目标、协调目标、控温目标、展示目标、保护目标、生态目标等9大方面共同构成的指标体系加以补充完善，实现在建筑设计、建设、使用的各个方面和环节充分体现生态思想。

2. 案例二：中新天津生态城

中新天津生态城控规的最大特点是建立了全面的控制指标体系和对应部门的有效落实体制。控规在对总体规划的贯彻和深化的基础上，明确了生态城的城市骨架和"生态导向"的控制指标体系。其控规编制过程即是对"生态导向"理念量化和细化的过程。

"生态导向"的控制指标体系将总规层面提出的"经济蓬勃"、"环境友好"、"资源节约"、"社会和谐"4个分目标，及相关的26项指标，转化成土地使用、建筑建造及配套设施等规划数据指标，并根据用地细分将这些指标细化至具体地块，为今后的规划管理提供了可操作的数据依据。

生态城控规控制指标体系

表5-6-3

土地使用及环境容量	街区居住人口		
	街区规划用地面积、建设用地面积、居住用地面积		
	街区总建筑面积、住宅建筑面积		
	容积率		
设施设置内容及要求	公共服务设施	教育设施、商业设施、社区服务设施、行政管理设施、文化设施、医疗卫生设施、金融邮电设施	位置、规模、开发形式
	综合交通设施	轨道站出入口、公交首末站、自行车停车场、社会机停车场、加气加油站	
	市政公用设施	环境保护与环境卫生设施、能源系统设施	
	公共安全设施	抗震防灾设施、消防工程设施、人防与地下空间设施	

生态城控规中"生态导向"的控制与引导通过构建城市结构、建立支撑体系、培育生长动力的有机生长模式；社会公平、人与自然和谐的公平优先；集约高效来实现。

其中，有机生长的重点是规划街区的用地规模控制在70~80公顷，内部建立完善的交通、生活、环境体系。生态城生长的动力来自于每个街区（社区）的多功能综合区——社区中心。

公平优先则体现在诸多方面。通过公共设施的布置以及慢行交通系统的规划设计保证城市居民享受到平等的城市服务和交通权利。各个居住街区社区中心的服务内容和服务能力具有相同的设置标准，为城市各类居民提供平等的服务。通过进一步明确了人车分离、机非分离的交通体系，建立非机动车和人行共享的慢行系统，充分保障了非机动车行人的通行权力，体现了社会公平。在控规的分图图则中明确提出慢行系统的位置、宽度和出入口位置，在城市设计导引中给出慢行系统与机动车系统相交的处理方式。慢行系统呈网状布局，渗透到生态城每一个细胞中。同时，生态城控规中强调对河道，生态湿地、自然生态廊道的严格控制，及与周边区域生态格局的连通。

集约高效的控规通过安排土地性质、设计开发强度以及机动车社会停车场和公交换乘枢纽的安排，贯彻总规提出的TOD模式。为了倡导公共交通的使用，交通设施点的安排与通常的配置标准不同，社会停车场与公共加油站的数量和面积可以低于标准配置，从而降低了机动车使用的便利性。

（五）控制指标其他关联拓展方向设想

除生态环境内容的关联外，控制指标在其他方面也存在关联深化的可行性，如结合当前国内经济转型的大趋势，在资源节约、市场推动等经济发展背景下控制指标的调整适应；结合当前国内政府职能转变、社会和谐诉求强化等社会发展背景下控制指标的适应对策等，也成为控制指标多元化研究的重要方向。

二、控规的指标体系重构

控规的指标体系的关联深化，最终目的是对其进行重构，对传统指标进行发展，同时增加新的指标，形成新的控制指标体系。同时对指标的分类（强制性指标、指导性指标）、指标的形式（定性、定量与定位，限高与限低）进行重点探讨。

（一）现行控制指标体系的构成

指标就是指预期达到的指数、规格和标准，是当前城市规划工作中进行量化的基本工具之一。现行指标体系按控制内容分为规定性指标和指导性指标两类，按建设内容可分成三大体系：土地利用、街道与建筑、配套设施，其中土地利用包括土地使用控制和环境容量控制，街道与建筑包括街道控制、开放空间控制和建筑控制，配套设施包括市政设施和公共服务设施，并相应形成规定性指标和指导性指标两个类别，这种分类方法较准确地反映了建设内容的各类指标。其中规定性指标主要从土地利用与使用属性以及环境容量与土地使用强度等指标中选取；指导性指标主要从建筑形态与城市设计等指标中选取。

现行控制指标体系一览表　　　　　　　　　　表5-6-4

现行控规指标体系	土地利用	土地使用控制	用地面积
			用地性质
			用地边界
		环境容量控制	容积率
			建筑密度
			绿地率
	街道与建筑	街道控制	建筑退线
			建筑贴线率
			建筑主立面及入口门厅位置
			机动车出入口位置
		开放空间控制	开放空间类型及控制要求
		建筑控制	建筑限高
			建筑体量
			建筑风格
			建筑外檐材料
			建筑色彩
	配套设施	市政交通设施	配套设施名称
			配套设施建设规模、方式
		公共服务设施	配套设施名称
			配套设施建设规模、方式

（二）现行控制指标体系存在的问题

1. 不适应区别不同地区深度的要求

不同地区有其自身不同的特点，不应一概而论，例如历史文化街区、滨水区等特殊区域，都应根据其自身特点对控规编制内容进行相应调整，目前大多数城市"一刀切"的控制性详细规划编制深度不适应区分不同类型地区编制深度的要求，在规划实施中，往往是不该控制的内容控制得过死，该严格控制的内容却因为规划深度不够而失去控制。

2. 指标体系不够全面，科学性不足

《城市规划编制办法》（2006）第四十一条　指出："控制性详细规划应当包括下列内容：确定规划范围内不同性质用地的界限，确定各类用地内适建、不适建或有条件允许建设的建筑类型；确定各地块建筑高度、建筑密度、容积率、绿地率等控制指标；确定公共设施配套要求、交通出入口方位、停车泊位、建筑后退红线距离等要求；提出各地块的建筑体量、体型、色彩等城市设计指导原则"。虽说控制指标体系已相对成熟，但其内容仍然不完善，例如在控规编制中往往缺少生态环境等相关指标，使得现有指标体系不够全面，且缺乏科学性。

3. 刚性有余、弹性不足

由于各类地区实际需要控制的方面不尽相同，故有些地区还要加上土地兼容性控制、人口密度、空地率、建筑贴线率、骑楼设计等规定或指导指标。目前的指标体系过于规范化，为了管理操作简便，产生的一种"为管理而管理"倾向，从而忽视了控制指标体系的真正作用，不利于控规的有效实施。

4. 与城市设计结合协调不够

现代城市设计是对城市三维空间和环境的综合规划设计，具有深化城市规划的作用，城市设计贯穿于从城市总体规划到修建性详细规划的所有编制过程中，两者是相互融合、相互依存的关系，大量实践证明，城市设计是深化和科学化城市规划控制体系的重要手段。但目前以土地利用控制为重点的控制性详细规划与城市设计之间缺乏系统的、有逻辑的互动，作为控制性规划编制依据的城市设计工作和单独开展的局部城市设计各自为政又相互影响，控制性详细规划层面的城市设计工作限于其规划范围的大小，往往缺乏从城市整体角度的研究，且城市设计的成果大多作为引导性内容，控制方式单一，对实际的开发行为约束力不强。

（三）控制指标体系优化的原则

1. 与城市设计与各专项规划相适应

控制性详细规划具有覆盖面广，系统性强的特点，包含了各专项规划和城市设计的内容，城市设计直接关系到城市空间和建筑形态的质量，对提高控制性详细规划的编制质量，深化其内容深度，提供控制指标的确定依据有着重要的意义。各专项规划也反映了对规划片区的考虑和控制，因此控制性详细规划在指标体系的构建上要加强与城市设计及各专项规划的整合、协调，对基于土地价值和空间利益分配的控制性详细规划指标进行补充和修正。

2. 优化指标构成体系，提高控规实效性

在规划管理中，衡量控制性详细规划编制水平的高低，并非看控制指标的多少，而要看每项指标控制作用发挥的程度。控制性详细规划现有的指标体系已经覆盖了土地使用、环境容量、建筑形态、城市设计、配套设施和行为活动等各个方面，但针对现在的发展形势，仍应不断地对现有的指标体系进行论证和优化，充分发挥其对城市开发建设的控制和引导功能，使指标体系更加全面、科学，并具有可实施性。

3. 有针对性地提出不同类型地区的控制指标

不同特点的城市及同一城市中的不同地区类型对规划控制体系的要求是不一致的，例如一些历史文化名城保护地段和旧城改造区，由于现状情况复杂、改造需求迫切，面对这些类型的地区，就需要规划控制体系做到细致、全面、深入。

4. 落实并适应城市政策

城市公共政策是现代城市中的、一种具有公共干预性质的、针对城市发展问题的行为，控规的控制体系可以理解成为落实这些政策而设计的技术手段。控规层面的控制体系处于从宏观到微观，从目标到行动的关键层次，可以将抽象的政策转译成规划语言，通过开发控制将城市公共政策落实到城市土地和空间的利用上。由于城市公共政策具有不确定、时效性强的特点，所以要求规划控制体系具有兼容、开放、动态的适应性特征，使控规控制体系对城市公共政策的冲突和变化保持良好的应变能力。

5. 确定适度的弹性控制，提高可操作性

城市规划编制办法中规定，控规的控制指标包括控制性和指导性两类，指导性指标具有一定的不确定性，规定性指标中的个别内容如用地性质、停车位置、公共设施配套等也需要一定的兼容性和弹性。针对控制指标"刚性有余、弹性不足"的现状，控制指标体系应在符合规划要求的原则下，因地制宜选择恰当的控定和指导指标，强调刚性指标的强制性指标与弹性指标的引导性指标的有机结合，确定适度的弹性控制范围，给土地开发和具体建筑设计适当的自由，为规划师留有充分发挥的空间，达到统而不死、活而不乱的最佳控制效果。

（四）控制指标体系的重构

1. 完善现有控制指标体系

随着城乡统筹发展的加快，用地性质复杂的局面，原有指标已不能适应发展的需要，针对现有控制指标体系存在的问题，应根据实践，在控规中增加新的指标，从而发挥其城市建设控制与引导的作用。

1.1 土地利用

当前规划编制中，绿地率的提法是一种泛绿色用地概念，只要是建筑基底规定距离以外、除去道路、停车用地的绿色空间，均算作绿地面积纳入绿地率的计算，它与建筑密度成了直接对应的数据，在指标规定中并没有较大控制意义，建议在土地利用指标中增加集中绿地率、空地率和得地率三个控制指标，将容积率更改为基准容积率和上限容积率两个指标。

集中绿地率是指地块内集中建设的绿地面积与地块用地面积的比值，是对原绿地率指标的完善，是城市绿地的主要载体，可以提升城市空间环境的质量，为居民提供户外活动和休憩的场所，在控规编制中更有建设指导意义。空地率是国际上比较通用的控制指标，是城市开敞空间与总用地的比例，用来控制城市的开敞空间，其控制目标清晰明确。空地率=开敞空间总面积/地块面积=1-建筑密度，更能清晰地表达控制目标，维护控规的严肃性，因此建议用空地率替代建筑密度作为控制城市容量的重要手段，引导城市健康和可持续地发展。为便于操作与比较，提出得地率的控制指标，得地率就是权属面积与征地面积的比值，征地范围由地块形成所需要的道路、公共开敞空间、公共绿地、某一特定的共同使用设施用地等组成，其面积为征地面积。权属范围是地块内可以由建设主体进行独立开发的用地范围，其面积为权属面积。得地率的大小既反映了某一具体地块在征用土地中实际得到的土地量，也反映了该地块周边交通、环境条件的好坏。

基准容积率是地块开发建设的最低容积率（相似于基准地价）。上限容积率是地块开发强度的上限值。地块的实际容积率介于基准容积率和上限容积率之间。基准容积率和上限容积率的设置，有利于保障国家和地块权属人的发展权（节约资源，充分开发），有利于保障地块权属人之间发展权的公平性，也有利于体现控规的原则性和灵活性，充分发挥管理和指导作用。

1.2 街道与建筑

建筑限高的规定，除满足一些技术上（如净空、微波通道等）的高度控制要求外，最主要的是要满足城市建筑空间轮廓和景观塑造的需要。目前控规工作中提出的建筑限高，虽然在一定程度上能反映规划的空间意图，但由于只有最大高度的限制，没有最小高度建设要求，实际建设效果往往与规划意图有较大差距。因此建议在控制指标中，引入建筑限低指标，规定地块建筑的最低高度，用限高与限低相结合的方法，完善城市空间的三维指标体系。当然，建筑限低指标可以选择性地规定，不必对每个地块作规定。

1.3 配套设施

现有配套设施涵盖公共服务设施以及市政交通等配套设施，但在服务半径及服务对象上针对性不强，建议在控制指标中增加配套设施等级，既反映出配套设施的级别，也能相应地体现出该设施的服务对象和服务范围。

1.4 行为活动控制

随着居民出行方式的多样化和对环境保护的重视程度，控制指标的内容应在行为活动控制方面有所体现，行为活动控制包括交通活动和环境保护两方面出控制要求。交通活动的控制在于维护交通秩序，其规定一般包括规定允许出入口方向和数量、交通运行组织规定、地块内允许通过的车辆类型，以及地块内停车泊位数量和交通组织、装卸场地规定、装卸场地位置和面积等。环境保护的控制则通过限定空气和噪声质量标准、污水处理率和固体废物处理率，从而达到环境保护的目的。

2. 特定区域指标体系构成

控制指标体系是控规的核心内容，是控制方法与控制要求的集中体现，我国目前的控制指标体系存在千篇一律的现象，反映不出城市的特色。指标体系应根据规划地区的实际情况，选择必要、成熟、可操作性强的指标作为基本控制指标，再结合规划的特殊控制要求加入附加控制指标，这样可以保证控制性规划在面对不同控制地区时，控制指标体系做到简洁、灵活、有针对性。

2.1 历史文化街区

历史文化街区应本着保护传统空间格局和历史文化特色的原则，建立合适的指标体系。为了延续传统建筑的风貌，避免历史文化保护（街）区出现与之不协调的建筑，应在建筑风格、建筑形式、建筑体量、建筑色彩的控制上提出特殊要求，并控制重要空间界面以延续传统的空间轴线，保证具有历史文化特色的空间广场。在此基础上，建议在历史文化街区的控规体系中增加两项指标——建筑的更新改造措施和地块的更新改造措施，相应各分为文物、保护、修缮、改造、更新五类，建筑更新改造措施赋予了每一个建筑的属性，明确了需要保护的建筑、需要修缮的建筑及需要新建的建筑，地块更新改造措施则控制了每个地块开发建设的力度和更新改造的程度。

建筑更新改造措施根据现阶段建筑质量风貌综合评价和未来发展的需要，分为五种①文物：包括国家、市、区级文物保护单位的建筑、保护院落、暂保单位；②保护：风貌较好的具有历史文化价值的历史建筑和风貌都保存完好的一般传统建筑；③修缮：风貌完好，但质量一般的传统建筑；④翻建：风貌好，质量差的一般传统建筑；⑤新建：拆除地块内的风貌差、质量差的建筑而新建的建筑。

地块的保护、修缮、更新规划措施，根据在地块中新建建筑面积占该地块总建筑面积的百分比，也分为五类，①文物：包括市、区级文保单位，保护院落、衡保单位；②保护：新建建筑面积占总建筑面积比例小于10%的地块；③修缮：新建建筑面积占总建筑面积大于10%，小于35%的地块；④改造：新建建筑面积占总建筑面积大于35%，小于70%的地块；⑤更新：新建建筑面积占总建筑面积大于70%的地块。

2.2 风景名胜区

对于风景名胜区而言，由于特级保护区明确规定区内不得修建任何建筑设施，所以不存在规划的控制，但大量的二、三类风景名胜区随着开发力度的加强，控规编制的必要性越来越大，因此风景名胜区控规的指标体系必须体现"控制建设、控制旅游容量、突出保护"的构建原则，协调保护和开发利用的矛盾。为此可以引入公共设施容量控制、居民容量控制、旅游容量控制、参观游览控制等控制指标，并注重对建筑单体作出形式、体量、色彩等方面作出规定，减少开发建设对自然景区的干扰和破坏。

2.3 滨水区

城市滨水区是城市公共空间的重要组成部分和展示城市形象的重要窗口，其空间界面是体现环境景观品质的核心，有必要强化城市设计和景观设计理念，引入控制要素。在街道与建筑中建议增加滨水塔楼最大面宽、滨水塔楼总面宽与地块面宽比、景观视廊和公共步行通道等指标。滨水塔楼最大面宽的控制是为了实现滨水区纵向上空间与景观的渗透，以减弱滨水高层建筑"墙"的感觉，滨水塔楼总面宽可以设定不同的比值对各区段的建筑实施不同程度的控制。景观视廊的控制方法为：若滨水地块面宽超过预定值时须设一条一定宽度的通往水面的景观视廊，在景观视廊的空间范围内不应有建筑或严重遮挡视线的构筑物，景观视廊的宽度一般宜不小于25米。公共步行通道的控制是为了增强滨水地区的可达性，应强制设定。滨水若为居住小区开发，一般滨水面宽超过180米时应设置一条宽度不小于10米的公共步行通道（可以与景观视廊的设置结合）；若为商贸办公楼（包括商住楼）开发，可采用裙楼架空并公共化的方法。

2.4 工业区

在工业区控规中，由于工业区的生产特点，在原有环境保护指标中应该增加能源使用构成比例、中水利用率、三废排放达标率等，另外，针对工业区的特殊性以及土地利用效益的控制，还建议应增加单位面积投资强度和办公设施比例两项指标，以保证土地的集约化利用，但对城市设计方面的内容可不做过深的要求。

3. 指标体系的分类与形式

3.1 指标体系的分类

控制指标的分类，主要形成控制性和指导性两大类指标控制类别。规定性指标是指规划要求严格执行的控制管理要求，一般可以用量化的数字表示；指导性指标难以用量化的数字作出规定，或可有灵活性有待设计人员作一定创造而用建议方式提出的要求。其中规定性指标主要从土地使用、环境容量、街道控制、配套设置和交通活动控制中选取，指导性指标主要从建筑控制和环境保护规定中选取。

规定性指标主要包括用地性质、建筑密度、建筑限高与限低、基准容积率、上限容积率、绿地率与集中绿地率、得地率、建筑退线、建筑贴线率、配套设施、停车泊位以及环境保护等指标。

指导性指标主要包括建筑体量、建筑风格、建筑外檐材料、建筑色彩以及交通方式等指标。

3.2　指标体系的形式

控制指标体系中，规定性指标是关键，它是为严肃城市规划的法律性和管理的科学性、严肃性而由规划人员设定的，在进行规划管理时，它是必须具备而且不能被突破的。控制指标应根据区位特点以及规划控制对象的自身特点，选取合理的上限值、下限值或上、下限幅度值进行控制，应遵循集约化土地利用原则，保证基本环境和景观营造原则，遵循规划地块的地域性特点原则，符合街区控制要求及符合相关规范标准的原则。

①基准容积率——为了保证土地资源的集约利用，也是为了保证土地开发建设能够基本实现效益平衡，控制为下限。

②上限容积率——为了在满足环境容量的要求下符合可持续发展的需要，控制为上限。

③空地率——作为控制城市容量、引导城市健康和可持续地发展的重要手段，控制为下限。

④得地率——就是权属面积与征地面积的比值，反映了某一具体地块在征用土地中实际得到的土地量，为一具体数值。

⑤集中绿地率——是城市绿地的主要载体，可以提升城市空间环境的质量，控制为下限。为了避免"花园式"工厂泛滥，工业和仓储物流用地应控制为上限。

⑥绿地率——是衡量城市绿化指标的重要手段，一般控制为下限，工业用地和仓储物流用地控制为上限。

⑦建筑退线——建筑退线应符合消防、环保、防洪和交通安全等方面的要求，控制为下限。

⑧建筑贴线率——主要对居住用地和商业金融业用地进行控制，体现街道界面的严整性，控制为下限。

⑨建筑限高——为满足净空、微波通道等高度控制要求及城市建筑空间轮廓和景观塑造的需要，控制为上限。

⑩建筑限低——为满足城市建筑空间轮廓和景观塑造的需要，控制为下限。

⑪停车泊位——随着机动车数量的增长，中国许多城市都存在车位不足问题，因此停车泊位指标的控制应该控制其下限。

⑫噪声允许标准值——衡量城市噪声环境的重要指标，控制为上限。

⑬空气质量标准——衡量城市空气环境质量的重要指标，控制为下限。

⑭污水处理率——衡量城市污水处理效率的重要指标，控制为下限。

⑮固体废弃物处理率——衡量固体废弃物处理效率的指标，控制为下限。

⑯建筑主立面及入口门厅位置——提出建筑主立面及入口门厅的位置要求（应面向哪条街道）。

⑰机动车出入口位置——提出居住小区出入口或停车场库等机动车出入口的位置要求（应面向哪条街道）。

4. 控制指标体系建议框架

根据以上分析，控制指标体系建议调整为4大类，分别是土地利用、街道与建筑、配套设施和行为活动控制，并根据不同区域的不同特点对其内容进行深化和调整，最终形成针对不同区域的指标体系框架。

控制指标新体系一览表（一般地区） 表5-6-5

控规指标 新体系	土地利用	土地使用控制	用地面积
			用地性质
			用地边界
		环境容量控制	基准容积率
			上限容积率
			空地率
			得地率
			集中绿地率
			绿地率
	街道与建筑	街道控制	建筑退线
			建筑贴线率
			建筑主立面及入口门厅位置
		开放空间控制	开放空间类型及控制要求
		建筑控制	建筑限高
			建筑限低
			建筑体量
			建筑风格
			建筑外檐材料
			建筑色彩
	配套设施	市政交通设施	配套设施名称
			配套设施等级
			配套设施建设规模、方式
		公共服务设施	配套设施名称
			配套设施等级
			配套设施建设规模、方式
	行为活动控制	交通活动控制	交通方式
			机动车出入口位置
			停车泊位
		环境保护规定	噪声允许标准值
			空气质量标准
			污水处理率
			固体废弃物处理率

控制指标新体系一览表（历史文化街区） 表5-6-6

控规指标新体系	土地利用	土地使用控制	用地面积
			用地性质
			用地边界
			地块更新改造措施
		环境容量控制	基准容积率
			上限容积率
			空地率
			得地率
			集中绿地率
			绿地率
	街道与建筑	街道控制	建筑退线
			建筑贴线率
			建筑主立面及入口门厅位置
		开放空间控制	开放空间类型及控制要求
		建筑控制	建筑限高
			建筑限低
			建筑体量
			建筑风格
			建筑外檐材料
			建筑色彩
			建筑更新改造措施
	配套设施	市政交通设施	配套设施名称
			配套设施等级
			配套设施建设规模、方式
		公共服务设施	配套设施名称
			配套设施等级
			配套设施建设规模、方式
	行为活动控制	交通活动控制	交通方式
			机动车出入口位置
			停车泊位
		环境保护规定	噪声允许标准值
			空气质量标准
			污水处理率
			固体废弃物处理率

控制指标新体系一览表（风景名胜区） 表5-6-7

控规指标新体系	土地利用	土地使用控制	用地面积
			用地性质
			用地边界
		环境容量控制	基准容积率
			上限容积率
			空地率
			得地率
			集中绿地率

续表

			绿地率
	土地利用	环境容量控制	公共设施容量控制
			居民容量控制
			旅游容量控制
			参观游览控制
		街道控制	建筑退线
			建筑贴线率
			建筑主立面及入口门厅位置
		开放空间控制	开放空间类型及控制要求
	街道与建筑		建筑限高
			建筑限低
		建筑控制	建筑体量
控规指标			建筑风格
新体系			建筑外檐材料
			建筑色彩
			配套设施名称
		市政交通设施	配套设施等级
			配套设施建设规模、方式
	配套设施		配套设施名称
		公共服务设施	配套设施等级
			配套设施建设规模、方式
			交通方式
		交通活动控制	机动车出入口位置
			停车泊位
	行为活动控制		噪声允许标准值
		环境保护规定	空气质量标准
			污水处理率
			固体废弃物处理率

控制指标新体系一览表（滨水区） 表5-6-8

			用地面积
		土地使用控制	用地性质
			用地边界
控规指标	土地利用		基准容积率
新体系			上限容积率
			空地率
		环境容量控制	得地率
			集中绿地率
			绿地率

续表

控规指标 新体系	街道与建筑	街道控制	建筑退线
			建筑贴线率
			滨水塔楼最大面宽
			滨水塔楼总面宽与地块面宽比
			公共步行通道
			建筑主立面及入口门厅位置
		开放空间控制	开放空间类型及控制要求
			景观视廊
		建筑控制	建筑限高
			建筑限低
			建筑体量
			建筑风格
			建筑外檐材料
			建筑色彩
	配套设施	市政交通设施	配套设施名称
			配套设施等级
			配套设施建设规模、方式
		公共服务设施	配套设施名称
			配套设施等级
			配套设施建设规模、方式
	行为活动控制	交通活动控制	交通方式
			机动车出入口位置
			停车泊位
		环境保护规定	噪声允许标准值
			空气质量标准
			污水处理率
			固体废弃物处理率

<h3 style="text-align:center">控制指标新体系一览表（工业区） 表5-6-9</h3>

控规指标 新体系	土地利用	土地使用控制	用地面积
			用地性质
			用地边界
			办公设施比例
		环境容量控制	基准容积率
			上限容积率
			空地率
			得地率
			集中绿地率
			绿地率
			单位面积投资强度

续表

控规指标新体系	街道与建筑	街道控制	建筑退线
			建筑贴线率
			建筑主立面及入口门厅位置
		开放空间控制	开放空间类型及控制要求
		建筑控制	建筑限高
			建筑限低
			建筑体量
			建筑风格
			建筑外檐材料
			建筑色彩
	配套设施	市政交通设施	配套设施名称
			配套设施等级
			配套设施建设规模、方式
		公共服务设施	配套设施名称
			配套设施等级
			配套设施建设规模、方式
	行为活动控制	交通活动控制	交通方式
			机动车出入口位置
			停车泊位
		环境保护规定	能源使用构成比例
			噪声允许标准值
			水污染物允许排放量
			水污染物允许排放浓度
			固体废弃物允许排放量
			中水利用率

第七节　编管体系发展创新的方向

　　控规随我国社会主义市场经济体制的建立与发展而不断完善，逐渐形成了集土地、人口、空间、产业综合管理的控规体系。在由房地产推动的城市发展模式向全面协调可持续发展转变的社会背景下，控规体系仍要不断发展创新以适应新的变化。

　　控规体系的发展创新方向应遵循"内外动因相结合"的创新路径，贯彻"自上而下"和"自下而上"双向互动的分解控制，建立"两支撑两秩序"的保障体系。"内外动因相结合"的创新路径是从思想观念的概念性认知和具体实践的可行性探索两方面对控规进行研究创新。内在动因即通过对控规的基础性研究，从控规的本质和特性出发，就如何使控规的编管更加适应社会经济发展和更好地提供公共服务进行研究创新，是对控规的概念性认知的扩展创新。对控规认知的扩展并趋于全面，是为控规的创新实践奠定思想基础。外在动因即从控规实践探索的效果出发，针对控规的技术和制度层面进行研究创新，在编制方法、内容、指标体系、表达方式等方面加以优化调整，以技术创新保障决策的科学发展性；在制度建立、程序设计、组织结构、系统维护等方面加以改进，更合理地依据控规进行有效的实施管理，以法规保障执行的科学性和严肃性。

双向互动的分解控制，其中"自上而下"的方向是指控规要以总体规划或分区规划为依据，对总规层面的指标进行分解，严格控制"五线"，将公共服务配套设施落实到控规单元；对总规预测的人口规模分配到控规单元，并在总规基础上进行一定的放量，为城市的发展预留一定的人口增长余地。"自下而上"的方向是指由城市设计反向推导控规的过程。城市设计的技术方法可以有效改进控规对城市空间形态控制不足的缺陷，从最基本的控制城市空间形态到土地细分，规定土地开发的指标，最终从城市形态风貌控制的角度创新控规的编制方法。由于城市设计导则在引导控制城市空间形态和风貌上的作用越发重要，城市设计法制化的呼声越来越高。两条创新路径相辅相成，紧密围绕控规在三个层面上的不足加以创新改进，有利于促进控规在城市规划体系中承上启下的作用。"两支撑与两秩序"体系，其中"两支撑"是指公共设施与基础设施的支撑，"两秩序"是指城市空间与城市交通的秩序。控规的价值目标是维护公共利益、保障社会公平，行动目标是建立完善的城市管理体系和生态和谐的社会秩序。正因控规承担着保障社会公平的城市发展目标，公共利益的均等性需要公共设施和基础设施的支撑，而和谐的社会秩序则依靠城市空间秩序和城市交通秩序的建立，使居民产生良好的心理感受并对其实际行为提供便利。

控规的管理方式仍以通则式为主，但要改变以往控规内容面面俱到的现象，对于那些不必控制或尚未想清楚应如何控制的内容要减少制约，避免适得其反；要处理好规划的刚性与弹性的关系，由于控规属于法律范畴，具有一定的稳定性，因而控规是要制定普适的控制原则，重点控制城市建设的共性内容，控规的内容具有一般性。然而导则不具有法律效力，它的编制与调整相比于控规要灵活，针对不同地区的不同特色或所要重点关注的不同内容，通过编制各类型导则加以重点控制。需要编制哪项导则由该地区的具体情况决定，导则的内容具有特殊性。控规与导则的配合，是一般性与特殊性的结合，法律层面的特质体现在控规，技术层面的要求落实到导则，既可以控制住如容积率、绿地率等一般性的用地指标又可以按照具体情况附加不同控制要求，不大包大揽但又不失重点，保证了规划的科学性与特色性，有助于解决控规在法制性上既要提高法律地位又要保证灵活性的矛盾。从整个城市范围来看，不同地区的刚性与弹性控制的内容与程度也不应相同，核心区是控制的重点，在非核心区应给予更大的弹性。

控规对城市建设的管控应与政府行政管理相融合，包括控规单元的划分与街道的行政区划相一致、社区建设与社会管理相结合。因为控规的本质是公共政策，是政府进行公共管理的手段，控规对城市建设的管理与政府的行政管理二者的出发点是相同的，都是为营造和谐有序的社会环境，并且控规对城市建设的管理能够有效实施、可持续地产生影响，离不开行政管理的保障，所以二者的结合有利于公共管理的便捷、高效。控规单元与街道行政区划相一致，相同的区划范围有利于不同部门间共同管理，减少区划不一致的阻碍。控规对住区建设的理念可以看作是社会管理的动因，正因有了社区的建设才会有社会管理，二者的结合超越了空间形态控制的层面，从邻里空间组织的构建入手，体现控规服务于公共利益的特性。

参考文献

［1］ 赵燕菁. "联想与比喻"关于规划实践的前沿思考［J］. 城市规划，2011，（12）.

［2］ 赵燕菁. 城市规划的下一个三十年［J］. 北京规划建设，2014，（1）.

［3］ 邹兵. 增量规划、存量规划与政策规划［J］. 城市规划，2013，37（2）：35-37，55.

［4］ 唐燕，吴唯佳. 城市设计制度建设的争议与悖论［J］. 城市规划，2009，33（2）：72-77.

［5］ 吴远翔，徐苏宁. 从制度变迁理论视角解析当代中国城市设计制度［J］. 华中建筑，2009，（27）：117-120.

　　回顾控制性详细规划在中国的三十多年发展历程，其产生于中国由计划经济向市场经济转型时期，成长于中国经济高速增长的时期，如今正面临着中国经济新常态的挑战。控规始终与社会经济发展、市场需求变动紧密相连，在这三十多年中取得了显而易见的卓越成效，并不断与时代接轨、贴近中国特色。尽管以往的控规对城市建设的引导和控制并不是充分的科学和全面，受制于观念的局限，在诸如历史街区的保护等方面留下了很多遗憾，但控制性详细规划无疑是中国城市建设发展过程中不可或缺简捷高效的管理方法。

　　西方国家在市场经济建设和城市规划等领域起步较早，积累了相当的经验，中国的控规本是"舶来品"，最初是复制了一套国外的控规技术方法。在过去的三十多年里，世界的经济文化在发展，各国对城市管理、对控规的理解不断完善和创新，中国在不断学习国外经验过程中努力探索一条符合自身实际的控规发展道路。

　　随着中国经济结构的转型，GDP导向的经济发展被社会的全面发展所取代，城市建设的进程也逐渐趋于稳定，城市规划由增量规划逐渐向存量规划转变——原有的以房地产推动的土地开发模式逐步转变为对现有建设用地的集约使用、功能混合、优化结构的更精细更复杂的模式，城市不宜再大拆大建、盲目扩张。由经济带来的城市建设的需求变化（例如混合用地、市民的自主空间）给控规的发展创新带来了挑战——控规由传统的空间形态塑造扩展到要涉及更广阔的社会科学领域，需要借助多学科的理论方法共建具有科学性、特色性和法制性的控规体系。

　　本书正是基于控规的中国探索历程和时代发展的要求，对控制性详细规划的本质和特性进行重新认知，提出了控规在多学科视角下的发展要求，探讨了控规的技术编制体系和实施管理体系的科学性。通过回顾有代表性的几个国家的控规发展历程，并对其各自特征加以分析评价，总结出中国借鉴国外经验的价值标准和基本原则。以国内几个主要城市的控规探索为例，归纳出控规的编制实施在特性上和层次上的问题。

　　天津"一控规两导则"编管体系作为现阶段中国探索的范例，详细介绍了其组织结构、技术内容、编管程序，总结提炼了其在科学化、特色化、法制化上的创新，并以天津"一控规两导则"体系指导下的实践案例加以佐证。"一控规两导则"的编管体系是控制性详细规划的中国探索的缩影，代表了当今我国在控规理论探索与实践上的最新成果。

　　控制性详细规划作为城乡规划体系中重要的组成部分，随着未来经济社会发展水平的不断提升和城市建设需求的日益多样化，控规的内容将进一步丰富和完善，不断注入符合时代发展和中国特色的元素，使这一体系的应用更加科学化、规范化、精细化，引导中国城市建设高效、有序、可持续发展。